普通高等教育"十二五"电子信息类规划教材

电子测量原理与应用

下　册

古天祥　詹惠琴　习友宝　古　军　何　羚　编著

机械工业出版社

本书采用了一种全新的体系结构，根据电子信息技术研究的基本对象——信号和系统，把电子测量的基本内容划分为"信号的测量"和"系统的测量"两大部分。本书分为上、下两册。上册包含了电子测量总论、测量误差理论和信号的测量，讲述电子测量的基本原理和测量误差理论；讨论了信号的时间与频率、信号的幅度（电压、电流和功率）、信号的波形（时域特性）、信号的频谱（频域特性）和数字信号等的测量。下册包含了系统的测量，主要讨论了测量系统的基本特性，系统测量用的信号源、元器件特性参数、集成电路、线性系统特性及网络分析等的测量。

本书根据科学性、先进性和实用性的原则精选内容，全面阐述了电子测量的基本原理，阐述中力求思路清晰、概念准确、语句流畅、可读性好，以便于教学和自学。

电子测量技术是广泛应用于各个学科专业的一门通用技术。本书适用面广，可作为高等院校电子信息等专业的教材，以及各工程技术专业学生自学的读本，也可作为广大科研和工程技术人员的参考书。

（编辑邮箱：jinacmp@163.com）

图书在版编目（CIP）数据

电子测量原理与应用. 下册/古天祥等编著. —北京：机械工业出版社，2014.5（2024.8重印）

普通高等教育"十二五"电子信息类规划教材
ISBN 978-7-111-46024-4

Ⅰ.①电… Ⅱ.①古… Ⅲ.①电子测量技术–高等学校–教材 Ⅳ.①TM93

中国版本图书馆 CIP 数据核字（2014）第 037827 号

机械工业出版社（北京市百万庄大街22号 邮政编码100037）
策划编辑：吉 玲 责任编辑：吉 玲 张利萍 卢若薇
版式设计：霍永明 责任校对：肖 琳
封面设计：张 静 责任印制：李 洋
北京中科印刷有限公司印刷
2024年8月第1版第3次印刷
184mm×260mm · 13.25印张 · 326千字
标准书号：ISBN 978-7-111-46024-4
定价：39.00元

电话服务 网络服务
客服电话：010-88361066 机 工 官 网：www.cmpbook.com
　　　　　010-88379833 机 工 官 博：weibo.com/cmp1952
　　　　　010-68326294 金 书 网：www.golden-book.com
封底无防伪标均为盗版 机工教育服务网：www.cmpedu.com

前　言

人类赖以生存和发展的三种基本资源是物质、能量和信息。物质是基础，信息来源于物质运动，但不等同于物质，也不具备能量。信息进行传输、存储和处理必须有载体，信息可用物质来载负，也可用能量来载负。以前，人们利用信息基本上是基于物质资源，信息的载体是物质的（竹扁、纸质的书信）、信息的传输靠人力（信使、邮政、投递）、信息处理用质料工具（算盘、计算尺）并由人工操作，手段落后，速度慢、效率低。

18世纪中，人类开始了利用能量资源来驱动动力工具的研究，大大扩展了人的体力。19世纪末和20世纪初，人类又开始了利用能量资源来传输信息的研究。一切电磁波（包括激光、X射线等）都具有能量，在空间传播不需要介质。信息以具有能量的电磁波信号为载体，可实现信息的远距离快速传输。

20世纪中以来，无线通信、广播、电视、雷达等的蓬勃发展和广泛应用，大量的、各种各样的无线电技术参数需要测量，促进了电子测量技术的发展。成都电讯工程学院（电子科技大学的前身）于1959年首次开出了"无线电测量"课程（"电子测量"课程的前身）。课程内容是按无线电参量测量的门类划分章节，并以此构成全书的主线，以后出版的《电子测量》教材大多沿用了这样的体系结构。

在电子科学技术的发展历程中，人们对信息的获取、传输、处理和显示等各个技术环节进行了大量深入的研究，形成了测量、通信、控制、计算机、信号处理、信息显示电子元器件及微电子技术等专业学科。虽然电子信息科学技术的各专业学科的研究方向各不相同，但就其基本研究对象而言，都可归结为对信号和系统的研究，作为电子信息科学技术的一个分支，电子测量技术及仪器学科也不例外。

本书把各种门类的被测量按信号和系统分类，事实也是按被测对象的属性划分的：信号特性参量为带有能量的有源量；系统的特性参量本身为无源量。被测对象的有源与无源特性，决定了测量系统的组成原理和功能结构的不同。对测量信号（有源量）的测量系统，不需要主动向被测对象提供激励，而是接受被测对象激励（能量）的被动式测量系统。对系统参数（无源量）的测量，测量系统必须主动向被测对象提供激励（能量）才能进行测量，它是一个主动式的测量系统。

本书讨论的"信号的测量"部分，以最常见、最广泛应用的电信号为重点，讲述了信号的频率、幅度、波形、频谱等基本参数的测量。讨论每种信号参数的测量时，根据被测信号的属性和特点（如静态、稳态与动态，周期性与非周期性等），讲述测量原理（如直接比较与间接比较）、观测方法（如时域与频域），以及测量技术（模拟式和数字式）。

本书讨论"系统的测量"，不是以某专业领域的专门系统为基本对象，而是以构造这些系统所需的最通用、最基本的元件、器件、电路和网络等部件的测量为基本对象。此外，也讨论测量系统基本特性的测量。在研究系统测量时，根据系统所处的状态，讲述系统在静态、稳态和动态下的性能及所采用的时域测量和频域测量方法。

本书内容分为三篇12章：第1篇（共2章）电子测量总论及测量误差理论，电子测量总论在介绍了电子测量基本概念的基础上，讲述了电子测量的原理和分类，介绍了本书的体系结构。此外，本篇另一个重要内容是讨论了测量误差、测量数据处理和测量不确定度等；第2篇（共5章）信号的测量，讲述了信号的时间与频率、信号的幅度（电压、电流和功率）、信号的波形（时域特性）、信号的频谱（频域特性）和数字信号的测量等内容；第3篇（共5章）"系统的测量"，讲述了测量系统基本特性，系统测量用的信号源、元器件特性参数、集成电路、线性系统特性及网络分析等测量的内容。此外，本书加强了练习与思考的内容。考虑到不少学校和专业设置有"智能仪器"、"虚拟仪器"和"自动测试系统"等课程，以及本书的篇幅所限，有关这部分的内容未列入本书编写范围。笔者认为，本书对体系结构和各章内容做这样的安排，有利于读者对电子测量的对象有一个更深刻的认识，对电子测量的基本内容有一条更清晰的主线，对电子测量原理和方法有一个更完整的概念，对电子测量与电子信息科学技术之间的关系有一个更全面的了解。

本书根据先进性和适用性的原则精选内容，讲述中注重交待整体思路和基本概念，行文中力求做到逻辑性强和可读性好。由于电子测量内容十分丰富，加之为了便于读者自学，本书的文字表述比较详实，需用较多篇幅，因此把全书分为上、下两册出版。上册包含第1、2篇内容，下册包含第3篇内容。本书建议教学学时数64学时，各校可根据自己的情况增减学时。在教学内容处理上，上册包含了电子测量最基本的内容，可重点讲述，学时较少时，下册内容可少讲或者不讲。

本书由古天祥编写第1章，詹惠琴编写第2、8、10、11章，习友宝编写第4、5章，古军编写第3、7、9章，何羚编写第6、12章。全书由古天祥、詹惠琴统稿。

本书编写中认真学习和参考了国内外同行专家学者的有关教材、专著和论文，并在书中有所引用。此外，本书编写过程中，得到机械工业出版社王保家和吉玲的支持，在此，一并谨致以诚挚的感谢！尽管编者对本书内容和文字做了仔细的推敲和校订，但在编写过程中，由于编者水平有限，书中难免存在一些疏漏之处，殷切希望读者批评指正。

编　者

目 录

前言

第 3 篇　系统的测量

第 8 章　测量系统的基本特性 …… 6
- 8.1　概述 …… 6
  - 8.1.1　测量系统的定义 …… 6
  - 8.1.2　测量系统的响应特性 …… 6
- 8.2　测量系统的静态特性 …… 7
  - 8.2.1　静态特性的表征和获取 …… 7
  - 8.2.2　静态特性的基本参数 …… 8
  - 8.2.3　静态特性的质量指标 …… 9
- 8.3　电子测量仪器的技术规范及误差的表示方法 …… 15
  - 8.3.1　技术规范 …… 15
  - 8.3.2　工作特性及仪器误差 …… 16
- 8.4　测试系统的动态特性 …… 18
  - 8.4.1　动态特性概述 …… 18
  - 8.4.2　描述测量系统动态特性的数学模型 …… 18
  - 8.4.3　测量系统的动态特性参数 …… 22
  - 8.4.4　测量系统动态特性的评价指标及其测量 …… 27
- 本章小结 …… 30
- 思考与练习 …… 30

第 9 章　信号源 …… 32
- 9.1　概述 …… 32
  - 9.1.1　信号源在系统测量中的作用 …… 32
  - 9.1.2　信号源的分类 …… 32
  - 9.1.3　主要技术指标 …… 34
- 9.2　传统的信号源 …… 36
  - 9.2.1　低频信号源 …… 36
  - 9.2.2　高频信号源 …… 38
  - 9.2.3　脉冲信号源 …… 40
  - 9.2.4　函数信号源 …… 42
  - 9.2.5　扫频信号源 …… 45
- 9.3　锁相频率合成信号源 …… 50
  - 9.3.1　合成信号源概述及直接合成原理 …… 50
  - 9.3.2　锁相环的基本形式及锁相频率合成的原理 …… 51
  - 9.3.3　提高频率分辨力的锁相合成技术 …… 55
  - 9.3.4　扩展输出频率上限的锁相技术 …… 58
  - 9.3.5　锁相合成信号源的实例分析 …… 61
- 9.4　直接数字合成（DDS）信号源 …… 62
  - 9.4.1　DDS 信号源的基本组成原理 …… 62
  - 9.4.2　DDS 的单片集成电路 …… 66
  - 9.4.3　DDS 的技术指标及特点 …… 67
  - 9.4.4　DDS + PLL 频率合成信号源 …… 68
  - 9.4.5　任意波形信号源 …… 69
  - 9.4.6　合成扫频信号源 …… 71
- 本章小结 …… 72
- 思考与练习 …… 73

第 10 章　电子元器件的测量 …… 77
- 10.1　概述 …… 77
  - 10.1.1　电子元器件的分类 …… 77
  - 10.1.2　电子元器件测量的特点 …… 78
- 10.2　无源元件的阻抗测量 …… 78
  - 10.2.1　无源元件 R、L、C 的阻抗概述 …… 78
  - 10.2.2　电桥法 …… 83
  - 10.2.3　谐振法 …… 85
  - 10.2.4　电压电流法 …… 89
  - 10.2.5　自动平衡电桥 …… 91
- 10.3　分立器件参数的测试内容 …… 92
- 10.4　分立器件参数的测量方法 …… 94
  - 10.4.1　电压参数的测量 …… 94
  - 10.4.2　电流参数的测量 …… 96
  - 10.4.3　放大倍数的测量 …… 98
  - 10.4.4　阻抗参数的测量 …… 99
- 10.5　分立器件测试仪器 …… 100

- 10.5.1 晶体管特性图示仪 ………………… 100
- 10.5.2 分立器件综合测试仪 ……………… 103
- 本章小结 …………………………………………… 105
- 思考与练习 ………………………………………… 106

第 11 章 集成电路测试 ……………………… 108
- 11.1 概述 ………………………………………… 108
  - 11.1.1 集成电路测试的意义 ……………… 108
  - 11.1.2 集成电路测试的基本原理 ………… 108
  - 11.1.3 集成电路测试的分类 ……………… 109
  - 11.1.4 测试的主要环节 …………………… 110
  - 11.1.5 集成电路测试系统 ………………… 112
- 11.2 数字集成电路测试技术 …………………… 115
  - 11.2.1 概述 ………………………………… 115
  - 11.2.2 数字集成电路的参数测试 ………… 118
  - 11.2.3 功能测试 …………………………… 123
- 11.3 模拟集成电路测试技术 …………………… 133
  - 11.3.1 概述 ………………………………… 133
  - 11.3.2 模拟集成电路的测试系统 ………… 134
  - 11.3.3 线性集成运算放大器的测试 ……… 136
- 11.4 精密测量单元 PMU ……………………… 142
  - 11.4.1 PMU 的特点 ……………………… 142
  - 11.4.2 PMU 的组成原理 ………………… 144
  - 11.4.3 PMU 的技术指标 ………………… 146
  - 11.4.4 PMU 的应用实例 ………………… 147
- 11.5 混合集成电路测试 ………………………… 148
  - 11.5.1 对混合信号集成电路的测试要求和系统结构 ……………… 148
  - 11.5.2 ADC、DAC 测试技术简介 ……… 149
  - 11.5.3 DAC 测试技术 …………………… 150
- 本章小结 …………………………………………… 156
- 思考与练习 ………………………………………… 157

第 12 章 线性系统特性测量和网络分析 …… 159
- 12.1 线性系统的频率特性测量 ………………… 159
  - 12.1.1 线性系统的频率特性测量概述 …… 159
  - 12.1.2 幅频特性测量 ……………………… 159
  - 12.1.3 相频特性测量 ……………………… 161
  - 12.1.4 矢量电压测量 ……………………… 162
  - 12.1.5 扫频仪 ……………………………… 164
- 12.2 网络分析概述 ……………………………… 167
  - 12.2.1 网络分析的基本概念 ……………… 167
  - 12.2.2 微波的 S 参数 …………………… 169
- 12.3 网络测量原理 ……………………………… 172
  - 12.3.1 网络分析仪的基本原理 …………… 172
  - 12.3.2 矢量网络分析仪 …………………… 174
  - 12.3.3 网络分析仪的误差来源 …………… 176
  - 12.3.4 网络分析仪的误差校准和修正 …… 180
- 12.4 网络测量新技术简介 ……………………… 182
  - 12.4.1 调制矢量网络分析技术 …………… 182
  - 12.4.2 非线性矢量网络分析技术 ………… 184
  - 12.4.3 多端口矢量网络分析技术 ………… 186
- 12.5 线性系统的时域特性测量 ………………… 191
  - 12.5.1 线性系统时域特性概述 …………… 191
  - 12.5.2 时域特性测量的实现 ……………… 193
- 本章小结 …………………………………………… 199
- 思考与练习 ………………………………………… 200

部分习题参考答案 …………………………………… 201
参考文献 ……………………………………………… 203

第3篇 系统的测量

引 言

1. 系统的基本概念

(1) 系统的定义

信号的采集、产生、传输、处理、存储和再现都需要一定的硬件或软件装置,这种装置的集成通常就称为系统。系统是一个非常广泛的概念,从一般意义讲,系统是由若干相互依赖、相互作用的事物组合而成的具有特定功能的整体。系统可以是物理系统,例如测试系统、通信系统、自控系统、计算机系统等电子信息系统;也可以是非物理系统,例如生产管理、经济调控、文化教育、司法执法等社会经济和社会管理方面的系统。电子测量的对象主要是物理系统中的电系统。

通常,各种电子信息系统的主要部件中包括大量的、各种类型的元器件、电路或电网络。系统是比电路更复杂、规模更大的组合体。电路与电网络都属于电系统。在一定意义上,电系统与电路、网络是同义词。随着大规模集成电路技术的发展,各种极为复杂的电路或网络可以集成在很小的芯片上,已经很难从复杂程度或规模大小来确切区分器件、电路、网络和系统。

(2) 系统与信号的关系

1) 信号离不开系统。

① 系统是信号存在的物质基础,信号不能束之高阁,信号必须以系统做载体,离开了系统,信号将失去依托,人们也无法利用信号。

② 信号的获取、产生、变换、传输、存储及处理都必须由系统来完成。没有先进的电子系统作为信号处理的工具,也就没有现代信息科学技术的发展。

2) 系统离不开信号。

① 信号是系统传输和处理的对象。没有信号,系统没有对象,系统的设计、制造就没有依据,换句话说,系统也就没有存在的意义。

② 当需要认识系统,对系统特性参数进行测量时,系统的激励和响应都是信号,激励信号是系统的原动力,响应信号是要获取系统的有关信息的载体。

电路(网络)、系统与信号之间有着十分密切的联系。信号作为信息的载体,其属性取决于运载的信息;而系统作为传输、处理信号的工具,其特性又取决于信号的属性。信号的产生、传输、存储和处理的质量高低,取决于系统的性能好坏。

(3) 系统的特性测量

系统的特性是由其内部结构和参数也即系统本身的固有属性决定的。要描述和分析任何一个物理系统,都必须了解其内部结构,根据物理作用机理建立该系统的模型。所谓系统模型是指系统物理特性的数学抽象,即以数学表达式或具有理想特性的符号组合图形来表征系统的输入-输出特性。

在测量技术中,一般都是用系统的观点去观察和分析问题的。所谓系统的观点即从全局的观点，把被研究的系统视为一个封闭系统，着重于系统的外部特性，即系统的输入与输出之间的关系或系统的功能。

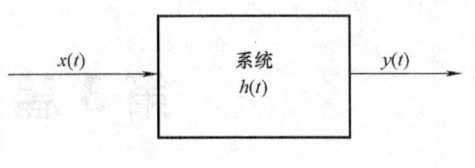

图Ⅲ-1 系统的框图

系统的功能可以用图Ⅲ-1表示，图中的方框代表具有某种功能的系统。$x(t)$是输入信号，也称为激励；$y(t)$是输出信号，也称为响应；$h(t)$是表征系统固有属性的数学模型或特征参数。从测量的意义来看，系统可以被看成是一个信号的变换或传输的功能模块，它的功能是将输入信号变换（或传输）成输出响应，$y(t)=h(t)x(t)$。由激励和响应的关系（数学模型）表征的系统外特性，根据输入信号$x(t)$是否随时间变化，系统对外呈现出的基本特性，可分别用静态特性和动态特性来描述，并且定义了许多具体描述的指标，这将在本篇中讨论。

客观事物的属性总是通过它自身与周围事物的联系来表现的。在这里，我们把被研究的事物视为一个封闭系统，不去研究系统的内部结构，而着重考察外部特性。如果这个系统的属性（事物内部自身运动的表现），能通过外部世界观测到，就称这个系统是可观测的。如果这个系统（事物内部运动）能接收外部施加的影响而变更系统的运动状态，就称这个系统是可控的。

响应y对系统特性的表现能力反映了被研究系统（事物）的可观测性。个别系统（如信号发生器）的特性可通过y主动地表现出来，而大多数系统的特性不会主动地表现出来。当人们要测量表征系统内部的某些特性参数h，而h又不会主动地通过y表现出来时，可用一组激励x_i对系统作用、作用后的影响可通过y表现出来时，即系统具有可测性。系统的可观测性取决于系统的构造特性，它反映了系统与外界相互作用中的依赖关系。如果说一系统是可以认识的，首先该系统应是可观测的。但是，事物的可观测性又直接与观测方法、观测手段有关。例如，复杂的大规模集成电路，只有进行了可测性设计，才具有较好的可观测性；肉眼看不见的电过程，可借助于示波器观测到；过去无法观测的很多动态系统特征，借助于高速数据采集系统就能观测到。由此可见，研究系统新的测试方法和测试手段非常重要。

2. 被测系统的分类

按照系统的特性，可以将系统划分成线性系统与非线性系统；按系统属性又可分为即时系统与动态系统；按被处理对象又可分为模拟系统和数字系统等；按功能可分为通用系统和专用系统，如图Ⅲ-2所示。

（1）线性系统与非线性系统

测量中的系统，包括被测系统和测量系统，可分为线性系统及非线性系统。

线性系统的含义，是在所要求的精度和所需的幅值范围内，满足下述两个基本条件，则此电路或系统可认为是线性时不变系统。

1）线性系统服从叠加原理。当两个输入信号分别作用时，输入为$x_1(t)$或x_2

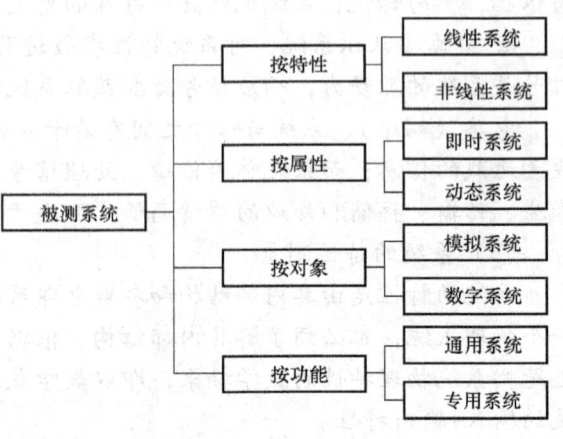

图Ⅲ-2 被测系统的分类

(t)，输出信号为 $y_1(t)$ 或 $y_2(t)$。若两个信号共同作用输入为 $ax_1(t)+bx_2(t)$，其输出信号必为 $ay_1(t)+by_2(t)$。其中 a、b 均为常数。

2) 时不变系统的响应与输入信号的时延无关。设输入信号为 $x(t)$ 时，输出信号为 $y(t)$，那么，当输入信号变为 $x(t-\tau)$ 时，输出信号将成为 $y(t-\tau)$。

满足上述两个条件的线性时不变系统，对任意输入的响应都可用傅里叶变换表示。输出信号 $y(t)$ 的频谱函数 $Y(\omega)$ 为

$$Y(\omega) = H(\omega)X(\omega)$$

式中，$H(\omega)$ 为被测系统的传递函数；$X(\omega)$ 为输入信号 $x(t)$ 的傅里叶变换，即频谱函数。

可见线性时不变系统在正弦信号作用下，输出也是一个正弦信号。如果输入信号 $x(t)$ 为任意周期性波形，则按傅里叶级数把它展开成一系列不同频率及相位关系的正弦波的线性组合，其中包括一个基波以及不同幅度和相位的各次谐波。对其中每一个正弦分量，系统都有自己的 $H(\omega)$ 倍的正弦响应，总的输出则是频率成分与输入完全相同的各输出正弦分量的线性组合，即线性系统具有频率保持性。测量、分析或比较线性系统在正弦信号激励下的响应，就可以对系统的各种电气特性作出全面的评价，这就是正弦测量技术得到广泛应用的原因。本书仅讨论线性被测系统。

(2) 即时系统与动态系统

一个系统，如果它在任何时刻 t 的输出都只与该时刻的输入有关，它就是即时系统；如果它在时刻 t 的输出不仅与该时刻的输入有关，而且还与该时刻以前或以后的输入有关，它就是动态系统。

1) 即时系统。即时系统又叫瞬时系统或无记忆系统。例如纯电阻网络就是一个即时系统，它的输出只取决于当时的输入。即时系统的输入-输出关系，对连续或离散时间线性系统可分别表示为

$$y(t) = h(t)x(t) \quad \text{或} \quad y(n) = h(n)x(n)$$

2) 动态系统。动态系统又叫惯性系统或有记忆系统。包含有电容、电感等储能元件的网络就是一种动态系统，这种系统即使它的输入端去掉输入，它仍有可能产生输出，因为它所含的储能元件记忆着系统以前的状态，记忆着输入曾经有过的影响。例如，电容值为 C 的电容器是动态系统的一个简单例子。因为若把流过它的电流作为输入 $x(t)$，把其上的电压作为输出 $y(t)$，则其输入-输出关系可表示为 $y(t) = \dfrac{1}{C}\int_{-\infty}^{t} x(\tau)\mathrm{d}\tau$，即系统在 t 时刻的输出是该时刻以前输入的积分。记忆系统的输入-输出关系一般是微分或差分方程。$y_n = \sum\limits_{k=-\infty}^{n} x(k)$ 是一个离散时间动态系统。因为系统在 n 处的响应是 n 以前所有输入的累加，系统同样具有记忆以前输入的能力。

动态系统的特性可用时间特性和频率特性来描述。

(3) 模拟系统与数字系统

模拟系统是分析和处理模拟信号的系统，而数字系统是分析和处理脉冲与数字信号的系统。数字系统具有与模拟系统显著不同的特点：

1) 脉冲与数字信号在时间和数值上是不连续的，它们的变化是以跃变的形式出现在一系列离散的瞬间，信号的前沿陡峭，持续时间有长有短，频谱分量十分丰富，因此数字系统

是一个宽带系统，具有处理快速跃变信号的能力，以保证整个系统的严格时序关系。

2) 在数字系统内，任何一点的电平稳定值只可能是两个截然不同的值，通常用电平的"高"与"低"（或逻辑的"真"与"假"，或状态的"1"与"0"）来表示。一位二进制数表示的信息量太少，多位二进制数才有充分的表现力，数字系统处理的信号往往是多位的二进制码或长长的数据序列（数据流），所以数字系统往往是一个多输入和多输出的时间序列系统。

3) 数字系统的基本要求以功能为主，要么是工作正常，要么是出现故障。模拟系统的故障往往表现在电路中某些节点的电位或波形的不正常，数字系统的故障往往表现在整个系统内多位数字信号间的逻辑关系或时序关系上，而不在于单独考查某点信号的波形及电位的变化。

4) 数字信号的突发性、非周期性给数字系统的测量和分析带来特殊性。在数字系统工作过程中（例如执行一个程序），数字信号变化规律十分复杂，有的信号可能周期性发生，但许多数字信号只是单次发生（只出现一次），而有些信号虽然重复发生，但却是非周期性的。对于这些信号，用传统的方法（例如用电压表或示波器）去观测它，一般难于观测，即使观测到也仅是一些无意义的杂乱数据或波形，难于获得有用信息。而且表征系统故障的错误数据往往混合在正确的数据流之中，甚至有时发现故障时产生故障的原因早已过去。要求对数字系统的测试能从长长的数据流中，检测出也许是很少的错误数据，才能从蛛丝马迹中发现问题。随着大规模集成电路技术和计算机技术的发展，数字系统的集成度高，元件密度大，故障模式特别多，数字系统的分析与测试工作的复杂性是可想而知的。

(4) 通用系统与专用系统

在各类电子系统中，有通用和专用之区分，测量系统中属于通用的系统有电压表、频率计、示波器、频谱仪及自动测试系统等。也有不少的专用系统，如油井探测系统、瓦斯监测系统、地震预警系统等。计算机系统中，微型计算机、便携式计算机等是通用系统；机床控制计算机系统、火灾消防计算机监控系统等是专用系统；在通信系统中，无线移动通信系统以及有线通信电话系统是通用的；铁路运输的通信系统、民航指挥的无线电通信系统是专用的。

3. 系统测量的内容

系统测量的任务是，系统性能的测量和系统故障的诊断，以及测量系统的校准和检定。

在本书的"系统的测量"篇中，主要安排了测量系统基本特性、测量用信号源、元器件的特性测量、模拟与数字集成电路的测量、线性系统的特性测量及网络分析等内容。

(1) 系统测量用信号源

系统的特性参量 h 是无源量，对它进行测量的方法是激励响应法，即给系统施加一定的激励信号 x，测量系统的响应信号 y，根据 x 和 y 求得系统特性 $h = y/x$。x 是人造的、已知的标准激励信号，y 是通过测量得知的响应信号，由此可见，系统的测量是要借助于信号的激励来进行，并同时对响应信号的测量来完成的，信号的产生和测量是系统测量的基础。

测量用的信号源是系统测量不可缺少的仪器。为了观测系统的静态、稳态和动态特性，最典型的信号源有不变或缓变信号源、周期性变化的正弦点频或扫频信号源和阶跃式或冲击式的脉冲信号源等，获得系统的时域特性或频域特性。此外，为观测通信、雷达、广播等系统，要用调制信号源；为观测数字集成电路、计算机等数字系统，要用数字信号源。

(2) 测量系统的基本特性

各种系统的基本特性可由其输入、输出的关系，即系统所呈现出的外部特性来表征。在系统性能测试中待求 h 通常有阻抗特性、传输特性、变换特性等，以及这些特性参数的时间特性、频率特性和调制特性等。系统的特性与它传输、处理的信号的关系十分密切，取决于信号的变化特点。系统的特性可分为静态特性、稳态特性和动态特性。由于信号特性的测量可以在时域或频域进行，系统的测量也相应地有时域测量和频域测量两种方法。本篇首先介绍系统的基本特性。电子系统类型不同，其功能和特性指标也不相同，典型的电子信息系统有许多类型，如通信系统、雷达系统、广播系统、网络系统、控制系统、测试系统、计算机系统等。在各种类型的电子系统中，我们以最通用的测试系统为代表，来讨论系统的基本特性。

(3) 电子元器件的测量

一般说来，一个大的电子系统由若干个功能部件组成，每个部件内又包含了许多不同功能的单元电路，每个单元电路内又由若干元件和器件构成。所以本书讨论系统的测量，不仅包含了对系统整体功能和性能的测量，而且包含了组成系统的各种最基本单元的测量。本篇讨论组成系统的最基本的元器件的测量，包括电阻、电感和电容等无源元件的阻抗特性参数的测量，半导体二极管、晶体管等有源分立器件的性能参数的测量，它们是电子系统的最基础的测量。

(4) 集成电路的测试

以器件形式出现的集成电路，就其功能和规模来说，小到一个单元电路（差分放大电路、逻辑门电路），大到一个完整的、复杂的单片系统；就其电路类型来说，有模拟电路、数字电路以及两者的混合电路和系统。对这些电路和系统的测量，有直流参数、交流参数的测量，也有功能的测量和逻辑诊断。在数字系统的故障诊断中，其目的是判断系统是否能有效履行预定功能。通过对故障模型的分析，寻求以最短测量时间获得最大故障覆盖率的有效的诊断方法。特别是系统的动态性能测量需在时域、频域和时频域内进行，需要使用各种各样的信号测量技术与仪器。

(5) 线性系统特性测量和网络分析

任何一个系统对信号进行传输和处理的质量取决于它的特性。了解和掌握线性系统的各种特性，如传输特性、反射特性和阻抗特性等，在实际中至关重要。

线性系统特性，包括静态特性和动态特性。静态特性测量能以精确定量的特性指标反映系统的基本性能，动态特性测量可反映系统对快速变化信号的响应能力。动态特性测试既可在时域内进行，通过时间特性来表征，也可在频域内进行，通过频率特性来表征。

本篇讨论的系统的测量，是对基础的、常用的电路与系统及其元件特性的通用测量，而不讨论专门系统的测量，如一个通信系统、雷达系统、自控系统的特性测量，因为这些系统的测量还需涉及许多专业知识。但是这些系统的测量，也是基于本篇中所讨论的最基础的、通用的技术方法。

第8章 测量系统的基本特性

8.1 概述

8.1.1 测量系统的定义

在本章的讨论中,为了叙述方便,把"测量系统"看成是一个广义的概念,既可指单台的测量仪器,又可指由众多部件或单元组成的完整系统,如含有传感器、调理电路、数据采集、微计算机的数据采集系统,或者由多台测试仪器、计算机及外围设备组成的一个自动测量系统;也可指组成测量系统中的某一部件或单元,如传感器、调理电路、数据采集卡、测试功能模块;甚至可以是测量仪器中更简单的单元电路或元器件,如放大器、电阻分压器、RC 滤波器和 R、L、C 阻抗元件、分立的与集成的半导体器件等。

8.1.2 测量系统的响应特性

测量系统的特性可由其输入、输出的关系来表征,它是测量系统所呈现出的外部特性,并由其内部结构和参数即系统本身的固有属性所决定。

在选用测量仪器或系统时,要综合考虑多种因素,其中一个重要因素就是测量系统对被测信号变化的响应特性。根据被测信号随时间变化的特点,对测量系统的基本特性可分为三类:①被测信号是静止不变或变化极缓慢的情况,此时测量系统工作在静止状态下,其输入信号与输出信号之间的函数关系,称为测量系统的静态特性;②被测信号是周期性交替变化的情况,此时,测量系统在稳定(交流)状态下工作,在规定的频率范围内,其输入信号的幅值与输出信号的幅值之间的函数关系称为测量系统的稳态(交流)特性;③被测信号呈非周期性的瞬时变化的情况,此时,测量系统工作在动态下,其输入与输出信号之间的函数关系称为测量系统的动态特性。

为了描述静态和动态两种方式下的测量质量,将测量误差分为静态误差和动态误差。

若被测量是不随时间改变的恒定量,测量所产生的误差一般仅取决于测量值的大小及测量系统的静态性能,与时间和频率无关,不是时间和频率的函数,这种误差称为静态误差。当被测信号随时间周期变化时,系统处于稳态测量的状态下,输出信号幅值与输入信号幅值只能在一定信号频率范围内保持一致,超出此频率范围则会产生误差,称为交流误差或稳态误差,也称为频率响应误差。当被测信号随时间非周期性瞬时变化时,系统处于动态测量的状态下,被测信号的测得值与实际值(真值)之差,称为动态误差。

在动态测量的情况下,当测量系统输入量变化时,人们所观察到的输出量不仅受测量装置本身的静态特性的影响,也受到动态特性的影响。一个理想的测量系统,其输出量 $y(t)$ 与输入量 $x(t)$ 随时间变化的规律相同,应具有相同的时间函数。但实际的系统,输出量 $y(t)$ 与输入量 $x(t)$ 只能在一定的信号变化速率范围内保持所谓的一致。如果测量的动态特性不能满足输入信号快速变化的要求,则输出量会出现波形失真,即出现动态误差。测量系统的动态特性反映其测量动态信号瞬时值的能力。为此，必须对测量系统的动态特性有所了解，才能掌握不失真测量的条件。

表示测量系统动态特性的指标通常有频域指标和时域指标。在研究动态特性时，为了获得系统的输入与输出的关系，常常采用正弦频率信号和阶跃信号作为输入信号进行测量。频率响应特性不仅包含幅频特性，而且必须考虑相频特性，由频率响应特性得到的频域指标，主要有固有角频率、工作频带、相位角等。由系统的阶跃响应特性得到的时域指标，主要有时间常数、上升时间、响应时间和超调量等。

8.2 测量系统的静态特性

8.2.1 静态特性的表征和获取

1. 数学模型

当被测对象处于静态时，也就是测量系统的输入为不随时间变化的恒定信号，在这种情况下测量系统输入 $x(t)$ 与输出 $y(t)$ 之间呈现的关系就是静态特性。

对于实际的测量系统，其静态特性由多项式表示为

$$y = f(x) = \sum_{i=0}^{n} S_i x^i = S_0 + S_1 x + S_2 x^2 + \cdots + S_n x^n \tag{8-1}$$

式中，S_0，S_1，S_2，$\cdots$，S_n 为常量。它是测量系统的标定系数，反映了系统静态特性曲线的形状。

当式（8-1）写成

$$y = f(x) = S_0 + S_1 x \tag{8-2}$$

时，系统的静态特性为一条直线，称 S_0 为零位输出，S_1 为静态传递系数（或静态增益）。通常可以对测量系统的零位进行补偿，使 $S_0 = 0$，则系统的静态特性变为

$$y = f(x) = S_1 x \tag{8-3}$$

这时测量系统的静态特性为理想的线性系统。

2. 静态标定

测试系统的静态特性是通过静态标定或静态校准的过程获得的。

静态标定就是在一定的标准条件下，利用一定等级的标定设备对测试系统进行多次往复测试的过程，如图8-1所示。

（1）静态标定条件

静态标定的标准条件主要是指标定的环境和所用的标定设备。

1）对环境的要求是：无加速度、无振动、无冲击；温度在 15 ~ 25℃；湿度不大于 85% RH；大气压力为 0.1 MPa。

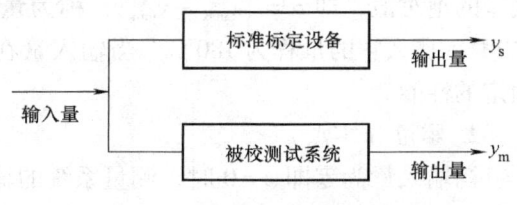

图8-1 测试系统的静态标定

2）对所用的标定设备的要求是：

① 当标定设备和被标定的测试系统的确定性系统误差较小或可以补偿，而只考虑它们的随机误差时，标定设备的随机误差 σ_s 和被标定的测试系统的随机误差 σ_m 应满足条件

$$\sigma_s \leqslant \frac{1}{3} \sigma_m \tag{8-4}$$

② 如果标定设备和被标定的测试系统的随机误差比较小，只考虑它们的系统误差，标定设备的系统误差 ε_s 和被标定的测试系统的系统误差 ε_m 应满足如下条件

$$\varepsilon_s \leq \frac{1}{10}\varepsilon_m \tag{8-5}$$

(2) 获取静态特性的方法

满足了上述条件，在标定的范围内（被测量的输入范围），选择 n 个测试点 x_i，$i = 1$, 2, $\cdots$, n；共进行 m 次循环，$j = 1$, 2, $\cdots$, m，为循环数。于是，共得到 $2mn$ 个测试数据。

正行程的第 j 次循环，第 i 个测点表示为 (x_i, y_{uij})；反行程的第 j 次循环，第 i 个测点表示为 (x_i, y_{dij})；对正反行程的数据 (x_i, y_{uij})，(x_i, y_{dij}) 进行平均处理便可以得到测试系统的静态特性。

对于第 i 个测点，基于上述标定值，所对应的平均输出为

$$\overline{y_i} = \frac{1}{2m}\sum_{j=1}^{m}(y_{uij} + y_{dij}) \qquad i = 1, 2, \cdots, n \tag{8-6}$$

应当指出：n 个测试点 x_i 通常是等分的，根据实际需要也可以是不等分的。同时第一个测点 x_1 就是被测量的最小值 $x_{\min}$，第 n 个测点 x_n 就是被测量的最大值 $x_{\max}$。

通过式（8-6）得到了测试系统 n 个测点对应的输入-输出关系 $(x_i, \overline{y_i})(i = 1, 2, \cdots, n)$，这就是测试系统的静态特性。在具体表述形式上，可以将 n 个 $(x_i, \overline{y_i})$ 用相关拟合曲线来表述，如图 8-2 所示，也可以用表格、图形来表述。对于计算机测试系统，一般直接利用上述 n 个离散的点进行分段（线性）插值来表述测试系统的静态特性。

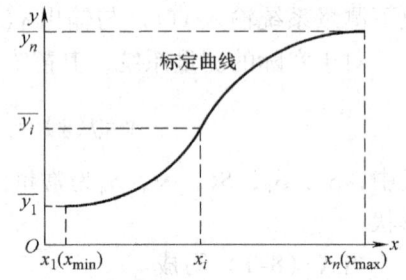

图 8-2 测试系统的标定曲线

8.2.2 静态特性的基本参数

1. 量程

测量系统测量范围的上限值（最大被测输入量）$x_{\max}$ 与下限值（最小被测输入量）$x_{\min}$ 之差的绝对值，即 $R = |x_{\max} - x_{\min}|$，称为量程。例如一温度测量系统的测量范围是 $-60 \sim 120\text{℃}$，那么它的量程为 180℃。当输入量在量程范围以内时，测量系统正常工作，并保证预定的性能。

2. 零位（零点）

当输入量为零即 $x = 0$ 时，测量系统的输出量不为零，由式（8-1）可得零位值为

$$y = S_0 \tag{8-7}$$

零位值应设法从测量结果中消除。例如可以通过测量系统的调零机构或者由软件扣除。

3. 灵敏度

灵敏度描述测量系统对输入量变化反应的能力。通常由测量系统的输出变化量 Δy 与引起该输出量变化的输入变化量 Δx 之比值 S 来表征，即

$$S = \lim_{\Delta x \to 0}\left(\frac{\Delta y}{\Delta x}\right) = \frac{dy}{dx} = f'(x) \tag{8-8}$$

如图 8-3 所示，某一测点处的静态灵敏度是其静态特性曲线的斜率。灵敏度是刻度特性

的导数,它是一个有量纲的量。例如示波器的垂直偏转灵敏度 S_y 的量纲是 mm/V,即每伏输入引起多少毫米的射线偏转;如果输入量与输出量的量纲相同,则灵敏度无量纲。

当静态特性为一直线时,直线的斜率即为灵敏度,且为一常数。当静态特性是非线性特性时,灵敏度不是常数。

4. 分辨力与分辨率

分辨力又称灵敏度阈,它表征测量系统有效辨别输入量最小变化量的能力。输入量变化太小时,输出量不会发生变化,而当输入量变化到一定程度时,输出量才发生变化。因此,从微观来看,实际测试系统的输入-输出特性在整个测量范围内不可能做到处处连续,有许多微小的起伏,如图 8-4 所示。造成测试系统具有有限分辨力的因素很多,例如机械运动部件的干摩擦和卡塞等,电路中的噪声、A-D 转换器的量化特性等。

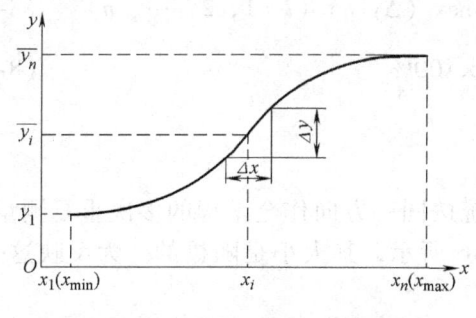
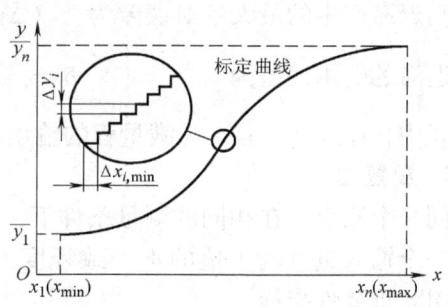

图 8-3　测试系统的静态灵敏度　　　　　图 8-4　分辨力

对于实际标定过程的第 i 个测点 x_i,当有 $\Delta x_{i,\min}$ 变化时,输出才有可观测到的变化,那么 $\Delta x_{i,\min}$ 就是该测点处的分辨力。显然各测点处的分辨力是不一样的。在全部工作范围内,都能够产生可观测输出变化的各个最小输入量中的最大值 $\max|\Delta x_{i,\min}|$ ($i=1,2,\cdots,n$),就是该测试系统的分辨力,而测试系统的分辨率为

$$r = \frac{\max|\Delta x_{i,\min}|}{x_{\max} - x_{\min}} \tag{8-9}$$

从物理含义上看,灵敏度是广义的增益,而分辨力则是不灵敏度或死区。此外,测试系统在最小(起始)测点处的分辨力称为阈值或死区。

对模拟式测量系统,其分辨力一般为最小分度值的 $\frac{1}{5} \sim \frac{1}{2}$。对具有数字显示器的测量系统,其分辨力是当最小有效数字改变一个字时相应输入量的改变量。当被测量的变化小于分辨力时,数字式仪表的最后一位数将不改变,仍指示原值。例如,某数字电压表分辨力为 1μV,表示该电压表显示器上最末位跳变 1 个字时,对应的输入电压变化量为 1μV。可见,灵敏度阈或分辨力都是有量纲的量,它与被测量的量纲相同。

对于一般测量仪器的要求是:灵敏度应该大而分辨力应该小。但也不是分辨力越小越好,选择分辨力只要小于允许测量绝对误差的 1/3 即可。

8.2.3　静态特性的质量指标

1. 迟滞

由于测试系统的机械部分的摩擦和间隙、敏感结构材料等的缺陷、磁性材料的磁滞等,致使测试系统同一个输入量的正、反行程的输出不一致,这一现象就是"迟滞",亦称"滞

环"或"回差",如图 8-5 所示。

对于第 i 个测点,其正、反行程输出的平均校准点分别为 $(x_i, \overline{y_{ui}})$ 和 $(x_i, \overline{y_{di}})$,有

$$\overline{y_{ui}} = \frac{1}{m} \sum_{j=1}^{m} y_{uij} \quad (8\text{-}10)$$

$$\overline{y_{di}} = \frac{1}{m} \sum_{j=1}^{m} y_{dij} \quad (8\text{-}11)$$

第 i 个测点其正、反行程的偏差为(如图 8-5 所示)

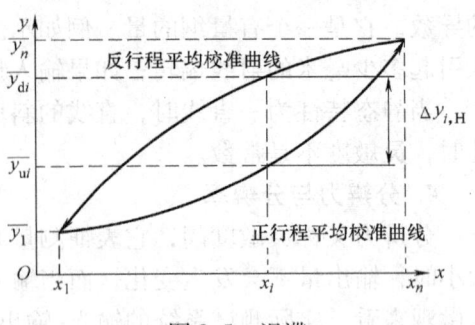

图 8-5 迟滞

$$\Delta y_{i,H} = |\overline{y_{ui}} - \overline{y_{di}}| \quad (8\text{-}12)$$

则迟滞产生的最大绝对误差为 $(\Delta y_H)_{\max} = \max (\Delta y_{i,H}) \quad (i = 1, 2, \cdots, n) \quad (8\text{-}13)$

迟滞的引用误差为 $\delta_H = \dfrac{(\Delta y_H)_{\max}}{y_{FS}} \times 100\% \quad (8\text{-}14)$

式中,$y_{FS} = y_n - y_1$,为满量程的输出值。

2. 重复性

同一个测点,在相同的测量条件下,测试系统按同一方向作全量程的多次重复测量时,对同一个输入量其输出值的不一致程度,如图 8-6 所示,其大小是随机的。为反映这一现象,引入重复性指标。

重复性反映了测试系统的随机误差,其定量评定可在重复性条件下进行多次测量,对其测量值做统计处理。

考虑正行程的第 i 个测点,做了 m 次重复测量,其平均校准值为

$$\overline{y_{ui}} = \frac{1}{m} \sum_{j=1}^{m} y_{uij} \quad (8\text{-}15)$$

基于统计学的观点,将 y_{uij} 看成第 i 个测点正行程的子样,$\overline{y_{ui}}$ 则是第 i 个测点正行程输出值的数学期望的估计值,可以利用贝塞尔公式来计算第 i 个测点的标准偏差 s_{ui}。

$$s_{ui} = \sqrt{\frac{1}{m-1} \sum_{j=1}^{m} (\Delta y_{uij})^2} = \sqrt{\frac{1}{m-1} \sum_{j=1}^{m} (y_{uij} - \overline{y_{ui}})^2} \quad (8\text{-}16)$$

s_{ui} 的物理意义是:当随机变量 y_{uij} 可以看成是正态分布时,y_{uij} 偏离期望值 $\overline{y_{ui}}$ 的范围在 $(-s_{ui}, s_{ui})$ 之间的概率为 68.37%;在 $(-2s_{ui}, 2s_{ui})$ 之间的概率为 95.40%;在 $(-3s_{ui}, 3s_{ui})$ 之间的概率为 99.73%,如图 8-7 所示。

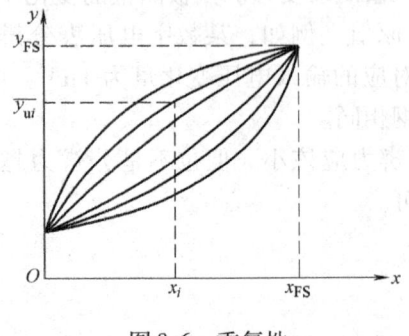

图 8-6 重复性

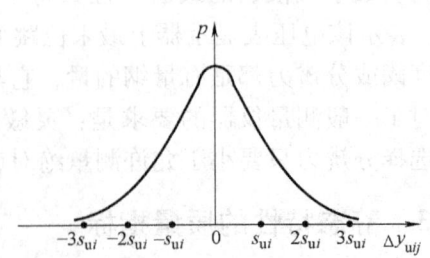

图 8-7 正态分布概率曲线

类似地,可以给出第 i 个测点反行程的子样标准偏差 S_{di}。

对于整个测量范围,综合考虑正反行程问题,并假设正、反行程的测量过程是等精度(等精密性)的,即正行程的子样标准偏差和反行程的子样标准偏差具有相等的数学期望。这样第 i 个测点的子样标准偏差为 s_i,可由下式计算

$$s_i = \sqrt{\frac{1}{2}(s_{ui}^2 + s_{di}^2)} \qquad (8\text{-}17)$$

对于全部 n 个测点,当认为是等精度测量时,可以用下式来计算整个测试过程的标准偏差

$$s = \sqrt{\frac{1}{n}\sum_{i=1}^{n} s_i^2} = \sqrt{\frac{1}{2n}\sum_{i=1}^{n}(s_{ui}^2 + s_{di}^2)} \qquad (8\text{-}18)$$

整个测试过程的标准偏差 s 就可以描述测试系统的随机误差,则测试系统的重复性的引用误差为

$$\delta_R = \frac{3s}{y_{FS}} \times 100\% \qquad (8\text{-}19)$$

式中,y_{FS} 为满量程的输出值,3 为置信概率系数,$3s$ 为置信限或随机不确定度。其物理意义是:在整个测量范围内,测试系统相对于满量程输出的随机误差不超过 δ_R 的置信概率为 99.73%。关于置信概率的概念已在第 2 章中做了详细讨论。

3. 线性度

理想测量系统的输出-输入关系应当具有如式(8-3)所示的直线特性,在整个测量范围内具有相同的灵敏度,仪表刻度是均匀的。但实际上许多测量仪表,由于种种原因,其输出-输入特性总是具有不同程度的非线性。

线性度(又称非线性误差)说明测量系统实际的静态特性的校准特性与某一拟合(参考)直线不吻合程度的最大值,如图 8-8 所示,用引用误差形式表示为

$$\delta_L = \frac{|(\Delta y_L)_{max}|}{y_{FS}} \times 100\% \qquad (8\text{-}20)$$

$$(\Delta y_L)_{max} = \max|\Delta y_{i,L}| \quad i = 1, 2, \cdots, n \qquad (8\text{-}21)$$

式中,y_{FS} 为满量程输出,$y_{FS} = |B(x_{max} - x_{min})|$,$B$ 为所选定的拟合直线的斜率。$\Delta y_{i,L}$ 是第 i 个校准点平均输出值与所选定的拟合直线的偏差,$\Delta y_{i,L} = y_i - \bar{y}_i$,称为非线性偏差;$(\Delta y_L)_{max}$ 是 n 个测点中的最大偏差。

依照上述定义,选取不同的拟合曲线,计算出的线性度也不同。下面介绍几种常用的线性度的计算方法。

(1)绝对线性度 δ_{La}

绝对线性度又称理论线性度,其拟合直线是事先规定好的,与实际标定过程和标定结果无关。通常这条拟合直线通过坐标原点($x=0$,$y=0$)和所期望的满量程输出点(x_{FS},y_{FS}),如图 8-9 所示。

(2)端基线性度 δ_{LM}

拟合直线是标定过程获得的两个端点(x_1,$\overline{y_1}$),(x_n,$\overline{y_n}$)的连线,如图 8-10 所示。端基拟合直线为

$$y = \overline{y_1} + \frac{\overline{y_n} - \overline{y_1}}{x_n - x_1}(x - x_1) \qquad (8\text{-}22)$$

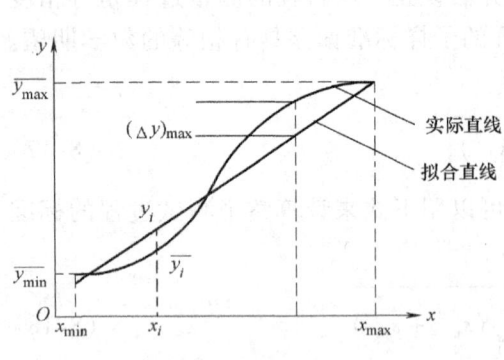

图 8-8 线性度

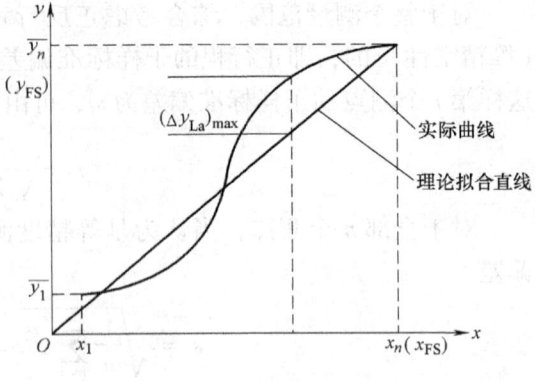

图 8-9 理论拟合直线

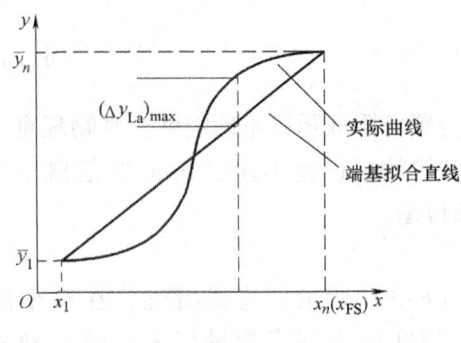

图 8-10 端基拟合直线

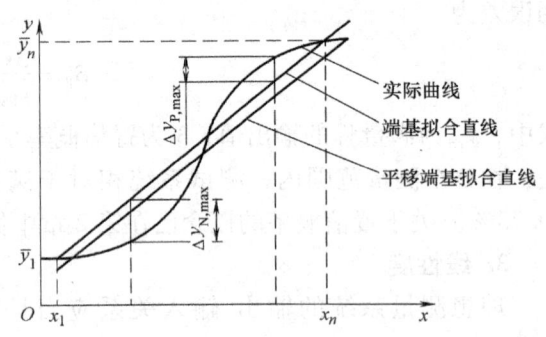

图 8-11 平移端基参考直线

端基拟合直线只考虑了实际标定的两个端点，而对于其他测点的分布情况并没有考虑，因此实测点对上述拟合直线的偏差分布也不合理，最大正偏差与最大负偏差的绝对值也不会相等。为了尽可能减小最大偏差，可将端基拟合直线平移，以使最大正、负偏差绝对值相等。这样就可以得到"平移端基拟合直线"，如图 8-11 所示。按此直线计算得到的线性度就是"平移端基线性度"。

由式（8-23）可以计算出第 i 个校准点平均输出值与端基拟合直线的偏差为

$$\Delta y_i = \overline{y_i} - y_i = \overline{y_i} - \overline{y_1} - \frac{\overline{y_n} - \overline{y_1}}{x_n - x_1}(x_i - x_1) \tag{8-23}$$

假设上述 n 个偏差 Δy_i 的最大正偏差为 $\Delta y_{P,\max} \geq 0$，最大负偏差 $\Delta y_{N,\max} \leq 0$，"平移端基拟合直线"为

$$y = \overline{y_1} + \frac{\overline{y_n} - \overline{y_1}}{x_n - x_1}(x - x_1) + \frac{1}{2}(\Delta y_{P,\max} + \Delta y_{N,\max}) \tag{8-24}$$

n 个测点的标定值对于"平移端基拟合直线"的最大正偏差与最大负偏差的绝对值是相等的，均为

$$\Delta y_M = \frac{1}{2}(\Delta y_{P,\max} - \Delta y_{N,\max}) \tag{8-25}$$

则平移端基线性度为

$$\delta_{LM} = \frac{\Delta y_M}{y_{FS}} \times 100\% \tag{8-26}$$

（3）最小二乘法线性度 δ_{LS}

基于所得到的 n 个标定点 $(x_i, \overline{y_i})(i = 1, 2, \cdots, n)$，利用偏差平方和最小来确定

"最小二乘法拟合直线"。

当拟合直线为
$$y = a + bx \tag{8-27}$$

第 i 个测点的偏差为
$$\Delta y_i = \overline{y_i} - y_i = \overline{y_i} - (a + bx_i) \tag{8-28}$$

总的偏差平方和为
$$J = \sum_{i=1}^{n}(\Delta y_i)^2 = \sum_{i=1}^{n}[\overline{y_i} - (a + bx_i)]^2 \tag{8-29}$$

利用 $\frac{\partial J}{\partial a} = 0$，$\frac{\partial J}{\partial b} = 0$；可以得到最小二乘法拟合直线的最佳 a、b 值为

$$a = \frac{\sum_{i=1}^{n}x_i^2 \sum_{i=1}^{n}y_i - \sum_{i=1}^{n}x_i \sum_{i=1}^{n}x_i y_i}{n\sum_{i=1}^{n}x_i^2 - \left(\sum_{i=1}^{n}x_i\right)^2} \tag{8-30}$$

$$b = \frac{n\sum_{i=1}^{n}x_i y_i - \sum_{i=1}^{n}x_i \sum_{i=1}^{n}y_i}{n\sum_{i=1}^{n}x_i^2 - \left(\sum_{i=1}^{n}x_i\right)^2} \tag{8-31}$$

计算出 a、b 后，由式（8-28）可以计算出每一个测点的偏差，得到最大的偏差 Δy_M，进而求出最小二乘法线性度 δ_{LS}。关于最小二乘法的原理，已在第 2 章进行了讨论。

4. 准确度

准确度表征测量系统给出接近于真值的响应的能力，俗称精度。虽然准确度是一种定性的概念，但实际应用中仍对它做了定量描述，有下述几种方式：

1）用准确度等级指数来表征。准确度等级指数 a（表示成百分数 $a\%$ FS 的相对值）是以最大允许误差的大小来表征，它不是测量系统实际出现的误差。a 值越小表示准确度越高。凡国家标准规定有准确度等级指数的正式产品都应有准确度等级指数的标志。

2）简化表示。一些国家标准未规定准确度等级指数的产品说明书中，常用"精度"作为一项技术指标来表征该产品的准确程度。通常精度 A 由线性度 δ_L、迟滞 δ_H 和重复性 δ_R 之和得出，即

$$A = |\delta_L| + |\delta_H| + |\delta_R| \quad \text{或} \quad A = \sqrt{\delta_L^2 + \delta_H^2 + \delta_R^2} \tag{8-32}$$

用式（8-32）来表征准确度是不完善的，它只是一种粗略的简化表示。

3）用不确定度（或误差）来表征。测量系统或测量装置的不确定度为在规定条件下系统或装置用于测量时所得测量结果的不确定度。关于不确定度已在第 2 章进行了讨论。

5. 稳定性

稳定性是表征测量系统保持其计量特性恒定不变的能力。稳定性通常是对时间而言的，即计量特性变化到给定量需要的最少时间，或计量特性在给定时间内所发生的变化的范围。当稳定性不是对时间而是对其他量而言时，应根据有关技术文件规定的方法进行评定。

与稳定性密切相关的一个概念是漂移。测量系统的漂移是在一定时间内或某一影响量作用范围内（根据技术规范要求）计量特性的慢变化。

（1）时漂

当测试系统的输入和环境温度不变时，输出量随时间变化的现象就是漂移，又称时漂。它是由于测试系统内部各个环节性能不稳定或内部温度变化引起的，反映了测试系统的稳定性指标。通常考察测试系统时漂的时间范围可以是一个小时、一天、一个月、半年或一年。

测量系统的漂移和稳定性通常是针对时间而言的，前者着重说明在一次开机使用期间计

量特性变化的大小和规律；后者着重说明长期、多次使用，在相同工作状态下保持计量特性的能力。通过漂移可确定仪器的工作条件和预热周期，以保证仪器工作在一个稳定的状态；稳定性可以估计仪器计量特性保持有效的周期。

（2）温漂

由外界环境温度变化引起的输出量变化的现象称为温漂。温漂可以从两个方面来考察。一方面是零点漂移，即测试系统零点处的温漂，反映了温度变化引起的测试系统特性平移而斜率不变的漂移；另一方面是灵敏度温漂，即引起测试系统特性斜率变化的漂移。

零点漂移 ν 和灵敏度漂移 β 可由下面两式来计算

$$\nu = \frac{\overline{y_0}(t_2) - \overline{y_0}(t_1)}{\overline{y_{FS}}(t_1) \times (t_2 - t_1)} \times 100\% \tag{8-33}$$

$$\beta = \frac{\overline{y_{FS}}(t_2) - \overline{y_{FS}}(t_1)}{\overline{y_{FS}}(t_1) \times (t_2 - t_1)} \times 100\% \tag{8-34}$$

式中，$\overline{y_0}(t_2)$ 为在规定的温度（高温或低温）t_2 保温一小时后，测试系统零点输出的平均值；$\overline{y_0}(t_1)$ 为在室温 t_1 时，测试系统零点输出的平均值；$\overline{y_{FS}}(t_1)$ 为在室温 t_1 时，测试系统满量程输出的平均值；$\overline{y_{FS}}(t_2)$ 为在规定的温度（高温或低温）t_2 保温一小时后，测试系统满量程输出的平均值。

（3）影响系数

影响仪器计量特性的量通常有温度、大气压、振动、电源电压和频率等。当仪器的实际工作条件偏离基准工作条件时，将使仪器计量特性发生变化，对仪器的示值产生影响。其影响常用影响系数来表示，即用指示值变化与影响量变化的比值（常用引用误差）来表示。例如，某仪器的温度影响系数为 $3.4 \times 10^{-4}/℃$，表示温度变化 1℃ 引起指示值的变化为 3.4×10^{-4}（引用误差）。

6. 可靠性

一台装置的可靠性是指该装置可在规定的时期内及在保持其运行指标不超限的情况下执行其功能的性能。它是反映产品是否耐用的一项综合指标。可靠性指标有：

1）平均无故障时间 MTBF（Mean Time Between Failure）：在标准工作条件下不间断地工作，直到发生故障而失去工作能力的时间称为无故障时间。如果取若干次（或若干台仪器）无故障时间求其平均值，则为平均无故障时间，它表示相邻两次故障间隔时间的平均值。

2）故障率或失效率：它是平均无故障时间 MTBF 的倒数。某仪器的失效率为 0.03%/kh，就是说若有 1 万台仪器工作 1000h 后，在这段时间里只可能有 3 台会出现故障。

3）可信任概率 P：表征由于元件参数的渐变而使仪表误差在给定时间内仍然保持在技术条件规定限度以内的概率。显然，概率 P 值越大，测量仪器的可靠性越高，测量仪器的成本也越高。

可靠性在产品设计与生产中具有深远的指导意义，越来越引起人们的关注与重视。

7. 输入阻抗与输出阻抗

输入阻抗与输出阻抗值对于组成测量系统的各环节而言甚为重要。希望前级输出信号无损失地向后级传送，信号源的内阻应为零，后级输入阻抗理想值为无限大。这样，前后环节则为相互独立的环节。为了消除各环节的影响，在各环节之间设置阻抗变换器。

8.3 电子测量仪器的技术规范及误差的表示方法

8.3.1 技术规范

技术规范（亦称技术条件）是规定仪器的用途、工作特性、工作条件，以及运输、贮存条件的技术文件。它既是设计制造厂商的产品标准，也是用户正确使用和维护仪器的重要依据。

1. 仪器的用途

它是研制或使用仪器的目的，决定了仪器的功能，同时与仪器的工作条件、工作特性等密切相关。

2. 测量仪器的工作特性

它是用数值、公差范围等来表征仪器性能的量值，习惯上又称为技术指标。它分为电气工作特性和一般工作特性两类。电气工作特性包括的内容与该类仪器的指标有关，如电压表包括量程、误差、频率范围、波形响应、输入特性等。一般工作特性包括电源、外形尺寸、重量、可靠性等。

3. 仪器的工作条件

它分基准、额定和极限三种：

1) 基准条件，是为了进行比较试验和校准试验，对各种影响量的范围与公差作出的明确规定，见表8-1。

表8-1 基准条件

影 响 量	基准数值或范围	公 差
环境温度	20℃	±2℃
相对湿度	60%	±15%
大气压强	101kPa	
交流供电电压	220V	±2%
交流供电频率	50Hz	±1%
交流供电波形	正弦	$\beta \leq 0.05\%$ [①]
直流供电电压	额定值	
直流供电电压的波纹	$\Delta U/U_0$ [②]	±1%
外界电磁场干扰	应避免	
通风	良好	
光源	避免直射	
工作位置	按制造厂规定	

① β 为失真因子，即交流供电电压波形应保持在 $(1+\beta)A\sin\omega t$ 与 $(1-\beta)A\sin\omega t$ 形成的包络之中；
② ΔU 为波纹电压的峰-峰值，U_0 为直流供电电压的额定值。

2) 额定工作条件，是给定工作特性有效范围和给定影响量额定使用范围的总和。仪器在额定工作条件范围内使用，应满足规定的性能。

3) 极限工作条件，是仪器能进行工作但不保证工作误差的极限使用范围。

4. 贮存与运输条件

它是温度条件、湿度条件、大气压力条件、振动条件、冲击条件等的总和，在这些条件规定的范围内，仪器在非工作状态下贮存或运输而不致损坏，当它以后工作在额定工作条件时，其性能不会降低。

8.3.2 工作特性及仪器误差

测量仪器的工作特性（技术指标）虽随仪器的种类、型号而各不相同，但它们仍有共同的项目。如误差、稳定性、分辨力、有效范围（量程）、测试速率、可靠性等。这些特性大多数在前面的测量系统的静态特性中作了介绍，这里不再赘述。

下面介绍一下测量仪器的误差。

1. 最大允许误差（工作误差极限或容许误差）

据我国相关标准规定，凡是成批生产的测量仪器，都应该给出工作误差极限（最大允许误差），也称容许误差。此误差极限在额定工作条件以内，影响量与影响特性为任何可能组合的情况下工作时，可能产生的最大误差范围。

测量仪器的最大允许误差（容许误差）可用工作误差、固有误差、影响误差、稳定误差等来描述。仪器的容许误差的表示方法可以用绝对误差，也可用相对误差。

（1）工作误差

工作误差是在额定工作条件下仪器误差的极限值，即来自仪器外部的各种影响量和仪器内部的影响特性为任意可能的组合时，仪器误差的最大极限值。

（2）固有误差

固有误差是在规定的一组影响量的基准条件下给出的误差。基准条件如表 8-1 所列。固有误差能够更准确地反映仪器本身所固有的性能，也便于同类仪器在相同的条件下进行比较和校准。

（3）影响误差

影响误差用来表明一个影响量对仪器测量误差的影响。环境温度、大气压、振动等外部状态变化给予测量系统或仪器示值的影响，以及电源电压、频率等工作条件变化给予指示值的影响，统称环境影响量。仪器实际工作条件偏离基准条件值时，对仪器示值的影响用影响系数表示。某一影响量的影响系数是当该影响量在其额定使用范围内（或一个影响特性在其有效范围内）取任一值，而其他影响量和影响特性均处于基准条件时所测得的值。影响系数为指示值变化与影响量变化量的比值。

（4）稳定误差

稳定误差是仪器的标称值在其他影响量和影响特性保持恒定的情况下，于规定时间内产生的误差极限。习惯上以相对误差的形式给出或者注明最长连续工作时间。

我国新的相关标准采用上述误差表示方法。原来的标准把测量仪器的误差用基本误差和附加误差来表示。其中基本误差与固有误差相似，但基准条件下比固有误差要宽。附加误差类似于影响误差，它表示仪器在正常使用时由于外界因素的影响造成示值的偏差。

2. 最大允许误差（容许误差）的表示方法

测量仪器的最大允许误差可以用绝对误差，也可以用相对误差表示。

1）最大允许误差以固定值（不随示值大小而变化）给出时，用绝对误差 Δx、示值相对误差 γ_x 和引用误差 γ_m 表示为

$$\Delta x = \pm c = \pm b x_\mathrm{m} \tag{8-35}$$

$$\gamma_\mathrm{x} = \pm \frac{\Delta x}{x} = \pm \frac{c}{x} = \pm b \frac{x_\mathrm{m}}{x} \tag{8-36}$$

$$\gamma_\mathrm{m} = \pm \frac{\Delta x}{x_\mathrm{m}} = \pm \frac{c}{x_\mathrm{m}} = b \tag{8-37}$$

绝对误差、示值相对误差和满度相对误差之间的关系为

$$\Delta x = \pm \gamma_\mathrm{m} x_\mathrm{m} \tag{8-38}$$

$$\gamma_\mathrm{x} = \pm \gamma_\mathrm{m} \frac{x_\mathrm{m}}{x} \tag{8-39}$$

式中，c 为常数（单位与被测量相同）；$b = \dfrac{c}{x_\mathrm{m}}$ 为比例系数（无量纲），可用百分数表示；x 为被测量的示值；x_m 为量程满度值。

2) 最大允许误差与随示值大小成线性变化关系给出时，用绝对误差 Δx 和相对误差 γ 表示为

$$\Delta x = \pm(ax + c) = \pm(ax + b x_\mathrm{m}) \tag{8-40}$$

$$\gamma = \pm \left(\frac{\Delta x}{x}\right) = \pm \left(a + b \frac{x_\mathrm{m}}{x}\right) \tag{8-41}$$

式中，a 为比例系数（无量纲），可用百分数表示。

在式（8-40）中，第一项称为读数误差（刻度误差、增益误差），它是由测量仪器的灵敏度变化（如衰减器的衰减量、放大器的增益、A-D 转换器的变换系数等）引起的，以 Δa 表示；第二项称为满度误差（零位误差、偏移误差），它由测量仪器的零位变化（例如放大器的失调、温漂，A-D 转换器的量化误差等）引起，在全量程范围内都是固定值，以 Δb 表示。即

$$\Delta a = a\% \times x \tag{8-42}$$

$$\Delta b = b\% \times x_\mathrm{m} \tag{8-43}$$

Δa、Δb 和 x 的关系如图 8-12 所示。

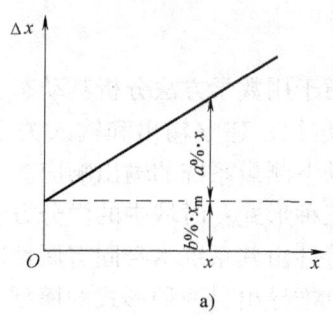
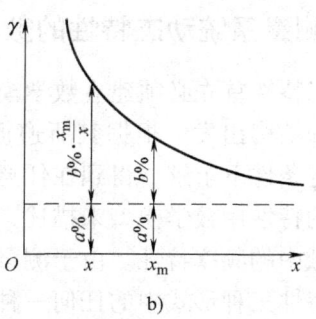

a)   b)

图 8-12 测量误差与被测量 x 的关系
a) 绝对误差 Δx 与 x 的关系　b) 相对误差 γ 与 x 的关系

根据式（8-41）可绘出相对误差 γ 和被测量 x 的关系曲线，如图 8-12 所示。由图可见，相对误差的第一项 $a\%$ 不随 x 改变，而第二项 $b\% \times \dfrac{x_\mathrm{m}}{x}$ 则随 x 的增大而减小，直至 $x = x_\mathrm{m}$ 时等于 $b\%$。使用测量仪器时，希望在 x 的任何测量值下都有较小的相对误差，因此需要选择合

适的量程，使被测量 x 在所选量程上有较大的读数值，使 x 尽量接近 x_m，即 x 最好在不小于满度值 x_m 的 2/3 以上的范围。

8.4 测试系统的动态特性

8.4.1 动态特性概述

在被测量快速变化的情况下，必须用测试系统的运动微分方程来描述其输入与输出间的动态关系，表征这种动态关系的特性，称为动态特性。测量系统的动态特性反映其测量动态信号的能力。在输入量变化时，人们所观察到的输出量不仅受研究对象动态特性的影响，同时也受测试装置动态特性的影响。

测试系统常常要测试迅速变化的物理量，于是就要研究测试系统准确地测试这种迅速变化的物理量的能力，即研究测试系统的动态特性。如果没有动态特性方面的知识，在测试中就会造成严重的失误，甚至测试结果是不真实的。

在实际工作中，由于测试系统比较复杂，很难准确地列出它的运动微分方程，得不到准确的传递函数，所以往往不是根据传递函数来分析测试系统的动态特性，而是根据它对某些典型信号的响应，来对系统的动态特性做出评价。并且系统对典型输入的响应与它对任意输入的响应之间存在着一定的关系，知道前者就可以算出后者。

通常，可以假设测试系统是线性系统。对于这类系统，可以采用两种典型的输入信号来研究其动态性能，相应地就有两种不同的分析方法：①以正弦信号作为系统的输入，研究系统对这种输入的稳态响应的方法称为频率响应法；②以斜坡信号、阶跃信号或者脉冲信号作为系统的输入，研究输出波形的方法称为瞬态响应分析法。

通过讨论频率范围、动态误差与测量系统动态特性的关系达到两个目的：

1）根据信号频率范围及测量误差的要求确立测量系统的动态特性。
2）已知测量系统的动态特性，估算可测量信号的频率范围与对应的动态误差。

8.4.2 描述测量系统动态特性的数学模型

要研究动态特性首先必须建立数学模型，以便于用数学方法分析其动态响应，这就要从测量装置的物理结构出发，根据其所遵循的物理定律，建立输出和输入关系的运动微分方程。然后在给定条件下求解，得到在任意输入激励下测量系统的输出响应。

测量系统的特性用数学模型来描述，主要有三种形式：时域中的微分方程；复频域中的传递函数；频域中的频率特性。由于测量系统的特性由其系统本身固有属性决定，所以只要已知描述系统特性三种形式中的任何一种，就可以推导出另两种形式的模型。

1. 微分方程

理想的测试系统应该具有单值的、确定的输入-输出关系，即输出量为输入量的函数。但实际的测试系统中，总是存在阻尼、惯性等元件。这样，输出量 $y(t)$ 不仅与 $x(t)$ 有关，而且还与输入量的变化速度 $dx(t)/dt$、加速度 $d^2x(t)/dt^2$ 等有关。因此要精确地建立测试系统的数学模型是很困难的。但在工程上总是采取一些近似的方法，在一定误差范围内，忽略一些影响不大的因素，这给数学模型的确立与求解带来很多方便。在工程上可以近似地用线性时不变系统理论来描述测试系统的动态特性，使问题大大简化。从数学上可以用常系数线

性微分方程表示测试系统输出量 $y(t)$ 与输入量 $x(t)$ 之间的关系，这种方程式的通式为

$$a_n\frac{\mathrm{d}^n y(t)}{\mathrm{d}t^n}+a_{n-1}\frac{\mathrm{d}^{n-1}y(t)}{\mathrm{d}t^{n-1}}+\cdots+a_1\frac{\mathrm{d}y(t)}{\mathrm{d}t}+a_0 y(t)$$

$$=b_m\frac{\mathrm{d}^m x(t)}{\mathrm{d}t^m}+b_{m-1}\frac{\mathrm{d}^{m-1}x(t)}{\mathrm{d}t^{m-1}}+\cdots+b_1\frac{\mathrm{d}x(t)}{\mathrm{d}t}+b_0 x(t) \tag{8-44}$$

式中，$a_0, a_1, a_2, \cdots, a_n$ 和 $b_0, b_1, b_2, \cdots, b_m$ 为与系统结构参数有关的常数。

从理论上讲，由式（8-44）可以计算出测试系统的输出与输入的关系，但是对于一个复杂的系统和复杂的输入信号，求解式（8-44）也不是一件容易的事情。因此，通常采用一些足以反映系统动态特性的函数，将系统的输出与输入联系起来。这些函数有传递函数、频率响应和脉冲响应函数等。

2. 传递函数

为简化运算，通常采用拉普拉斯变换，把上述用微分方程表示的系统的传输特性，变换成为易于处理的代数方程，称为传递函数。传递函数是在初始条件为零时，系统输出量的拉普拉斯变换与输入量的拉普拉斯变换之比。对式（8-44）取拉普拉斯变换，并认为输入 $x(t)$ 与输出 $y(t)$ 及它们各阶导数在 $t=0$ 时的初始值为零，其拉普拉斯变换为

$$Y(s)(a_n s^n+a_{n-1}s^{n-1}+\cdots+a_1 s+a_0)=X(s)(b_m s^m+b_{m-1}s^{m-1}+\cdots+b_1 s+b_0) \tag{8-45}$$

式中 $Y(s)$ 为系统输出量的拉普拉斯变换 $Y(s)=\int_0^\infty y(t)\mathrm{e}^{-st}\mathrm{d}t(s=\beta+\mathrm{j}\omega,\beta>0)$ （8-46）

$X(s)$ 为系统输入量的拉普拉斯变换 $X(s)=\int_0^\infty x(t)\mathrm{e}^{-st}\mathrm{d}t$ （8-47）

于是，测量系统的传递函数为

$$H(s)=\frac{Y(s)}{X(s)}=\frac{b_m s^m+b_{m-1}s^{m-1}+\cdots+b_1 s+b_0}{a_n s^n+a_{n-1}s^{n-1}+\cdots+a_1 s+a_0} \tag{8-48}$$

式中的分母中 s 的幂次 n 代表了系统微分方程的阶数。如 $n=1$ 或 $n=2$，式（8-48）就分别称为一阶系统或二阶系统的传递函数。在 $Y(s)$、$X(s)$ 和 $H(s)$ 三者中，知道任意两个，第三个便可求得。

传递函数有以下特点：

1) $H(s)$ 是通过把实际物理系统抽象成数学模型后经过拉普拉斯变换得到的，它反映测量系统本身固有的特性，即反映系统输出与输入关系的响应特性，包含瞬态、稳态的时间响应和频率响应的全部信息，与输入 $x(t)$ 无关，当 $x(t)$ 不同时，$y(t)$ 的表达式也不同，但二者拉普拉斯变换的比值始终保持为 $H(s)$。

2) 不同的物理系统可以有相同的传递函数，或者说同一个传递函数可能表征着两个完全不同的物理系统。因为各种具体的物理系统，只要有相同的微分方程，其传递函数也就相同。例如，弹簧-阻尼系统和 RC 电路同是一阶系统，它们均用一阶系统的传递函数来表征。

3) 传递函数与微分方程等价。由于拉普拉斯变换是一一对应的变换，不会丢失任何信息，故两者等价。

3. 频率响应函数

传递函数是在复数域中描述系统的动态特性，比在时域中用微分方程描述系统特性有许多优点。但是在许多实际工程系统中，难于建立微分方程，因而难以得到传递函数，而且传递函数的物理概念也难以理解。在频率域中描述系统特性的频率响应函数，物理概念明确，

也容易通过实验获得,因此它是研究系统特性的重要工具。

对于稳定的常系数线性系统,可用傅里叶变换代替拉普拉斯变换,此时对系统的输出式(8-46)改写为

$$Y(j\omega) = \int_0^\infty y(t) e^{-j\omega t} dt \tag{8-49}$$

相应地对输入有

$$X(j\omega) = \int_0^\infty x(t) e^{-j\omega t} dt \tag{8-50}$$

故

$$H(j\omega) = \frac{Y(j\omega)}{X(j\omega)} = \frac{b_m(j\omega)^m + b_{m-1}(j\omega)^{m-1} + \cdots + b_1(j\omega) + b_0}{a_n(j\omega)^n + a_{n-1}(j\omega)^{n-1} + \cdots + a_1(j\omega) + a_0} \tag{8-51}$$

$H(j\omega)$ 称为线性系统的频率响应函数,简称频率响应或频率特性。它等于在初始条件为零的情况下,输出的傅里叶变换和输入的傅里叶变换之比。显然,频率特性是传递函数的特例。式(8-51)也可写为

$$H(\omega) = Y(\omega)/X(\omega) \tag{8-52}$$

从物理意义上说,通过傅里叶变换可把满足一定条件的任意信号分解成不同频率的正弦信号之和,将信号由时间域变换到频率域来描述,因此频率响应函数在频率域中反映一个系统对正弦输入的稳态响应,故又称其为正弦传递函数。

式(8-48)和式(8-51)在形式上很相似,但应注意二者的区别。传递函数是输出与输入拉普拉斯变换之比,其输入并不限于正弦激励,所反映的特性不仅有稳态也有瞬态,而频率响应函数反映的是系统对正弦输入(或称激励)的稳态响应,即系统达到稳态后输出与输入的关系。

频率响应具有明确的物理意义,利用它可以从频率域形象、直观、定量地表示测量系统的动态特性。频率响应函数可以较容易地通过实验的方法获得,因而成为应用最广泛的动态特性分析工具。

(1) 幅频特性和相频特性

当正弦信号输入一线性测量系统时,其稳态输出是与输入同频率的正弦信号,但是输出信号的幅值和相位通常会发生变化,其变化随频率的不同而异。当输入正弦信号的频率改变时,输出、输入正弦信号的振幅之比随频率的变化,称为测量系统的幅频特性。输出、输入正弦信号的相位差随频率的变化,称为测量系统的相频特性,两者统称为测量系统的频率响应特性。

输入和输出的傅里叶变换 $X(\omega)$、$Y(\omega)$ 以及频率响应特性 $H(\omega)$ 都是频率 ω 的函数,一般都是复数,因此 $H(\omega)$ 可用指数式来表达,即

$$H(\omega) = A(\omega) e^{j\varphi(\omega)}$$

式中,$A(\omega)$ 为频率特性 $H(\omega)$ 的模,是输出的模 $|Y(\omega)|$ 与输入的模 $|X(\omega)|$ 之比;$\varphi(\omega)$ 为频率特性的辐角。

$$A(\omega) = \frac{|Y(\omega)|}{|X(\omega)|} = |H(\omega)|, \varphi(\omega) = \arctan H(\omega) \tag{8-53}$$

模 $A(\omega)$ 与辐角 $\varphi(\omega)$ 是频率 ω 的函数。以 ω 为横轴、$A(\omega) = |H(\omega)|$ 为纵轴的 $A(\omega)$-ω 曲线称为幅频特性曲线。若以模的分贝数 $L = 20\lg A(\omega)$ 为纵轴,则 L-ω 曲线称为对数幅频特性;以 ω 为横轴、$\varphi(\omega)$ 为纵轴的 $\varphi(\omega)$-ω 曲线称为测量系统的相频特性。

(2) 频率特性的测量(实验求取)方法

频率特性的测量通常有两种方法。①傅里叶变换法（FFT法），即在初始条件全为零的情况下，同时测得输入 $x(t)$ 与输出 $y(t)$，并分别对 $x(t)$、$y(t)$ 进行 FFT 求得其傅里叶变换 $X(\omega)$、$Y(\omega)$，其比值就是 $H(\omega)$。②正弦激励法，依次用不同频率 ω_i、但幅值 $X_m(\omega_i)$ 不变的正弦信号 $x(t)=X_m\sin\omega_i t$ 作为测量系统的输入（激励）信号，同时测出系统达到稳态时的相应输出信号 $y(t)=Y_m\sin(\omega_i+\varphi)$ 的幅值 $Y_m(\omega_i)$。这样，对于某个 ω_i，便有一组 $A(\omega_i)=\dfrac{Y_m(\omega_i)}{X_m(\omega_i)}$ 与 $\varphi(\omega_i)$。全部的 $A(\omega_i)-\omega_i$ 和 $\varphi(\omega_i)-\omega_i$，$i=1,2,3,\cdots$，便是测量系统的频率特性。

4. 常见测量系统的数学模型

常见测量系统都是一阶的或二阶的系统。任何高阶系统都可以看作若干个一阶和二阶环节的串联或并联。因此，分析一、二阶环节的特性，是分析高阶复杂系统特性的基础。

（1）一阶系统

典型的一阶系统如图 8-13 所示 RC 电路。图中，当电容上的端电压 u_o 小于电源电压 u_i 时，将有充电电流 i 向电容 C 充电。

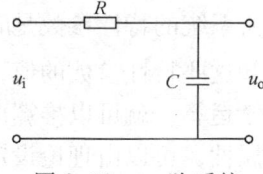

图 8-13　一阶系统实例：RC 电路

$$i=\dfrac{u_i-u_o}{R}=C\dfrac{du_o}{dt}$$

式中，R 为电阻；C 为电容。令 $\tau=RC$，上式可改写为

$$\tau\dfrac{du_o}{dt}+u_o=u_i \tag{8-54}$$

1）一阶系统的微分方程：令 $u_i=x(t)$，$u_o=y(t)$，则描述一阶系统的输入、输出关系的一阶微分方程的形式为

$$\tau\dfrac{dy(t)}{dt}+y(t)=Kx(t) \tag{8-55}$$

2）一阶系统的传递函数为

$$H(s)=\dfrac{Y(s)}{X(s)}=\dfrac{K}{\tau s+1} \tag{8-56}$$

3）一阶系统的频率特性为

$$H(j\omega)=\dfrac{K}{\tau(j\omega)+1} \tag{8-57}$$

（2）二阶系统

典型的二阶系统如图 8-14 所示 RLC 串联电路，在图中，开关 S 由断至合时，RLC 电路被施加一阶跃电压 u_S，在过渡过程中其输入与输出的关系由下述二阶微分方程决定

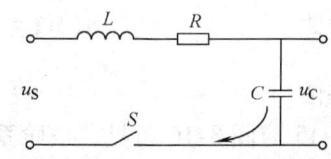

图 8-14　二阶系统实例：RLC 串联电路

$$LC\dfrac{d^2u_C}{dt^2}+RC\dfrac{du_C}{dt}+u_C=u_S \qquad u_S=\begin{cases}0,t\leqslant 0\\ u_i,t\geqslant 0\end{cases} \tag{8-58}$$

式中，u_S（激励电压）为系统的输入量；u_C（电容两端的电压）为系统的输出量。

1）二阶系统的微分方程：不论电学、力学、热力学的二阶系统，它们均可用下述标准形式二阶微分方程来表示

$$\dfrac{1}{\omega_n^2}\dfrac{d^2y(t)}{dt^2}+\dfrac{2\zeta}{\omega_n}\dfrac{dy(t)}{dt}+y(t)=Kx(t) \tag{8-59}$$

式中，ω_n 为系统固有角频率，$\omega_n = \dfrac{1}{\sqrt{LC}}$；$\zeta$ 为阻尼比，$\zeta = \dfrac{R}{2}\sqrt{\dfrac{C}{L}}$；$K$ 为直流放大倍数或称静态灵敏度。

2）二阶系统的传递函数为
$$H(s) = \frac{Y(s)}{X(s)} = \frac{K}{\dfrac{1}{\omega_n^2}s^2 + \dfrac{2\zeta}{\omega_n}s + 1} \tag{8-60}$$

3）二阶系统的频率特性为
$$H(\omega) = \frac{Y(\omega)}{X(\omega)} = \frac{K}{\left[1 - \left(\dfrac{\omega}{\omega_n}\right)^2\right] + j2\zeta\dfrac{\omega}{\omega_n}} \tag{8-61}$$

8.4.3 测量系统的动态特性参数

一阶系统的特性参数是时间常数 τ，二阶系统的特性参数是固有角频率 ω_n 与阻尼比 ζ。如果得知这些特性参数的值，就能建立系统的数学模型。若已知测量系统的数学模型，通过适当数学运算，就可以推算出系统对任一输入的输出响应。尽管这种特性参数取决于系统本身固有属性，可以由理论设定，但最终必须由实验测定，称为动态标定。为了便于统一比较与容易获得，标定时通常选用两种形式的输入信号：正弦信号与阶跃信号。测量系统动态特性的表述也相应有两种形式：第一种是频率特性，系统在正弦信号激励下，稳态输出时的幅值-频率和相位-频率的关系；第二种是时域特性，即阶跃响应特性，即系统对阶跃输入的响应（输出）特性。前者较多用于电量作为输入量的系统中，因为正弦信号激励下的频率响应函数较易测得；后者多用于温度、压力等非电量作为输入量的系统，因为获取随时间作阶跃规律变化的非电量信号比作正弦规律变化的非电量信号要容易得多。

1. 频率特性与特征参数

式（8-57）和式（8-61）中的 K 为系统直流放大倍数，是常数，它不影响系统的动态特性。为分析方便起见，做归一化处理，令 $K = 1$。

（1）一阶系统

1）频率特性

当 $K = 1$ 时
$$H(\omega) = \frac{Y(\omega)}{X(\omega)} = \frac{1}{1 + j\omega\tau}$$

幅频特性
$$A(\omega) = |H(\omega)| = \left|\frac{Y(\omega)}{X(\omega)}\right| = \frac{1}{\sqrt{1 + (\omega\tau)^2}} \tag{8-62}$$

相频特性
$$\varphi(\omega) = -\arctan\omega\tau \tag{8-63}$$

由图 8-15 与图 8-16 可见，一阶系统频率特性具有下列特点：

① 当 $\omega < \dfrac{1}{\tau}$ 时，$|H(\omega)|$ 接近于 1，输入、输出幅值几乎相等，$L = 20\lg|H(\omega)| \approx 0$。

② 当 $\omega = \dfrac{1}{\tau}$ 时，$|H(\omega)| = 0.707$（-3dB），$\varphi = 45°$。$\dfrac{1}{\tau}$ 点称为转折频率。时间常数 τ 是反映一阶系统特性的重要参数。

③ $\omega > \dfrac{1}{\tau}$ 时，当 ω 增大时，$|H(\omega)|$ 减小，工作频率 ω 增大 10 倍，$|H(\omega)|$ 减小 20dB。$\omega = \dfrac{10}{\tau}$ 处的模 $\left|H\left(\dfrac{10}{\tau}\right)\right|$ 是 $\left|H\left(\dfrac{1}{\tau}\right)\right|$ 的 $\dfrac{1}{10}$。

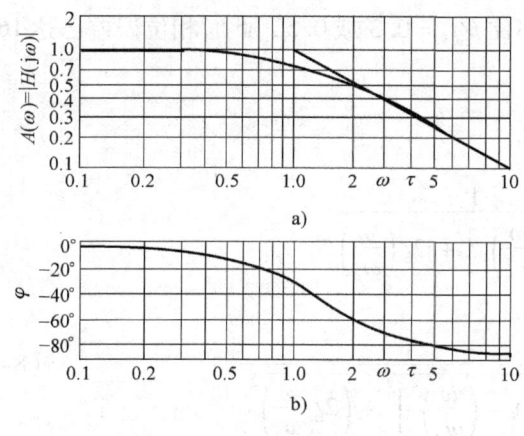
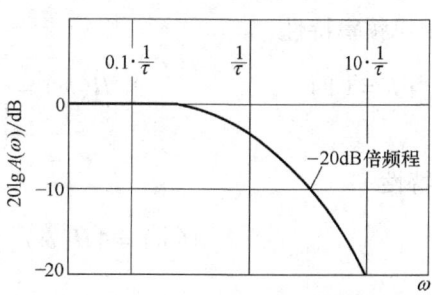

图 8-15 一阶系统频率特性
a) 幅频特性 b) 相频特性

图 8-16 一阶系统的对数幅频特性

2) 动态误差

系统动态幅值误差定义为

$$\gamma = \frac{|H(j\omega)| - |H_N(j\omega)|}{|H_N(j\omega)|} \times 100\% \tag{8-64}$$

式中，$|H(j\omega)|$ 为测量系统频率特性的模；$|H_N(j\omega)|$ 为理想频率特性的模。

动态相位绝对误差为

$$\Delta\varphi = \varphi(\omega) - \varphi_N(\omega) \tag{8-65}$$

式中，$\varphi(\omega)$ 为测量系统相频特性；$\varphi_N(\omega)$ 为理想相频特性。

对于执行信号传递功能的一阶系统，其理想（无失真）频率特性的模为

$$|H_N(j\omega)| = const = |H(0)| \tag{8-66}$$

式中，$|H(0)|$ 为 $\omega = 0$ 时的一阶测量系统的直流放大倍数，为一常量。

将式 (8-62) 代入式 (8-64)，可得一阶系统动态幅值误差表达式为

$$\gamma = \frac{1}{\sqrt{1+(\omega\tau)^2}} - 1 = \frac{1}{\sqrt{1+\left(\frac{\omega}{\omega_\tau}\right)^2}} - 1 \tag{8-67}$$

式中，τ 为一阶系统时间常数；$\omega_\tau = \dfrac{1}{\tau}$ 为一阶系统的转折（截止）角频率；ω 为信号角频率。

由于 $\varphi_N(\omega) = 0$，故相位误差的表达式 (8-65) 就是一阶系统的相频特性，即式 (8-63)。

信号频率与一阶系统转折频率之比 $(f/f_\tau = \omega/\omega_\tau)$ 与动态幅值误差 γ 的关系可由式 (8-67) 计算出，其数值列入表 8-2 中。

表 8-2 一阶系统动态误差 γ 与 f/f_τ 的关系

频率比 f/f_τ	0.1	0.2	0.3	0.4	0.5	0.6	0.7	1.0
动态幅值误差 γ	-0.5%	-1.9%	-4.2%	-7.1%	-10.5%	-14%	-18%	-29%

通常用 f_τ ($\omega_\tau/2\pi$) 转折频率表征测量系统的通频带，实际上当信号频率 $f = f_\tau$ 时，动态幅值误差已达 -29.3%，也就是幅值已衰减 3dB。一般测量系统的工作频带是指动态幅值误

差 $|\gamma|$ =5% 或 10% 的信号范围,此时允许频率比 f/f_τ = 0.3 或 0.5,此时相位误差已达 16.7° 或者 26.6°。

(2) 二阶系统

1) 频率特性

当 $K=1$ 时

$$H(\omega) = \frac{1}{\left[1-\left(\frac{\omega}{\omega_n}\right)^2\right]+j2\zeta\left(\frac{\omega}{\omega_n}\right)}$$

幅频特性

$$A(\omega) = |H(\omega)| = \frac{1}{\sqrt{\left[1-\left(\frac{\omega}{\omega_n}\right)^2\right]^2 + \left(2\zeta\frac{\omega}{\omega_n}\right)^2}} \tag{8-68}$$

相频特性

$$\varphi(\omega) = -\arctan\frac{2\zeta\left(\frac{\omega}{\omega_n}\right)}{1-\left(\frac{\omega}{\omega_n}\right)^2} \tag{8-69}$$

对数幅频特性

$$L = 20\lg A(\omega) = 20\lg \frac{1}{\sqrt{\left[1-\left(\frac{\omega}{\omega_n}\right)^2\right]^2 + \left(2\zeta\frac{\omega}{\omega_n}\right)^2}} \tag{8-70}$$

其幅频和相频特性如图 8-17 所示,二阶系统频率特性的重要参数是固有角频率 ω_n 和阻尼比 ζ,频率特性的特点是:

① 低频段:$\frac{\omega}{\omega_n}<1$,$L \approx 0\text{dB}$。

② 高频段:$\frac{\omega}{\omega_n}>1$,$L \approx -40\lg\left(\frac{\omega}{\omega_n}\right)$。信号频率 ω 每增大 10 倍,模 $|H(\omega)|$ 或输出正弦信号的模 $|Y(\omega)|$ 下降 40dB。

③ $\omega=\omega_n$ 时,$L=-20\lg2\zeta$,系统幅频特性的幅值完全取决于 ζ。

④ 存在谐振频率 $\omega_0 = \omega_n\sqrt{1-2\zeta^2}$,当 $\zeta<0.707$,信号频率等于谐振频率($\omega=\omega_n$)时,系统发生

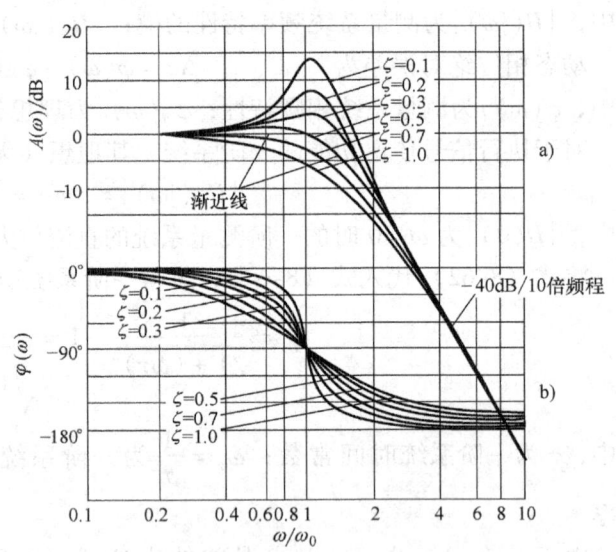

图 8-17 二阶系统频率特性
a) 对数幅频特性　b) 相频特性

共振;当 $\zeta>0.707$ 时,系统无谐振,频率特性的模 $|H(\omega)|$ 随 ω 的增加而减小。

2) 动态误差。对于执行传递信号功能的二阶系统,其理想频率特性的模为

$$|H_N(j\omega)| = \text{const} = |H(0)| \tag{8-71}$$

式中,$|H(0)|$ 为 $\omega=0$ 时,二阶测量系统的直流放大倍数,为一常量。

根据式(8-64),并考虑到式(8-68)和式(8-71),得二阶系统动态幅值误差表达式为

$$\gamma = \frac{1}{\sqrt{\left[1-\left(\frac{\omega}{\omega_n}\right)^2\right]^2 + \left(2\zeta\frac{\omega}{\omega_n}\right)^2}} - 1 \tag{8-72}$$

式中，ω_n 为二阶系统固有角频率；ζ 为阻尼比。

相位误差的表达式就是二阶系统的相频特性，即

$$\Delta\varphi = -\arctan\frac{2\zeta\left(\frac{\omega}{\omega_0}\right)}{1-\left(\frac{\omega}{\omega_0}\right)^2} \tag{8-73}$$

式（8-72）建立了测量系统特征参数 ω_n、ζ 与信号频率 ω、动态误差 γ 的关系。根据式（8-72）可以计算出不同频率比 ω/ω_0、不同阻尼比 ζ 时的动态误差 γ。将 $|\gamma|<10\%$ 的部分数值列入表 8-3 中，可见，当 $\zeta=0.6\sim0.8$ 时二阶系统的工作频带最宽，但在一般情况下，生产厂家只提供测量系统的特征参数 ω_0，用户不知 ζ 的数值，这时只能按最坏情况 $\zeta=0$ 时的 ω/ω_0 比值估计动态幅值误差 γ，其数值关系表见表 8-4。

表 8-3 二阶系统动态误差 γ 与 ω/ω_0，ζ 的关系

ζ \ ω/ω_0 ($\gamma\%$)	0.1	0.2	0.3	0.4	0.5	0.6	0.7	0.8	0.9
0	1.01	4.16	9.89						
0.05	1.01	4.14	9.83						
0.1	0.99	4.08	9.65						
0.2	0.93	3.81	8.95						
0.3	0.83	3.36	7.80						
0.4	0.63	2.75	6.26						
0.5	0.50	1.98	4.37	7.48					
0.6	0.23	1.06	2.18	3.36	4.12	3.81	1.76	-2.47	-8.81
0.7	0.015	0	-0.22	-0.95	-2.53	-5.31	-9.48		
0.8	-2.28	-1.18	-2.80	-5.31	-8.81				
0.9	-6.02	-2.47	-5.50	-9.61					
1.0	-0.99	-3.85	-8.26						
2.0	-6.35								

表 8-4 $\zeta=0$ 时 γ 与 ω/ω_0 的关系

ω/ω_0	0.1	0.14	0.17	0.22	0.31
γ	1%	2%	3%	5%	10%

2. 时域特性与特性参数

（1）一阶系统

1）阶跃响应的时域特性与特性参数。当系统输入阶跃信号 $x(t)$ 时，有

$$x(t) = \begin{cases} 0, & t \leq 0_- \\ A, & t > 0_+ \end{cases}$$

式 (8-55) 微分方程的解 $y(t)$ 数学表达式为

$$y(t) = A(1 - e^{-\frac{t}{\tau}}) \qquad (8-74)$$

可见 $y(t)$ 为一指数曲线，如图 8-18 所示。初始值 $y(0) = 0$，随时间 t 的增加而增大，最终 $t = \infty$ 时趋于阶跃输入值 A，$y(\infty) = A$（直流放大倍数 $K = 1$ 时）。如果系统的 τ 值越大，$y(t)$ 曲线趋近最终值 A 的时间越长，表示系统对阶跃输入信号响应慢；τ 值越小，系统响应速度越快，故 τ 值反映系统的响应速度。

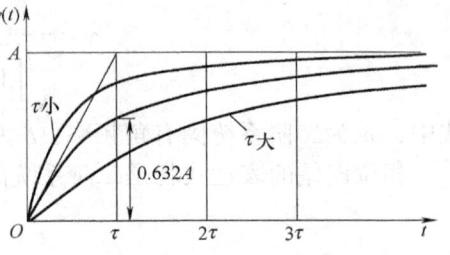

图 8-18 一阶系统的阶跃响应

2）动态误差。由式 (8-74) 可见，t 在 0 至 ∞ 的时间范围内，输出值 $y(t < \infty)$ 与最终值 $y(\infty) = A$ 总存在着误差 γ，称为系统过渡过程的动态误差，有

$$\gamma = \frac{y(t) - y(\infty)}{y(\infty)} \times 100\% \qquad (8-75)$$

$$= -e^{-\frac{t}{\tau}}$$

根据式 (8-74) 和式 (8-75) 可计算出当 $t = (1 \sim 7)\tau$ 的 $y(t)/A$ 值和动态误差 γ，见表 8-5。

表 8-5 $y(t)/A$ 值、动态误差 γ 与 t 的关系

t	τ	2τ	3τ	4τ	5τ	6τ	7τ
$y(t)/A$	0.632	0.865	0.950	0.981	0.993	0.997	0.999
γ	36.8%	13.5%	5.0%	1.8%	0.67%	0.25%	0.09%

时间常数 τ 是一阶系统的一个特征参数，当 $t = \tau$ 时 $y(t = \tau) = 0.632A$，若系统的 τ 值已确定，通常应根据动态误差的要求来决定系统所需的响应时间 t_r。

(2) 二阶系统

1）阶跃响应特性。当输入信号 $x(t)$ 为阶跃信号时，通过求解二阶系统的数学模型 [见式 (8-59)]，可以得到输出响应 $y(t)$ 如图 8-19 所示，其数学表达式（在 $0 < \zeta < 1$ 时，为欠阻尼情况）为

$$y(t) = KA\left[1 - \frac{e^{-\zeta\omega_n t}}{\sqrt{1-\zeta^2}} \sin\left(\omega_d t + \arctan\frac{\sqrt{1-\zeta^2}}{\zeta}\right)\right] \qquad (8-76)$$

由此表明，$y(t)$ 为两项之和：稳态响应 KA 加上暂态响应衰减振荡，其振荡角频率 ω_d 称为有阻尼自然振荡角频率，幅值按指数 $e^{-\zeta\omega_n t}/\sqrt{1-\zeta^2}$ 规律衰减。ζ 越大，衰减越快，$\zeta = 0$ 为一等幅振荡。

在 $\zeta = 1$ 时，为临界阻尼情况，$y(t)$ 也为两项之和：KA 加一项单调的衰减项，系统无振荡。

在 $\zeta > 1$ 时，为过阻尼情况，$y(t)$ 也由稳态项 KA 与暂态响应项构成，暂态响应包括两个衰减的指数项，但其中一个衰减很快可以忽略不计，故也无振荡。一般工程中常将 $\zeta > 1$ 的二阶系统近似按一阶系统对待。

2）阶跃响应时域特性参数（时域指标）及动态误差。图 8-19 所示二阶系统阶跃响应特性的时域指标有如下四个：

① 有阻尼自然振荡角频率为

$$\omega_d = \omega_n \sqrt{1-\zeta^2} \qquad (8\text{-}77)$$

有阻尼自然振荡周期为 T_d，且 $\omega_d = 2\pi/T_d$。

② 绝对超调量 $M(t) = y(t) - y(\infty)$；

相对超调量 $\sigma(t)$ 为

$$\sigma(t) = \frac{y(t) - y(\infty)}{y(\infty)}$$

$$= \frac{e^{-\zeta\omega_n t}}{\sqrt{1-\zeta^2}} \sin\left(\omega_d t + \arctan\frac{\sqrt{1-\zeta^2}}{\zeta}\right) \qquad (8\text{-}78)$$

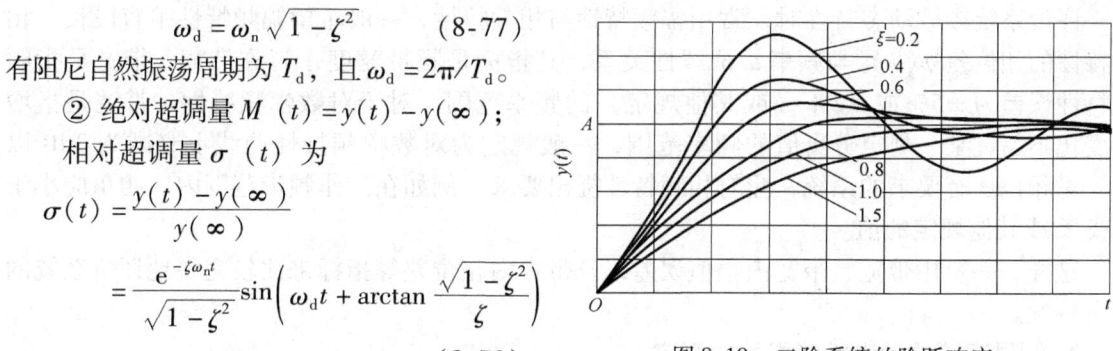

图 8-19 二阶系统的阶跃响应

此式表示二阶系统的动态误差（时域指标）。

③ 峰值时间 t_p 及最大超调量 $\sigma(t_p)$。

令 $\dfrac{\partial \sigma(t)}{\partial t} = 0$，可求得 $t_p = \dfrac{\pi}{\omega_d}$，将 t_p 值代入式（8-78）后得最大超调量为

$$\sigma(t_p) = e^{\pi\zeta/\sqrt{1-\zeta^2}} = e^{-\zeta\omega_n t_p} \qquad (8\text{-}79)$$

④ 阻尼系数 ζ 与系统固有频率 ω_n。

由式（8-79）得到

$$\zeta = \frac{\ln\sigma(t_p)}{\sqrt{\pi^2 + [\ln\sigma(t_p)]^2}} \qquad (8\text{-}80)$$

于是可求得

$$\omega_n = \frac{\pi}{t_p\sqrt{1-\zeta^2}} \qquad (8\text{-}81)$$

从动态标定实验中，获得数据 $y(t)$ 后，从数据中求出阶跃响应特性的特征量 ω_d、峰值时间 t_p、最大超调量 $\sigma(t_p)$。通过式（8-80）、式（8-81）就可进一步计算出二阶系统的特性参数 ζ 与 ω_n。

8.4.4　测量系统动态特性的评价指标及其测量

测量系统的动态特性可用动态性能指标进行评价。为了便于比较，可采用两种方法：① 采用阶跃信号作为系统输入量，获得系统对阶跃响应的过渡过程曲线与在时域中描述系统动态特性的指标；② 采用正弦信号作为系统输入量，获得系统的频率响应特性与在频域中描述系统动态特性的指标。

1. 评价系统动态特性的指标

（1）评价系统动态特性的时域指标

1）时间常数 τ。一阶系统中定义单位阶跃响应（曲线）由零上升到稳态值的 63.2% 所需要的时间为时间常数 τ。τ 越小，响应速度越快，系统的动态特性越好。

2）上升时间 t_r。上升时间是指输出指示值从最终稳定值的 5% 或 10% 变到最终稳定值的 95% 或 90% 所需要的时间。

3）响应时间 t_s。响应时间是指从输入量开始起作用到输出指示值进入稳定值所规定的范围（稳定值的 95% 或 98%，这时允许误差为 ±5% 或 ±2%）所需要的时间。

4）超调量 δ。超调量是指输出第一次达到稳态值后又超出稳定值而出现的最大偏差值，常用最终稳定值的百分比表示。

（2）评价系统动态特性的频域指标

评价系统频域动态特性时，常用幅频特性与相频特性，一般希望幅频特性平直段长，相频特性的相位差 $\varphi(\omega)$ 与频率 ω 成线性关系，其指标是频带宽度，简称带宽。带宽是指幅频特性误差为 $\pm 5\%$ 或 $\pm 2\%$（或其他规定）的频率范围。对于对数幅频特性，带宽是指增益变化不超过某一规定分贝值的频率范围，一般规定为对数幅频特性曲线上衰减为 3dB 以内。对相位还有要求的系统，应对相频特性提出要求。例如在工作频带范围内，相角应小于 $5°$ 或 $2°$ 或其他规定的值。

这样，一般用带宽、带宽内幅值误差以及带宽内相位差等指标来比较完整地评价系统的动态特性。

2. 测量系统的动态性能指标的测定

每一种测量系统组建成功之后，都要进行一系列实验，测定该系统的性能指标。下面介绍动态特性指标的实验测量方法。

（1）时域测定法

时域法一般是通过测量测试系统对单位阶跃信号的响应来确定其动态特性参数。

1）一阶系统。以单位阶跃激励一阶测试系统，得到系统对单位阶跃的响应，取输出值达到最终值（稳定值）的 63.2% 时所经历的时间作为时间常数 τ。但是这样由单个测试点获得的瞬时值来确定的 τ 值，准确性较差。

采用观测响应全过程的方法来确定时间常数 τ，可获得更可靠的结果。一阶系统的单位阶跃响应为 $y(t) = 1 - e^{-\frac{t}{\tau}}$

或
$$1 - y(t) = e^{-\frac{t}{\tau}}$$

两边取对数，有
$$-\frac{t}{\tau} = \ln[1 - y(t)] = z$$

上式表明，$\ln[1 - y(t)]$ 与 t 成线性关系。因此测得各时刻 t 对应的 $y(t)$ 值，再作出 $\ln[1 - y(t)] - t$ 曲线，如图 8-20 所示。根据曲线的斜率值确定时间常数 τ，即 $\tau = \frac{\Delta t}{\Delta z}$，显然，这种方法考虑了阶跃响应全过程，运用测试数据来决定 τ，结果比较准确。

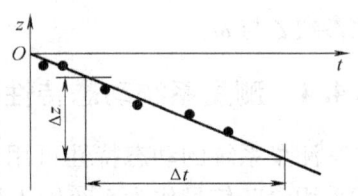

图 8-20　求一阶系统时间常数

2）二阶系统。典型的欠阻尼二阶系统的单位阶跃响应函数（见式（8-77））表明，其阶跃响应是一个以角频率 $\omega_d = \omega_n \sqrt{1 - \zeta^2}$（欠阻尼固有角频率）作衰减振荡的函数，如图 8-21 所示。按照求极值的通用方法可求得各振荡峰值所对应的时间 $t = 0$，π/ω_d，$2\pi/\omega_d$，…。将 $t = \pi/\omega_d$ 代入式（8-77）中，求得最大超调量 M 和阻尼比 ζ 的关系式（见图 8-22）为

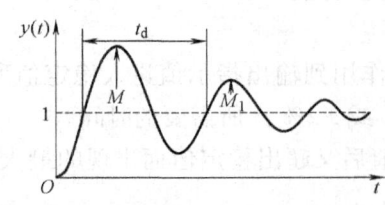

图 8-21　二阶系统（$\zeta < 1$）的阶跃响应

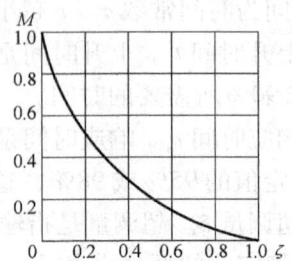

图 8-22　$\zeta - M$ 的关系

$$M = e^{-\left(\frac{\zeta\pi}{\sqrt{1-\zeta^2}}\right)} \quad 或 \quad \zeta = \sqrt{\frac{1}{\left(\frac{\pi}{\ln M}\right)^2 + 1}} \tag{8-82}$$

因此，测得 M 之后，便可按式（8-82）或者与之相应的图 8-22 来求阻尼比 ζ。

如果测得阶跃响应有较长的过渡过程曲线，可利用任意两个超调量 M_i 和 M_{i+n} 来求阻尼比 ζ，这样确定的 ζ 比较准确，其中 n 为该两个峰值相隔的周期数（整数）。设 M_i 峰值对应的时间为 t_i，则 M_{i+n} 峰值对应的时间为

$$t_{i+n} = t_i + nt_p = t_i + \frac{2n\pi}{\omega_n\sqrt{1-\zeta^2}}$$

将它们代入式（8-77）可得

$$\ln \frac{M_i}{M_{i+n}} = \frac{2\pi n \zeta}{\sqrt{1-\zeta^2}} \tag{8-83}$$

整理后得

$$\zeta = \sqrt{\frac{\delta_n^2}{\delta_n^2 + 4\pi^2 n^2}} \tag{8-84}$$

式中，$\delta_n = \ln \frac{M_i}{M_{i+n}}$。

当 $\zeta < 0.1$ 时，以 1 代替 $\sqrt{1-\zeta^2}$ 不会产生过大的误差（不大于 0.6%），则式（8-83）可改写为

$$\zeta \approx \frac{\ln(M_i/M_{i+n})}{2n\pi} \tag{8-85}$$

若系统是线性的二阶系统，那么 n 值采用任意正整数所得的 ζ 值不会有差别。反之，若 n 取不同值，则获得不同的 ζ 值，这表明该系统不是线性二阶系统。

（2）频域测定法

利用正弦激励，可以得到系统的幅频特性，如图 8-23 和图 8-24 所示，然后根据这两个特性曲线求得一阶系统时间常数 τ、二阶系统的固有频率 ω_n 和阻尼比 ζ。

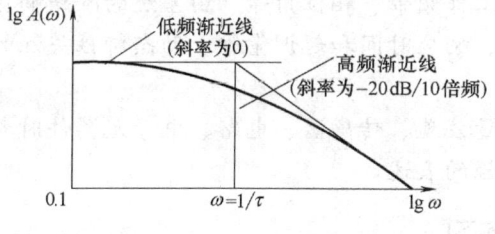

图 8-23　一阶系统幅频特性

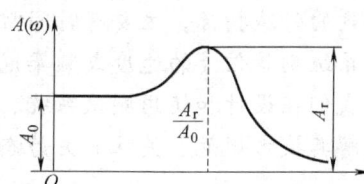

图 8-24　二阶系统（$\zeta < 1$）的幅频特性

对于一阶系统，由低频渐近线（斜率为 0）与高频渐近线（斜率为 $-20\text{dB}/10$ 倍频）交点处，向下垂直作直线，此垂线与幅频特性相交处 $A(\omega) = 0.707$，与横坐标相交点 $\omega = 1/\tau$，由此可以得到 $\tau = 1/\omega$ 值。

对于二阶系统，利用对二阶系统幅频特性式（8-68）求极值的方法，令式（8-68）的一阶导数为 0，得

$$\omega_0 = \omega_n \sqrt{1-2\zeta^2} \tag{8-86}$$

将式（8-86）代入式（8-68），得

$$A_r = \frac{1}{2\zeta\sqrt{1-\zeta^2}} \tag{8-87}$$

当 $\omega = 0$ 时，$A(\omega) = A_0 = 1$。因此有 $\dfrac{A_r}{A_0} = \dfrac{1}{2\zeta\sqrt{1-\zeta^2}}$ (8-88)

由式（8-86）、式（8-88）和图 8-24 可以求得 ω_n 和 ζ。

本 章 小 结

在本章中，把"测量系统"看成是一个广义的概念，既可指单台的测量仪器，又可指由众多部件或单元组成的完整系统。系统的特性是由其内部结构和参数也即系统本身的固有属性决定的。要描述和分析一个物理系统，必须了解其内部结构，根据物理作用机理建立该系统的模型。所谓系统模型是指系统物理特性的数学抽象，即以数学表达式或具有理想特性的符号组合图形来表征系统的结构和输入-输出关系。

在测量技术中，把被研究的系统视为一个封闭系统，通过给系统施加激励信号 $x(t)$，同步检测系统的输出响应 $y(t)$，就可以得到系统的外部特性，即系统的输入与输出之间的关系或系统的功能。

根据系统的输入信号随时间变化的规律，把系统的响应特性分为以下两类：

1）静态特性：被测信号是静止不变或变化极缓慢的情况，此时测量系统工作在静止状态下，其输入信号与输出信号之间的函数关系，称为测量系统的静态特性；测量系统的静态特性通常用零位、灵敏度、分辨力、测量范围、迟滞、重复性、线性度、稳定性、可靠性等静态参数来表征。静态特性关注的主要是系统的精确度。应掌握静态特性标定的方法和各静态参数的定义、测量和计算方法。

2）当被测信号随时间非周期性瞬时变化时，系统工作在动态下，其输入与输出信号之间的函数关系称为测量系统的动态特性。测量系统的动态特性反映其测量动态信号瞬时值的能力。在电子测量中，脉冲瞬变的信号和扫频的正弦信号分别是时域和频域测量中遇到的两种典型的动态测量的信号。测量系统的动态特性通常用频域指标和时域指标来描述。由频率响应特性得到的频域指标，主要有固有角频率、工作频带、相位角等。由系统的阶跃响应特性得到的时域指标，主要有时间常数、上升时间、响应时间和超调量等。动态特性关注的是测试系统测量信号的速度或频率范围。

我们在设计和使用测试系统、测量仪器、测量装置、传感器、电路、电子元器件时都必须了解其技术规范，关注有关静态特性和动态特性的表述。

思考与练习

8-1 什么是测量系统的静态特性？如何获得一个实际测量系统的静态特性？

8-2 测量系统静态校准的条件是什么？

8-3 说明测量系统静态性能指标的定义。

8-4 试判断下述结论的正误：

（1）在线性时不变系统中，当初始条件为零时，系统输出量与输入量之比的拉普拉斯变换称为该系统的传递函数。

（2）当输入信号 $x(t)$ 一定时，系统的输出 $y(t)$ 将完全取决于传递函数 $H(s)$，而与系统的物理模型无关。

（3）传递函数相同的各种装置，其动态特性均相同。

（4）测试装置的灵敏度越高，其测量范围就越大。

(5) 一线性系统不满足"不失真测试"条件,若用它传输一个 1000Hz 的单一频率的正弦信号,则必然导致输出波形失真。

8-5 一线性传感器的校验特性方程为 $y = x + 0.001x^2 - 0.0001x^3$,输入范围为 $10 \geq x \geq 0$,计算传感器的平移端基线性度。

8-6 试求表 8-6 所列的一组数据的有关线性度:
(1) 理论(绝对)线性度,给定方程为 $y = 2.0x$。
(2) 端基线性度。
(3) 平移端基线性度。
(4) 最小二乘线性度。

表 8-6 题 8-6 输入/输出数据表

X	0	1	2	3	4	5	6
Y	0.01	2.02	4.00	5.98	7.9	10.10	12.05

8-7 电子测量仪器的技术规范的作用是什么?包括哪些主要内容?

8-8 描述测量系统的动态模型有哪些主要形式?

8-9 测量系统的动态特性的时域指标主要有哪些?

8-10 测量系统的动态特性的频域指标主要有哪些?

8-11 测量系统动态校准的目的是什么?

8-12 某一阶压力传感器的时间常数为 0.5s,如果阶跃从 25MPa 降到 5MPa,试求 2 倍时间常数的压力和 2s 后的压力。

8-13 某一阶测量系统,在 $t = 0$ 时,输出为 10mV;在 $t \to \infty$ 时,输出为 100mV;在 $t = 5s$ 时,输出为 50mV,试求该测量系统的时间常数。

8-14 某力传感器为二阶系统,已知其固有频率为 10kHz,阻尼比 $\xi = 0.6$,如果要求其幅值误差小于 10%,问其可测频率范围为多大?
(提示:因为阻尼比小于 0.707,所以存在谐振,应先求谐振频率和对应的谐振峰值,看其是否超过 110%,如未超过,则幅值误差为 -10% 进行计算;若超过,则幅值误差取 10% 进行计算。)

8-15 用一个时间常数为 0.35s 的一阶装置去测量周期分别为 1s、2s 和 5s 的正弦信号,问幅值衰减将各是多少?

第9章 信 号 源

9.1 概述

9.1.1 信号源在系统测量中的作用

关于信号与系统的测量，前面曾指出：①电路和系统的参数是无源量，在对电子系统进行测量时，必须对系统施加一定的激励信号，通过观测系统响应的方法进行测量；②电子测量中涉及的信号分为两类，一类是天然的信号，另一类是人造的信号。前者通常是未知的、被测的信号；后者是已知的、测量用的信号。系统测量用的信号是人造的信号。

人工制造标准信号的电子仪器称为信号源，或称信号发生器。信号源能够根据事先设定的频率、幅度，产生出规定的波形信号。在进行电子系统的测量时，信号源是必不可少的测量仪器。调试、校验和维修各种电子设备和电子仪器，测量电视机、通信机、雷达、示波器、电压表、放大器、晶体管等的性能参数，都需要为其提供测试信号源。归纳起来，信号源主要有以下三方面的用途：

1）激励源。作为被测电子系统的激励信号，激励信号的特性是已知的。
2）仿真信号源。当研究一个特定的系统时，需要施加与实际相同的仿真信号。
3）校准源。用于对各种电子设备进行校准（或比对）的参考源，有时称为标准源。

为了得到具有可比性的测量结果，系统的输入激励或仿真的信号必须是符合一定标准的。也就是说，所有激励都应是已知的标准信号。除此之外，电子测量系统的校准，以及对其功能、性能的评价，也是将一个已知的信号输入给系统，检测系统的响应值是否与理想期望值相同。显然，校准用的信号是一个更高标准的已知信号。

9.1.2 信号源的分类

根据信号的属性和特征，可分为直流（恒值）信号、周期性（交流）信号、非周期性（瞬变）信号、非确定性（噪声）信号以及各种复合信号。在时域或频域内对系统进行静态、稳态和动态性能测量时，需要使用不同类型的激励信号源。在各类信号源中，周期信号是激励信号源的主要形式，它是本章讨论的重点。

1. 直流（恒值）信号源

恒值信号是指幅值恒定不变的电压或电流信号。这类信号在电子系统的静态特性测量中用作标准激励源。例如，对以 A-D 转换为基础的数字化仪器和数据采集系统的静态特性进行测试或校准时，采用直流基准电压源作为输入激励源。又如，电阻测量中可用恒定电流作为待测电阻的激励源，通过检测其两端的电压计算电阻阻值。另外，对电子器件功能和性能进行测量中，需要为电子器件提供满足一定要求的直流供电或直流偏置电源。直流电桥测量中恒压源就是电桥的基本激励源，电压测量中恒压源是 A-D 转换必须具备的基准电压源。

直流（恒值）信号源国内外均有系列化产品，其基本技术指标有输出幅值范围、精度、稳定度、分辨力和输出阻抗等。

2. 周期性（交流）信号源

周期信号亦称交流信号，为最常见的信号形式。在大多数电子系统的交流（稳态）性能测量中，周期信号是激励信号的主要形式。周期信号的波形种类繁多，在不同的应用中有非常大的差异。根据不同的应用领域，标准周期信号可分为通用信号和专用信号两大类。通用信号可普遍用于各种系统的测量中，其波形是简单的函数关系，如正弦波、三角波（锯齿波）、方波（矩形波）等。专用信号则通常只用于特定系统的测量中，其波形特殊或复杂，有些专用信号可以用若干个通用标准信号叠加产生，有些则必须使用专门的信号发生电路才能产生，例如用于测量电视机的全电视信号。

1）交流（周期性）信号源按输出波形分类，可分为正弦波信号源和非正弦波信号源。其中正弦波信号源包括扫频信号源等，非正弦波信号源包括矩形脉冲、三角波、方波、锯齿波、函数波形和任意波形等信号源。

2）交流信号源按工作频率范围分类，如图9-1所示。

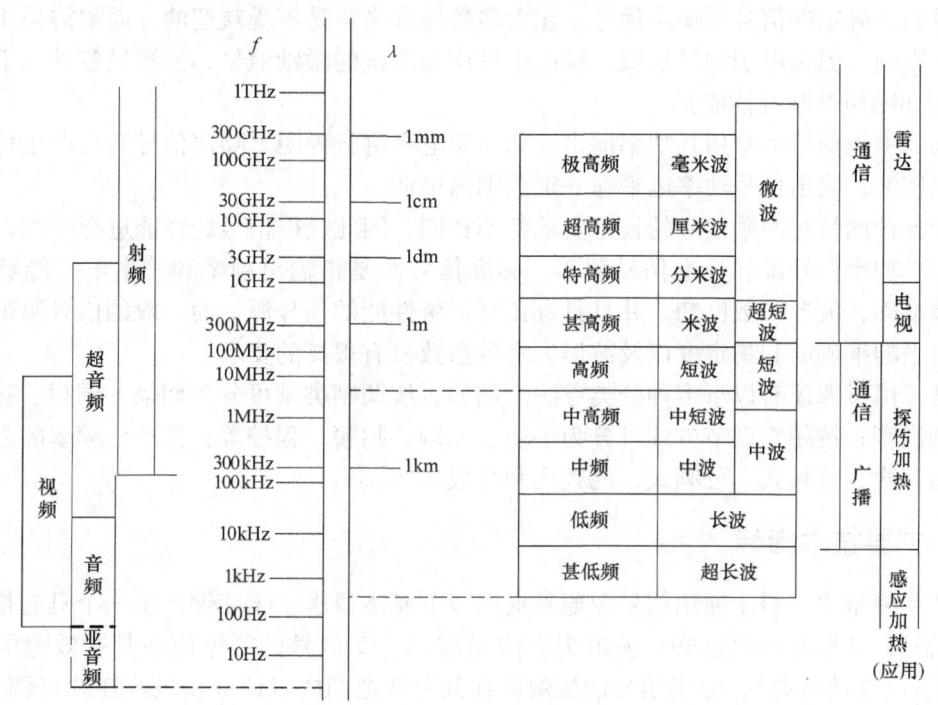

图9-1 频段的划分

信号源输出频率范围很宽，国际上规定，30kHz以下为音频、甚低频段，30kHz以上每10倍频程依次划分为低、中、高、甚高、特高、超高等频段。在微波技术中，按波长 [λ(m) = 300/f(MHz)] 划分为米波、分米波、厘米波、毫米波等波段。在一般电子技术中，把20Hz至10MHz称为视频，30kHz至几十吉赫（GHz）称为射频。当然，这些只是一个大致的划分。

图9-1中频段的划分，不是绝对的。例如，在电子仪器的门类划分中，"低频信号发生器"指1Hz~1MHz频段，波形以正弦波为主，或兼有方波及其他波形的信号发生器；"射频信号发生器"则指能产生正弦信号，频率范围部分或全部覆盖30kHz~1GHz（允许向外

延伸),并且具有一种或一种以上调制功能的信号发生器。可见,这两类信号发生器频率范围有重叠,而所谓"射频信号发生器"包含了图 9-1 中视频以上的各类信号发生器。完全按照图 9-1 中频段术语进行的分类,频率范围也有不尽相同的划分。

总之,上述频段的划分,并不是绝对的、严格的。随着技术的进步与信号源的广泛应用,目前许多信号源已跨越了几个频段。

3. 非周期性激励信号源

为了测量系统的瞬态特性(过渡特性),需要提供一种与外部事件同步产生的非周期性信号或单次信号,其信号波形可以是单脉冲、脉冲串或其他复杂波形。这类信号可由快沿脉冲信号源或任意波形发生器产生,单独产品不常见。

测量数字系统使用的数字信号源,也是一种与外部事件同步产生的非周期性信号,其信号波形可以是用脉冲串表示的数据流,也可以是多路二进制数字逻辑信号。为了测试数字系统的动态性能,还需输出一种波形格式化的数字信号。

4. 非确定性的信号源

常见的非确定性信号是噪声信号。在大多数场合噪声是不受欢迎的,通常需采用各种措施削弱其影响。但在电子测量领域,噪声也可作为测试的激励信号,去测量各种电子系统的性能(诸如噪声抑制等性能)。

标准的噪声信号通常用其功率谱密度和功率电平进行说明。噪声信号源可产生特定形式的功率谱密度,输出信号功率电平在一定范围内可调。

由于各种测量对激励信号的技术要求各不相同,因此,按信号的性能进行分类,分为一般信号源、功率信号源和标准信号源等。标准信号源是指输出频率和输出电平能够连续调节,读数准确,波形参数已知,并且具有良好屏蔽性能的信号源。而一般的信号源则对输出频率、电平的准确度和稳定度以及波形失真等参数没有很高的要求。

此外,信号源还有以下多种分类方法。例如,按调制类型可分为调幅、调频、脉冲调制和组合调制等;按频率调节方式可分为手动、电调、扫频、程控等;按产生频率的方式可分为直接振荡式、倍频式、分频式、混频式和合成式等。

9.1.3 主要技术指标

在实际测量中,对于通用信号源通常提出以下基本要求:①能够产生一个具有指定波形的振荡信号;波形的参数已知;波形失真应足够小。②信号的频率应在其有效范围内可调(步进调节或连续可调),输出信号的振幅应在其有效范围内可调(步进或连续可调)。③具有合适的输出阻抗,高频信号源通常为 50Ω 或 75Ω,低频信号源一般为 600Ω 或 1000Ω。

下面介绍最通用的正弦信号源的主要技术指标,主要包括频率特性、输出特性和调制特性等。

1. 频率特性

频率特性是正弦信号源的一个重要工作特性,主要包括频率的范围、准确度和稳定度。

(1) 频率范围

信号源的频率范围是指各项指标都能得到保证的输出频率范围,是"有效频率范围"的简称。为获得较宽的频率范围,可以采用波段式、差频式或合成式等方法。

(2) 频率准确度

信号源的频率准确度是指频率的实际值 f_x 对其标称值(指示器的数值)f_0 的相对偏差,

其表达式为

$$a = \frac{f_x - f_0}{f_0} \times 100\% = \frac{\Delta f}{f_0} \times 100\% \tag{9-1}$$

式中，Δf 为频率的绝对偏差，$\Delta f = f_x - f_0$。

用刻度盘读数的传统模拟信号源，其频率准确度为 ±（0.5% ~ 10%），而具有数字显示的频率合成信号源，由于使用高稳定度的石英晶体振荡器，其输出频率的准确度可达 $10^{-8} \sim 10^{-10}$ 量级。

（3）频率稳定度

频率稳定度是指在一定的时间间隔内，在其他环境条件不变时，频率源维持其工作于恒定频率的能力。定义为

$$\delta = \frac{f_{\max} - f_{\min}}{f_0} \times 100\% \tag{9-2}$$

式中，$f_{\max}$、$f_{\min}$ 分别表示频率在任何一个规定的时间间隔内的最大值和最小值。

实际上，式（9-2）表示的是频率的不稳定度。频率稳定度可分为长期稳定度和短期稳定度。频率短期稳定度定义为信号源经规定的预热时间后，频率在规定的较短时间内（1s 或 15min）的最大变化。频率长期稳定度是指长时间内（年、月、天、小时的范围内）频率的变化，如 3h、24h 等。一般来说，振荡器的频率稳定度应高于其准确度 1 ~ 2 个数量级。频率稳定度很高的正弦信号源，可作为标准频率源，与其他各种频率源进行比对或校准。

2. 输出特性

信号源的输出特性包括它的输出阻抗、输出电平特性、最大输出功率、波形特性及输出衰减等。

（1）输出阻抗

低频信号源的输出阻抗一般为 600Ω 或 1000Ω；功率输出时有多种阻抗可供选用，有 50Ω、75Ω、150Ω、600Ω 和 5000Ω 等挡位。高频信号源的输出阻抗一般使用 50Ω 或 75Ω。

（2）输出电平特性

它是指输出电平的范围、输出电平的准确度和平坦度。例如，一般标准高频信号源的输出电压为 0.1μV ~ 1V，电平振荡器的输出电平为 10 ~ −60dB。现代信号源一般都使用自动电平控制电路，可使平坦度保持在 ±1 ~ ±0.1dB 以内。输出电平的准确度包括 0dB 准确度、输出衰减器换挡误差、指示电表的刻度误差等几个方面。

（3）最大输出功率

最大输出功率又称资用功率或可用功率，是指信号源所能输出的最大功率，它是一个度量信号源容量大小的参数，只取决于信号源本身的内阻和电动势，是信号源的一个属性，而与负载无关。

（4）波形特性

波形特性包括输出波形的种类及其参数。信号源一般都可以输出正弦、脉冲等波形，函数信号源还可以输出方波、三角波、锯齿波、阶梯波，甚至任意波形。

正弦信号源应输出单一频率的正弦信号（纯正弦波），但由于非线性失真、噪声等原因，其输出信号中含有谐波等其他成分，即信号的频谱不纯。因此，要求信号源具有一定的频谱纯度，并常以失真度来表示。一般信号源的失真度应小于 0.1% ~ 1%。

多波形的信号源，输出脉冲信号时，有脉宽可调范围、上升时间和下降时间等参数指标。输出三角波信号时，则要限制其非线性等。

3. 调制特性

实际的通信和雷达信号都是进行了某种调制的，信号源的调制功能决定了其模拟复杂信号的能力。对于高频信号源来说，一般还具有输出一种或多种调制信号的能力。调制特性包括调制的种类、频率、调幅系数、最大频偏和调制线性等。通常高频信号源中的调制特性为调幅和调频（调幅的调制频率一般固定为400Hz或1000Hz），高档的信号源往往同时具有调频、调幅、调相和脉冲调制等多种调制功能。调制波形则可以是正弦、方波、脉冲、三角波和锯齿波，甚至噪声。

有的信号源本身不提供调制信号，而只提供各种调制信号的接口，从外部送入适当的调制信号才能实现信号的调制，这种方式称为外调制。功能更丰富的信号源内置了一个函数波形发生器，不但可以接收外部调制信号，还能自己根据需要产生调制信号，用户只需简单地设定调制信号参数和调制参数即可获得所需的调制信号，这种称为内调制。

雷达测量中采用脉冲调制，这是一种特殊的幅度调制，主要参数包括脉宽、重复频率调节范围、脉冲前后沿时间及通断比（隔离度）。矢量信号源具有更为强大的信号调制能力，其核心部件是矢量调制器。矢量信号源的基带调制信号可以由外部输入，也可由内置的正交基带产生器生成。

信号源除了频率特性、输出特性和调制特性等技术指标外，通常还包括非线性失真度和频谱纯度等。

9.2 传统的信号源

传统的信号源是指没有采用频率合成技术的模拟信号源，本节主要介绍产生正弦、脉冲和函数波形的信号源以及扫频信号源。

9.2.1 低频信号源

低频信号源是指以输出正弦波信号为主，工作频率在1Hz～1MHz范围内的信号源。它能输出正弦波电压，有的还能输出一定的功率。低频信号源是一种用途广泛的信号源，主要用于测量或检修电子设备及家用电器中的低频电路，也可用于测量音频放大器、扬声器、低频滤波器等元器件的频率特性，还可作为高频信号源的外调制信号源。此外，低频信号源在校准电子电压表时，可用作基准电压源。

1. 对低频信号源的一般要求

1）输出信号的频率在满足各项规定指标的范围内，能连续或分波段调节，并且具有较高的稳定性和准确度。一般稳定度应在 ±0.1% ～ ±1% 范围内。

2）输出电压在 0～10V 内连续调节，并且在整个频率范围内保持稳定，其不均匀性应在 ±1dB 范围内。

3）输出阻抗应具有一种或几种不同的值，以适应不同的需要，通常为600Ω。此外，还有8Ω、50Ω和5kΩ等几种不同的输出阻抗。

4）输出信号波形的非线性失真系数一般不超过1%。

2. 低频信号源的工作原理

低频信号源的一般原理框图如图 9-2 所示，主要包括主振器、连续衰减器（电位器 RP）、电压放大器、输出衰减器、功率放大器、阻抗变换器（输出变压器）和监测电压表。

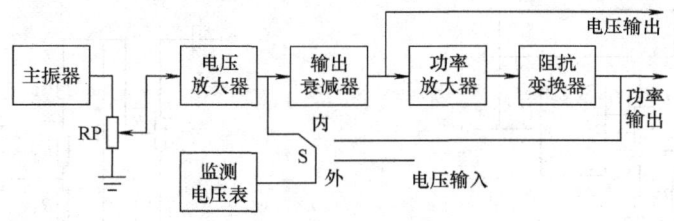

图 9-2　低频信号源原理框图

主振器产生的低频正弦信号，经连续衰减器 RP 调节后，可以由电压放大器输出衰减器直接输出，这个输出信号的负载能力很弱，只能供给电压，故称为电压输出。该信号再经功率放大后，能够输出较大的功率，故称之为功率输出。阻抗变换器用来匹配不同的负载阻抗以获得最大的功率输出。输出监测实际上是一个简单的电压表，当开关 S 置"内"端时，监测电压表可分别监测输出电压（接电压放大器输出端时）或者监测输出功率（接功率输出端时），开关 S 置"外"端时，可测量外部输入电压的有效值。

（1）主振器

主振器是低频信号源的核心，其作用是产生频率连续可调、稳定的正弦波电压。低频信号源中产生振荡信号的方法有多种，在通用信号发生器中，主振器通常采用 RC 正弦振荡电路或差频电路来实现。RC 振荡器可分为三种：RC 移相振荡器、RC 双 T 形振荡器和 RC 文氏电桥振荡器。由于 RC 文氏电桥振荡器具有频率调节方便、可调范围宽（工作频率范围为 100Hz～100kHz）、振荡频率稳定、波形失真小等优点，因此，在低频信号源中的主振器通常采用 RC 文氏电桥振荡器，如图 9-3 所示。RC 文氏电桥振荡器实际上是一种电压反馈式振荡器，它由同相运算放大器和一个具有选频作用的 RC 正反馈网络组成。正反馈网络由 R_1、C_1、R_2 和 C_2（文氏电桥）组成。电路的振荡频率由网络参数决定，$f_0 = 1/(2\pi RC)$（$R_1 = R_2 = R$，$C_1 = C_2 = C$）。由热敏电阻 R_t 组成的负反馈支路主要起稳幅作用。输出频率的调节可通过改变 R_1、R_2 的值进行频率粗调，利用波段开关来切换电阻元件以实现频段的覆盖。改变 C_1、C_2 的值进行频率微调，实现波段内的覆盖。在电子调谐的振荡电路中 C_1、C_2 通常由两只变容二极管来担当。

（2）放大器

低频信号源内的放大器包括电压放大器和功率放大器。

电压放大的作用是放大振荡器产生的振荡信号，以获得足够的输出电压，因此放大器由多个单级放大器按一定的耦合方式连接而成。对电压放大器的基本要求是通频带宽，波形失真小，输入阻抗高，输出阻抗低。

当低频信号源要求有功率输出时，必须进行功率放大。对功率放大器的要求是：有额定的输出功率，效率高，非线性失真小。为了提高带负载能力，功率放大器通常采用 OTL 电路（无输出变压器的功放），并设置过载、短路保护等电路。

（3）衰减器

衰减器用于改变信号发生器输出的电压或功率，通常包括连续调节衰减器（R）和步进衰减器（$R_1 \sim R_3$）两类，如图9-4所示，它们利用电阻分压的降压作用逐级衰减，得到不同的输出电压。连续调节衰减器是通过调节电位器的中心位置来改变衰减量，而步进衰减器的衰减系数则是固定的，如1/10、1/100等。

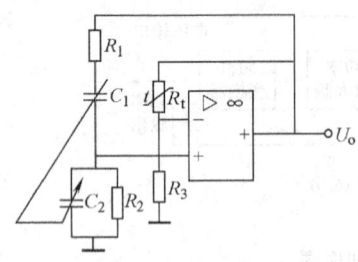 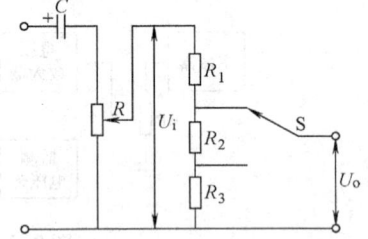

图9-3 RC文氏电桥振荡器原理　　　　图9-4 连续调节衰减器和步进衰减器

（4）指示器

指示器的作用是指示信号源输出电压或功率的大小，通常采用监测电压表作为指示器。指示方式通常有模拟与数字两种：一种是用指针表头；另一种是用数码管。对于后一种指示方式，是利用A-D转换电路，将输出电压转换为成比例的数字量，最后驱动数字显示单元。

随着DDS（数字直接合成）技术的发展，目前低频信号源正向合成化方向发展。

3. 低频信号发生器的应用

低频信号源产生的正弦波信号为各类低频电路提供测试信号。图9-5所示为低频放大器的频率特性测试原理。在实际测量中，通过逐步调节信号发生器的输出频率，用电子电压表测出相应的输出电压，在$U_o - f$直角坐标系上，用逐点描绘法画出各个频率对应的输出电压，再将各点连接起来，即可获得该放大器的频率特性曲线。

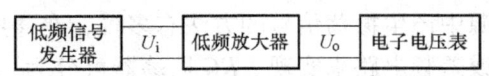

图9-5 低频放大器频率特性测试原理

利用类似于测试放大器的方法，还可测试晶体管、衰减器、滤波器、扬声器和其他各种低频线性四端器件或网络的特性。

9.2.2 高频信号源

高频信号源是能够产生等幅高频正弦波信号或调制波信号的信号源，这种信号源的工作频率一般在100kHz～35MHz范围内，具有较高的频率准确度和稳定度，稳定度一般优于$10^{-4}/15\text{min}$，输出幅度可在几微伏至1V范围内调节，输出阻抗为50Ω或75Ω，通常具有调幅和调频两种调制方式，以适应测试接收机的需要。测试各类高频接收机灵敏度、选择性等工作特性是高频信号源最重要的用途之一。目前大多数高频信号源引入微处理器，对频率进行自动调谐和锁定，对输出电压进行精密控制，对输出信号的各种工作方式（如内外调幅、调频等）及工作参数进行程控设置，用于多频段、多功能、多波段接收机的调试和检测。

1. 高频信号源的工作原理

高频信号源的组成原理框图如图9-6所示。高频信号源主要由主振器及调频电路、放大调幅器、内调制振荡器、指示器和衰减器等部分组成。

（1）主振器及调频电路

主振器的作用是产生高频等幅正弦信号，高频信号源的主振器通常采用各种LC振荡电路。LC振荡电路实质上是一个正反馈调谐放大器，主要包括放大器和反馈网络两个部分。

根据反馈方式,又可分为变压器反馈式、电感反馈式(也称电感三点式)和电容反馈式(也称电容三点式)振荡电路,如图9-7所示。虽然三种振荡电路的构成形式不同,但是它们的工作频率均为 $f_0 = 1/(2\pi\sqrt{LC})$。电感三点式振荡电路输出的高频信号具有频率范围宽、频率

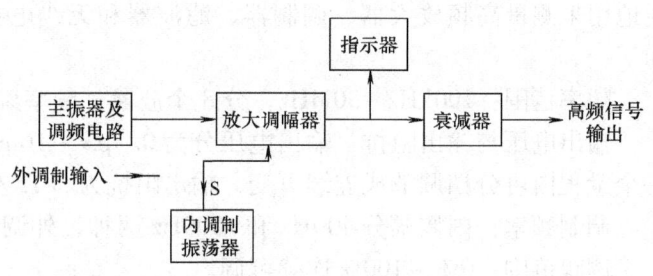

图9-6 高频信号源的组成原理框图

调节方便、输出电压稳定等优点。频率的调节方法是:通过切换振荡电路的不同电感改变振荡器的频段,通过改变振荡电路的可变电容对振荡频率进行连续调节。主振器的电路结构简单,输出功率不大,一般在几毫瓦至几十毫瓦的范围内。

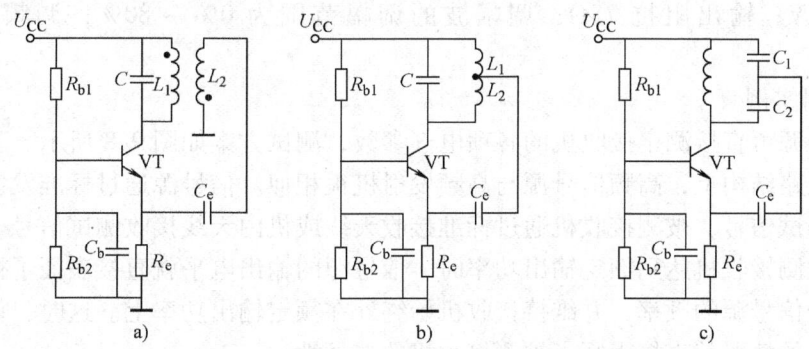

图9-7 LC振荡器电路的三种构成形式
a) 变压器反馈式 b) 电感三点式 c) 电容三点式

调频电路的作用是产生等幅的调频信号,调频是用调制信号控制高频振荡器的LC谐振回路中某个电抗元件(如变容二极管),使振荡频率随调制信号的振幅变化。

(2) 放大调幅器

放大调幅器的作用是对主振器及调频电路的信号进行放大及调幅,同时还起隔离作用,以减小输出端负载大小和性质变化时对主振器的影响。

(3) 内调制振荡器

内调制振荡器的作用是为放大调幅器提供调制信号。调制信号的频率有固定的,也有在一定范围内连续可调的。常用的调制频率有400Hz和1kHz。

(4) 指示器

指示器的作用是指示输出信号的频率、电压、调制度和频偏等性能参数。

(5) 衰减器

衰减器的作用是改变输出信号的幅度,通常由连续调节衰减器和步进调节衰减器构成。

2. 高频信号源应用实例

选用高频信号源应根据测量要求的频率范围、调制方式、输出电平及输出阻抗等主要技术指标来进行选择。这里首先介绍两种常用的高频信号源的技术性能。

(1) XFG—7型高频信号源

XFG—7型高频信号源是一种既能产生等幅波又能产生调幅波的高频信号源,它可以方

便地用来测量高频放大器、调制器、滤波器和无线电接收机的性能指标。主要的技术指标如下：

频率范围：100kHz～30MHz，分 8 个波段；频率刻度误差 ±1%。

输出电压与输出阻抗：输出电压分为 0.1μV～10mV、1μV～100mV 和 0～1V 三个量程，每个量程内可分挡调节或连续可变，输出阻抗为 50Ω 左右。

调制频率：内调幅分 400Hz 和 1000Hz 两种，外调幅为 50～8000kHz。

调幅范围：0%～100% 连续可调。

（2）XFC—6 型标准高频信号源

XFC—6 是一种产生高频载波和调幅信号、调频信号及调幅调频信号的标准高频信号源。它主要用于测试、调试及维修各种无线电接收设备，其输出载波的频率范围为 4～300MHz，分 8 挡；频率稳定度优于 $2 \times 10^{-4}/10min$；输出载波电压为 0.1μV～100mV，可低至 0.05μV；输出阻抗 75Ω；调幅波的调幅范围为 0%～80%；调频波的频偏为 0～100kHz。

（3）应用实例

高频信号源可直接测定接收机的各项电气参数，测试方案如图 9-8 所示。事实上，无论从功能或是电路结构上，高频信号源与高频发射机很相似。信号源通过标准发射天线向被测接收机发送测试信号，被测接收机通过标准接收天线或机内天线接收测试信号。在规定的测试条件下，被测接收机达到额定输出功率时，信号源的输出电平就直接表征了被测接收机的灵敏度。改变信号源的频率，并维持接收机始终处在额定输出功率上。这时，信号源输出电平随频率变化的情况就直接表征了被测接收机的选择性。

利用图 9-9 所示的方案配置，可以测试调制器的频率特性、调制灵敏度和调制失真等各种性能；亦可用来（或对电路稍加修改）测试混频器、参量放大器等各种非线性电路或变参量电路的性能。

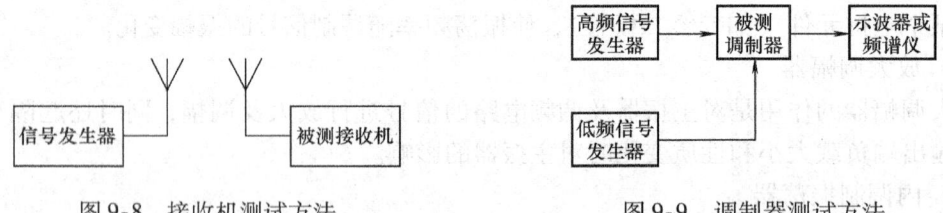

图 9-8　接收机测试方法　　　　　　图 9-9　调制器测试方法

9.2.3 脉冲信号源

脉冲信号源用于产生重复频率、脉冲宽度和延迟量可调的脉冲信号，特别是产生矩形窄脉冲。脉冲信号源是电路与系统进行时域测试不可少的激励信号源，主要用来对视频放大器、宽带电路的瞬态特性、过渡特性等时域特性测试，以及为脉冲与数字电路的动态测试提供激励信号。例如，测试限幅器、钳位电路的限幅特性，触发电路与门电路的转换特性和延迟时间，开关电路的开关速度，以及测试集成电路和计算机等数字系统的特性，均需要用到脉冲信号。

1. 矩形脉冲信号的参数

实际的矩形脉冲信号如图 9-10a 所示。其主要参数有：

1) 重复频率 f：每秒时间内脉冲出现的个数。
2) 脉冲幅度 U_m：从零上升到 $100\% U_m$ 所对应的电压值。
3) 脉冲宽度（脉宽）τ：电压上升到 $50\% U_m$ 至下降到 $50\% U_m$ 所对应的时间间隔。
4) 上升时间 t_r：电压从 $10\% U_m$ 上升到 $90\% U_m$ 的时间。
5) 下降时间 t_f：电压从 $90\% U_m$ 下降到 $10\% U_m$ 的时间。
6) 占空系数 τ/T：脉冲宽度 τ 与脉冲周期 T 的比值，亦称为占空系数或占空比，如图 9-10b 所示。

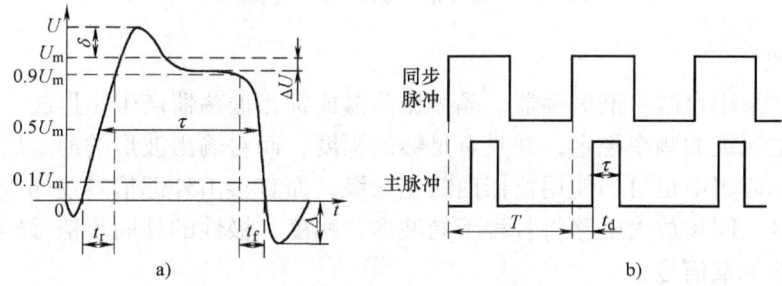

图 9-10 矩形脉冲
a) 矩形脉冲的参数 b) 同步脉冲与主脉冲

7) 上冲量 δ：上升超过 $100\% U_m$ 部分的幅度。
8) 反冲量 Δ：下降到零以下部分的幅度。
9) 平顶落差 ΔU：脉冲顶部不能保持平坦而降落的幅度。
10) 偏移 E：矩形脉冲通常以水平 0 轴为基准，有些脉冲发生器输出脉冲可在 0 轴上、下平移，其平移的幅度称为偏移。

2. 分类

按照用途和产生脉冲方式的不同，脉冲信号源分为通用脉冲信号源、快沿脉冲信号源、数字可编程脉冲信号源和特种脉冲信号源等。

（1）通用脉冲信号源

通用脉冲信号源是最常用的脉冲信号源，其输出脉冲信号的频率、幅度、延迟时间等，在一定范围内连续可调，输出脉冲一般都有正、负两种极性。有些产品还具有前、后沿可调、双脉冲、群脉冲、闸门、外触发，以及单次触发等功能。

（2）快沿脉冲信号源

快沿脉冲信号源以快速前沿为特征，主要用于各类电路瞬态特性测试，例如，测试示波器的瞬态响应等。

（3）数字可编程脉冲信号源

数字可编程脉冲信号源或称数字信号源，它是伴随集成电路、微处理器技术的发展而产生的新型脉冲与数字信号源，它输出格式化的数字信号波形，并一般带有通用接口总线（General Purpose Interface Bus，GPIB）接口，实现可编程控制功能。

（4）特种脉冲信号源

特种脉冲信号源是指具有特殊用途、对某些性能指标有特定要求的脉冲信号源，如功率脉冲信号源和数字序列脉冲源等。

3. 脉冲信号源的组成原理

脉冲信号源的基本组成框图如图 9-11 所示，主要包括主振级、延迟级、形成级、整形级与输出级等部分。

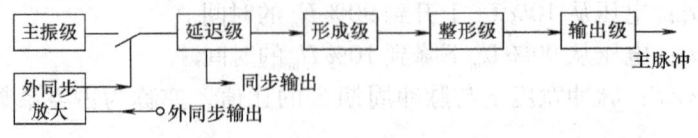

图 9-11　脉冲信号源的基本组成框图

（1）主振级

主振极通常采用自激多谐振荡器、晶体振荡器或锁相振荡器产生矩形波，作为下级的触发信号。要求主振级的频率稳定，并具有足够的幅度，而对输出波形的前、后沿等参量要求不很高。在实际应用中也可不使用仪器内的主振级，而直接由外部信号经同步放大后作为延迟级的触发信号。同步放大电路将各种不同波形、幅度、极性的外同步信号转换成能触发延迟级正常工作的触发信号。

（2）延迟级

在很多场合下要求脉冲信号源能输出同步脉冲和主脉冲，主振级输出的未经延时的脉冲称为同步脉冲，经延时后形成的输出脉冲称为主脉冲，即同步脉冲超前于主脉冲一段时间 t_d，如图 9-10b 所示。主脉冲延迟的任务由延迟级完成，延迟级电路通常由单稳电路和微分电路组成，延迟时间 t_d 可以通过脉冲信号发生器的面板旋钮来调整。

（3）形成级

形成级通常由单稳态触发器等脉冲电路组成。它是脉冲信号源的中心环节，它能产生宽度准确、波形良好的矩形脉冲，脉冲的宽度可独立调节，并具有较高的稳定性。

（4）整形级与输出级

整形级与输出级一般由放大、限幅电路组成。整形级进行电压放大，输出级进行功率放大，以保证输出的主脉冲的幅度可调、极性可切换，并具有良好的前、后沿等。

9.2.4　函数信号源

函数信号源是一种多波形信号源，可以产生正弦波、方波、三角波、锯齿波和脉冲波等多种波形，由于其输出的波形均可用数学函数描述，故称为函数信号源。目前函数信号源输出信号的频率低端可至微赫兹量级，高端可达几十兆赫，功能较强的函数信号源通常还具有触发、锁相、扫描、调频、调幅或脉冲调制等多种功能，可广泛应用于各种元器件、音频放大器、滤波器等电子系统的测量，以及应用于机械、水声和生物医学等领域。

1. 函数信号源的工作原理

函数信号的产生通常是以某种波形为第一波形，然后利用第一波形导出其他波形。构成函数信号源的方案大致有三种：一种是先产生方波，经积分产生三角波或斜波，再由三角波经过非线性函数变换网络形成正弦波；另一种是先产生正弦波，再形成方波、三角波等。近来较为流行的方案是先产生三角波，然后产生方波、正弦波等，这种方案的原理框图如图 9-12 所示。此外，还可以通过 DDS（直接数字合成）技术直接产生各种函数波形，这种信号源产生函数波形更丰富、更灵活，这部分内容将在本章后面的任意波形信号源一节中介绍。

2. 函数信号源的典型电路

在这里仅介绍图 9-12 所示的函数信号源电路中较为典型的三角波产生电路和正弦波形成电路,其他电路从略。

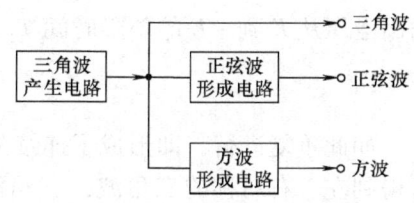

图 9-12 函数信号源原理框图

(1) 三角波产生电路

三角波产生电路有很多种,它们的基本思想都是利用电容的充放电来获得线性斜升、线性斜降的电压。三角波产生电路的基本原理如图 9-13a 所示,它由恒流源、积分器(包括积分电容 C 和运算放大器 A)和幅度控制电路构成。

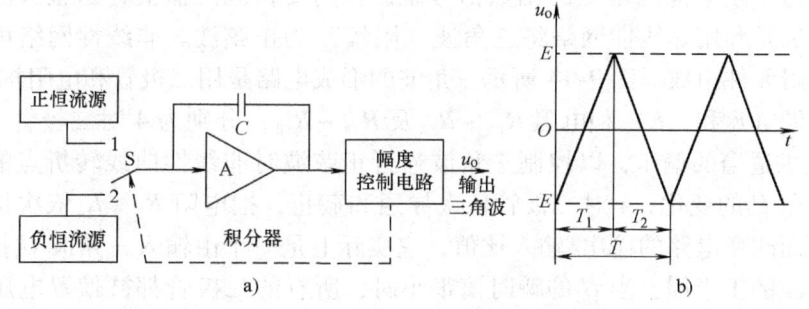

图 9-13 三角波产生电路及其波形

1) 电压斜升过程。当开关 S 拨向 "1" 端时,正恒流源 I_1 向积分电容充电,形成三角波斜升过程,积分器输出电压为

$$u_{o1} = \frac{1}{C} \int_0^t i \, dt \tag{9-3}$$

式中,u_{o1} 为斜升输出电压的瞬时值;i 为积分电容支路的电流瞬时值;C 为积分电容的电容量。

因为充电电流 i 是恒流源 I_1,故式 (9-3) 可表示为

$$u_{o1} = \frac{I_1}{C} t \tag{9-4}$$

由式 (9-4) 可以看出,改变恒流源的电流或积分电容可以改变输出电压的变化斜率,即改变三角波的频率,其办法通常通过调节 C 实现粗调,调节 I_1 实现细调。

当电压上升到幅度控制电路的限值电平 E 时,幅度控制电路将发出控制信号,使开关 S 从 "1" 断开,三角波的斜升过程结束。如图 9-13b 所示,三角波从 $-E$ 到 E 的斜升时间 T_1 为

$$T_1 = \frac{2|E|C}{I_1} \tag{9-5}$$

2) 电压斜降过程。当开关 S 拨向 "2" 端时,接通负恒流源,负恒流源 I_2 向积分电容充电,且充电方向与开关 S 拨向 "1" 相反,电容上的电荷减少,形成三角波斜降过程。当电压下降到幅度控制电路的限值电平 $-E$ 时,控制电路又使 S 从 "2" 断开,三角波的斜降过程结束。同理可得斜降电压瞬时值 u_{o2} 为

$$u_{o2} = u_{o1} + \frac{I_2}{C} t \tag{9-6}$$

输出电压从 E 到 $-E$ 的斜降时间 T_2 为

$$T_2 = \frac{2|E|C}{I_2} \tag{9-7}$$

如此重复进行，即形成了连续的三角波。当正、负恒流源的恒流值相等，即 $I_1 = I_2$ 时，可得到左、右对称的三角波，三角波的幅度取决于幅度控制的限值电平，若 $|E| = |-E|$，则可得到正、负幅度对称的波形。

（2）正弦波形成电路

正弦波形成电路的任务是将三角波变换成正弦波。能够完成这种变换的电路种类很多，例如，根据频谱分析的原理，可用滤波器滤除三角波中的谐波后，得到的基波便是正弦波，但这种方法不适于频率范围很宽的函数信号源，否则要在滤波器上付出很大的代价。实际中，较好的方法是利用非线性网络将三角波"限幅"为正弦波。非线性网络可以用二极管或晶体管及电阻元件组成。图 9-14 所示三角波的形成电路是用二极管和电阻构成的。图中，正、负直流电源（E 和 $-E$）和电阻 $R_{1A} \sim R_{5A}$ 及 $R_{1B} \sim R_{5B}$，分别为 4 对二极管 $VD_{1A} \sim VD_{4A}$、$VD_{1B} \sim VD_{4B}$ 提供适当的偏压，以控制三角波逼近正弦波时非线性曲线转折点的位置。随着三角波输入电压 U_i 的变化，4 对二极管依次导通和截止，把电阻 $R_1 \sim R_4$ 依次接入电路或与电路断开，从而改变电路的输出/输入比值，它实际上是一个由输入三角波 U_i 控制的可变分压器。在三角波的正半周，当 U_i 的瞬时值很小时，所有的二极管都被偏置电压 E 和 $-E$ 截止，输入三角波经过电阻 R_o 直接输送到输出端作为 U_o，即未经分压，$U_o = U_i$。当三角波的瞬时电压 U_i 上升到二极管 VD_{1A} 的偏压 $U_i = E \dfrac{R_{1A}}{R_{1A} + R_{2A} + \cdots + R_{5A}}$ 时（E 是直流偏压源），二极管 VD_{1A} 导通，于是由电阻 R_1、R_{1A} 和 R_o 组成的分压器接通，使三角波通过该分压器输送到输出端，且输出电压 U_o 经分压后为

$$U_o = U_i \frac{R_{1A} + R_1}{R_{1A} + R_1 + R_o}$$

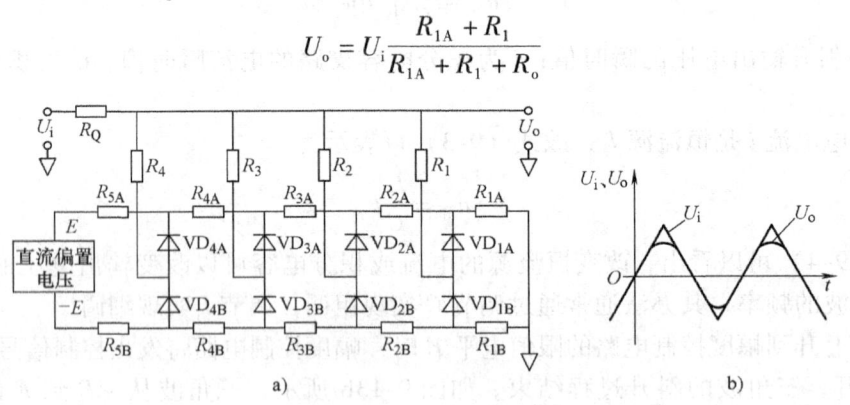

图 9-14 由三角波产生正弦波电路示例

随着三角波电压（U_i）瞬时值不断上升，二极管 VD_{2A}、VD_{3A}、VD_{4A} 将依次导通，使分压器的分压比逐渐减小，对三角波的分压作用逐渐加强，从而使三角波斜率逐步减少而趋于正弦波，三角波的正峰过后就是斜降过程，由于瞬时电压逐渐下降，二极管 VD_{4A}、VD_{3A}、VD_{2A}、VD_{1A} 又相继截止，分压作用则由大逐渐减小。进入负半周后，二极管 VD_{1B}、VD_{2B}、VD_{3B}、VD_{4B} 也按相同的过程相继导通和截止，从而在输出端得到正弦波 U_o，如图 9-14b 所示。

从图 9-14 可知，在信号变化的一个周期内，每级（一对二极管）形成 4 条折线，该波形

变换网络由 4 级构成，实际上对正弦波的逼近是用 $4 \times 4 = 16$ 条折线段将三角波转换为正弦波。当然网络的级数越高逼近的程度就越好。实践证明，如果用 12 个二极管组成的 6 级整形网络，即采用 $4 \times 6 = 24$ 条折线段逼近正弦波，可以得到正弦波的非线性失真优于 0.25%。

按照上述原理专门设计了单片集成的函数信号发生器芯片（如 5G8038），以一片集成电路芯片为核心，只需少量的外部元件，就可以构成一个简单实用的函数信号源，产生方波、三角波、锯齿波及正弦波，甚至可实现扫频或调频。

3. 函数信号源的技术指标

函数信号源的主要性能指标如下：

1）输出波形：函数信号源的输出波形有正弦波、方波和三角波等，具有 TTL 同步脉冲输出及单次脉冲输出等。

2）频率范围：函数信号源的频率范围一般为 1Hz~1MHz，分为若干频段，如划分为 1~10Hz、10~100Hz、100Hz~1kHz、1~10kHz、10~100kHz、$100~1 \times 10^6$kHz 六个波段。

3）输出电压：一般指输出信号电压的峰-峰值，直接输出不小于 10V。

4）波形特性：不同波形有不同的表示方法，正弦波的特性一般用非线性失真系数表示，一般要求 $\leqslant 3\%$；三角波的特性用非线性系数表示，一般要求 $\leqslant 2\%$；方波的特性参数是上升时间，一般要求 $\leqslant 100$ns。

5）输出阻抗：函数信号输出 50Ω 和 TTL 同步输出 600Ω。

6）调制特性：调频范围 0~10%，调幅范围 0~100%，失真 <1.5%。

7）扫频特性：扫频速率 10ms~1000s，扫频比不小于 1000:1。

9.2.5 扫频信号源

1. 概述

（1）扫频信号的作用

输出信号的频率随时间按一定规律、在一定范围内重复连续变化的信号源称为扫频信号源。在频域测试中，电路频率特性的测量系统常用扫频信号源作为激动源。扫频信号源之所以能获得广泛应用，是因为扫频与点频测量方法相比，具有以下优点：

1）可实现网络频率特性的自动测量。一条频率特性曲线是由许多个频率点构成的，在进行电路调试过程中，用扫频方法可以快速地、实时地获得一条频率特性曲线，这样可以一面调节电路中的有关元件，一面观察荧光屏上频率特性曲线的变化（即图示测量），从而迅速地将电路性能调整到预定的要求。

2）由于扫频信号的频率是连续变化的，因此，所得到的被测网络的频率特性曲线也是连续的，不会出现由于点频法中频率点离散而遗漏细节的问题。

3）点频法是人工逐点改变输入信号的频率，速度慢，得到的是被测电路稳态情况下的频率特性曲线。扫频测量法是在一定扫描速度下获得被测电路的动态频率特性，而后者更符合被测电路的应用实际。

（2）扫频信号源的基本要求

对扫频信号源的基本要求是：

1）中心频率范围大且可连续调节。中心频率是指扫频信号从低频到高频之间中心位置的频率。不同测试对象对中心频率的要求也不同。

2）扫频宽度（常用频偏进行描述）要宽且可任意调节。频偏是指扫频信号的瞬时频率与中心频率的差值。显然，频偏应能覆盖被测电路的通频带，以便测出完整的频率特性曲线。

3）寄生调幅要小。理想的扫频波应是等幅波，因为只有在扫频信号幅度保持恒定不变的情况下，被测电路输出信号的包络才能表征该电路的幅频特性曲线。

4）扫频线性度好。扫频信号的频率和控制电压之间的关系为扫频特性。当扫频特性为直线关系时，示波管的水平轴则变换成线性的频率轴，这时幅频特性曲线上的频率标尺是均匀分布的。在测试宽带放大器时，若使用对数幅频特性，则要求扫频特性是对数关系。

5）扫频信号应能产生同步的扫描信号和频率标志。

（3）扫频源的主要指标

1）有效扫频宽度。有效扫频宽度即扫频源输出的扫频线性度和振幅平稳性均符合要求的最大频率覆盖范围，一般用相对值表示，即

$$\frac{\Delta f}{f_0} = 2 \times \frac{f_2 - f_1}{f_2 + f_1} \tag{9-8}$$

其中 $\Delta f = f_2 - f_1$，表示扫频起点 f_1 与终点 f_2 之间的频率范围；$f_0 = (f_1 + f_2)/2$，表示扫频输出的中心频率或平均频率。

2）扫频线性。扫频线性表示扫频振荡器的压控特性曲线的非线性（或线性）程度，可以用线性系数表征为

$$线性系数 = \frac{(k_0)_{\max}}{(k_0)_{\min}} \tag{9-9}$$

式中，$(k_0)_{\max}$ 表示压控振荡器（VCO）的最大控制灵敏度，亦即 $f-U$ 曲线的最大斜率（$\mathrm{d}f/\mathrm{d}U$）；相应地，$(k_0)_{\min}$ 表示 VCO 的最小控制灵敏度，对应于 $f-U$ 曲线的最小斜率。

由式（9-9）可见，线性系数越接近1，压控特性曲线的线性就越好，代表着扫频信号的频率变化规律与控制电压的变化规律越一致。

3）输出振幅平稳性。输出振幅平稳性通常用扫频信号的寄生调幅表示。调幅系数为

$$M = \frac{A_1 - A_2}{A_1 + A_2} \times 100\% \tag{9-10}$$

式中，A_1、A_2 分别指发生寄生调幅时的最大、最小幅度。

2. 扫频信号源的组成原理

（1）扫频信号源的组成

一个典型的扫频信号源原理框图如图 9-15 所示，主要包括扫频振荡器、扫描信号发生器、频标产生电路及自动稳幅控制环路（Automatic Loop Control，ALC）等。

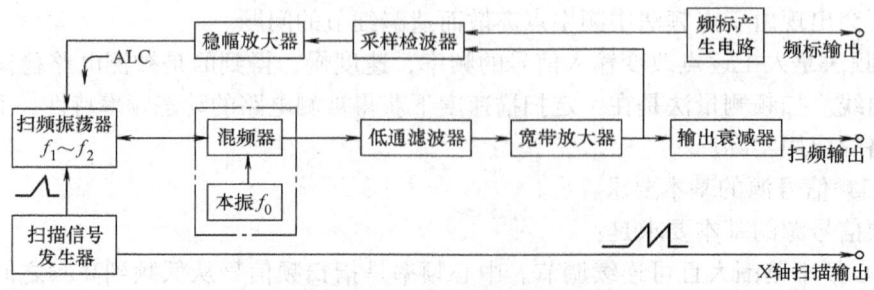

图 9-15 扫频信号源的组成

扫频振荡器用于产生扫频信号，上下频率限分别用 f_2、f_1 表示。扫描信号发生器一方面产生适当的扫描电压或电流，对振荡器进行电调谐，使其频率在 $f_1 \sim f_2$ 范围内的任意频段上扫变；另一方面为了自动重复扫频，产生一个幅度可变的锯齿波用来驱动显示器，从而产生水平（频率）轴。采样检波器用于对扫频输出信号的幅度进行采样监测，并和稳幅放大器一同组成闭环反馈通路，实现自动稳幅控制。图中点画线框表示其中的本振和混频部分并不是所有扫频源都必备的电路。对输出频段较窄的扫频源，可以不采用混频电路，扫频振荡器产生的信号经滤波、放大和输出衰减器之后直接输出；对较宽扫频输出的扫频源，混频器可以将扫频振荡器的输出频段 $f_1 \sim f_2$ 向上或向下扩展，增大扫频输出范围。

（2）扫频振荡器的原理

振荡器是扫频信号源的核心部件。实现扫频振荡的方法很多，目前广泛采用的是变容二极管扫频；若要获得较高的扫频频率（几十到几百兆赫兹），可采用磁调电感扫频；要得到更高的扫频频率（千兆赫兹级），可则采用 YIG（钇铁石榴石）扫频。

1）变容二极管扫频。变容二极管扫频振荡器和一般频率可调的 LC 振荡器没有原则的区别。不同的是，一般频率可调的 LC 振荡器用波段开关切换不同的电容，达到改变频率的目的；而变容二极管扫频振荡器用一个或多个变容二极管和回路电容并联，当变容二极管容量改变时，达到改变频率的目的。

变容二极管是利用半导体 PN 结的结电容随反向电压变化这一特性而制成的半导体二极管，它是一种电压控制的可变电抗器。可以证明，变容二极管的电容特性为

$$C_j = \frac{C_{j0}}{\left(1 + \dfrac{U}{U_0}\right)^n} \tag{9-11}$$

式中，C_{j0} 为变容二极管反向电压为零时的结电容；U_0 为 PN 结势垒电压；n 为电容的变化系数，取决于 PN 结的变化结构；U 为加到变容二极管两端的反向电压。

当变容器两端加上扫描信号（例如锯齿波电压）时，电容 C_j 按式（9-11）的函数变化。根据 $f = \dfrac{1}{2\pi\sqrt{LC}}$，当 L 不变时，若 C 值变化，则频率 f 也随之变化。对变容二极管扫频振荡器而言，只有采用电容指数 $n = 2$ 的超突变结变容二极管才能得到线性的 f-U 曲线，否则就无法完全避免扫频非线性。

2）磁调电感扫频。磁调电感法扫频是通过磁场改变电感量，从而达到改变振荡器频率的目的。

根据电磁学理论可知，一个带磁心的电感线圈，其电感量 L_C 与该磁心的有效磁导率 μ_0 之间存在着线性关系。即

$$L_C = L\mu_0 = L\mu_\sim \eta \tag{9-12}$$

式中，L 为空心线圈的电感量；μ_0 为有效磁导率；$\mu_\sim$ 为磁心的增量磁导率；η 为磁心的利用率。

磁调电感法扫频就是根据式（9-12）工作的，其原理如图 9-16 所示。

将绕有高频线圈 L_C 的高频磁心 M 镶在一个低频磁心 SM 的磁路中，低频磁心上绕有两组线圈 L_0 和 L_m，在 L_0 中通以直流电流 I_0，I_0 在高频磁心中产生直流偏置磁场 H_0，H_0 用以改变高频磁心的工作点。在 L_m 中通过扫描电流 I_m，经变压器耦合产生电流 I_Q，I_Q 在高频磁心中产生可变化的偏置磁场 H_m。

可以证明，$\mu_\sim$ 随外加偏置磁场强度 H_m 的变化而变化。当偏置磁场强度增加时，$\mu_\sim$ 要减小，因此带磁心的电感线圈的电感量 L_C 也要减小，若用这种线圈作为 LC 正弦振荡器的谐振回路电感线圈，则振荡频率将随外加直流电场的变化而变化，这种振荡器称为磁调电感振荡器。若外加电压为扫描电压 U_m，则会产生变化的电流，从而电感量 L 发生变化，由它构成的振荡电路的频率最终跟随扫描电压 U_m 的变化而变化，实现磁调电感扫频。

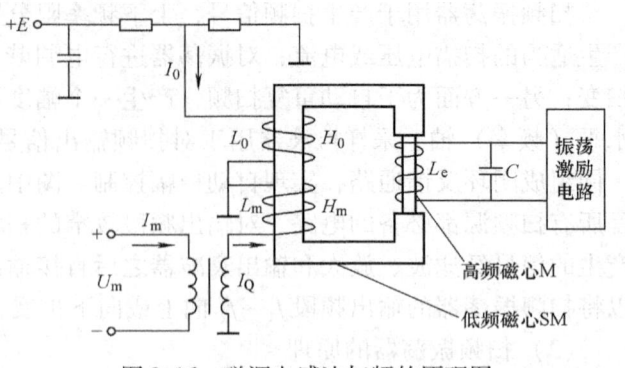

图 9-16　磁调电感法扫频的原理图

磁调电感振荡器的振荡频率为

$$\omega = \frac{1}{\sqrt{L_C C}} = \frac{1}{\sqrt{\mu_0 LC}} = \frac{1}{\sqrt{\mu_\sim \eta LC}} \tag{9-13}$$

式中，L 为空心线圈的电感量；$\mu_\sim$ 为磁心的增量磁导率；η 为磁心的利用率；C 为谐振回路的电容。

利用磁调电抗器的扫频方法，电路简单，能在寄生调幅较小的条件下获得较大的扫频宽度，比较适合在几十到几百兆赫兹的超高频段内使用。

3) YIG 电调扫频。YIG 是一种单晶铁氧体材料钇铁石榴石的简称，具有铁磁谐振特性。YIG 扫频的基本原理是：将 YIG 材料做成小球形状，适当定向后置于直流磁场 H_0 内。利用单晶铁氧体内电子的自旋产生磁矩，在外加偏置磁场的作用下运动并由此产生铁磁谐振，谐振频率为 $f(\text{MHz}) = 0.0112 H_0 (\text{A/m})$，其中 H_0 为外置直流磁场强度。谐振频率 f 与 YIG 小球的尺寸无关，仅随 H_0 的大小作线性变化。这种方式的无载 Q 值可达 10^4 量级，损耗低且稳定性好。

YIG 扫频常用于产生吉赫（GHz）以上频段的信号，利用下变频可以实现宽带扫频。由于这种扫频方式可覆盖高达 10 倍频程的频率范围、扫频线性好，因而得到了广泛的应用。缺点在于建立外加偏置磁场的速度不能过快，否则会引起 H_0 的滞后进而影响扫频线性。

4) 合成扫频源。同时具有扫频源和合成源特性的信号源被称为"合成扫频源"。通常有两种实现方式：直接合成方式，如直接数字合成（Direct Digital Synthesis，DDS）；间接合成方式，如利用锁相环（Phase Locked Loop，PLL）。

合成扫频源通过软件使源按照一定的频率间隔和停留时间，将输出频率依次锁定在一定范围内的一系列频点上，达到扫频效果。与变容管、YIG 等模拟扫频方式相比，合成扫频的输出频率准确，但它实际上是一种自动跳频的连续波工作方式，频率不是完全连续变化的，而且各频点之间必须保证留有足够的频率预置及捕获时间。只不过合成扫频源的频率步进可以做得非常小甚至远小于整机的频率输出分辨率，所以从宏观上看，这种扫频源的频率是连续变化的。关于合成扫频信号源的原理将在本章的合成信号源一节中介绍。

3. 宽频段扫频方法

由前述内容可知，变容管扫频方式至多可覆盖一个倍频程，YIG 扫频范围多在 GHz 以上，而要用单个电调振荡器实现多个倍频程的覆盖是非常困难的，且不同倍频程之间难以连贯使用。为了解决这一问题，通常采用外差式差频扫频、全基波多频段联合式扫频、倍频式扫频等方法。

（1）差频式宽频段扫频

外差式混频扫频即图 9-15 中包含虚线框时的结构。为进一步说明宽频段扫频的实现，我们来考察如图 9-17 所示差频式宽带扫频源框图：将一个固定频率的振荡器与一个作为本振信号的扫频振荡源同时加到混频器上并取差频，如果定频振荡器输出为 2GHz，扫频振荡源的范围为 2.1～4GHz，则混频后的差频便可从 100MHz 连续扫变到 2GHz。

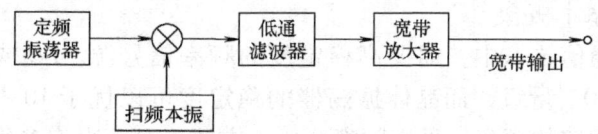

图 9-17　差频式宽带扫频的实现方案

根据混频原理，只要令定频振荡器的输出电平远小于扫频本振的电平，则差频信号的幅度便由定频振荡器的幅度决定，于是扫频过程中差频幅度可基本保持不变。使两个参加混频的信号幅度相差极大的另一个好处是，混频输出的各种由交调产生的杂散信号较小。如果在定频振荡器之后加上稳幅电路（如 PIN 调制器），输出的扫频信号性能更佳。

（2）全基波多频段联合式扫频

将几个频段相互衔接的单频段基波扫频振荡器组件封装起来，用逻辑电路控制微波开关，就能任意选用某个频段的振荡器输出，同时也能够使几个振荡器依次产生连续的输出频率，由此实现宽频带扫频。

在图 9-18 所示的宽频带扫频方案中，多个输出频率互相衔接的 YIG 调谐基波扫频源结合在一起。其中一个频段的扫频信号用定向耦合器分出一部分，并通过低通滤波器与另一个固定本振信号进行混频，取差频得到最低频段的扫频输出。上述多频段扫频信号由控制信号通过 PIN 开关进行选择、组合，按需提供单频段或多频段联合的扫频输出。图中的另两个定向耦合器分别与两个检波器组合起来，实现对高、低频段稳幅信号的取样。

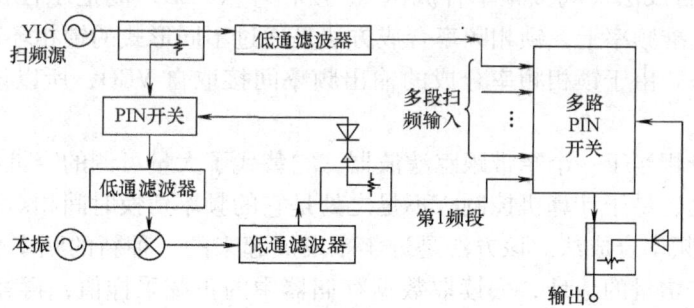

图 9-18　全基波多频段联合式宽带扫频

（3）多倍频程宽带扫频

获得多频段扫频输出的另一种方法是以较宽频带的基波扫频振荡器为基础，除了可以直接输出这个低频段信号外，还可以将它加到可选倍率 n 的倍频器，以产生若干个较高频段。基波回路与倍频器是同时调谐的。这种倍频式（谐波式）宽带扫频源比全基波式构造简单，但在高频段输出时可能夹杂来自低频段的部分谐波频率寄生信号；另外，倍频之后的信号寄生调频及噪声也随之倍增。

9.3 锁相频率合成信号源

9.3.1 合成信号源概述及直接合成原理

1. 合成信号源概述

（1）频率合成的基本概念

现代测量和现代通信技术中，需要高稳定度的频率信号源。LC 或 RC 振荡器的频率稳定度只能达到 $10^{-3} \sim 10^{-4}$ 量级，而晶体振荡器的稳定度可以优于 $10^{-6} \sim 10^{-8}$ 量级，但晶体振荡器只能产生一个固定的频率。采用频率合成的方法，可获得许多稳定的信号频率。

频率合成是由一个或多个高稳定的基准频率，通过基本的代数运算（加、减、乘、除）的组合，合成一系列所需的频率。通过合成产生的各种频率信号，频率稳定度可以达到与基准频率源相同的量级。它与以 RC 或 LC 自激振荡器为主振级的信号发生器相比，信号源的频率稳定度可以提高 3～4 个量级。

频率的代数运算是通过倍频、分频及混频技术来实现的。分频器实现频率的除，即分频器的输入频率是输出频率的某一整数倍。倍频器实现频率的乘，即倍频器的输出频率为输入频率的整数倍。频率的加减则是通过混频器来实现的。

（2）频率合成方法的分类

频率合成方法可分为直接模拟频率合成、锁相频率合成和直接数字频率合成三种方法。

1）直接模拟频率合成法。早期的频率合成是直接利用倍频器、分频器、混频器及滤波器等模拟电路来合成所需要的频率。所以这种方法称为直接模拟频率合成法。

直接频率合成法的优点是工作可靠，频率切换速度快，相位噪声低。但是它需要大量的混频器、分频器和滤波器，特别是可调的窄带滤波器，设计与制作模拟电路的技术难度大，且难于集成化，体积庞大，价格昂贵。

2）锁相频率合成法（间接频率合成法）。锁相环（PLL）能把压控振荡器（VCO）的输出频率锁定在基准频率上，锁相频率合成方法是通过不同形式的锁相环从一个基准频率合成所需的各种频率。由于锁相频率合成的输出频率间接取自 VCO，所以该方式也称间接频率合成法。

锁相环路本身相当于一个窄带跟踪滤波器，它替代了大量可调的窄带滤波器，简化了结构，且易于集成化、易于计算机控制。不足之处是它的频率切换时间相对较长。

3）直接数字频率合成法。该方法是近年来发展起来的一种新的频率合成法。它利用相位累加器提供一定增量的地址，去读取数据存储器中的正弦采样值，再经 D-A 转换得到一定频率的正弦信号。该方法是从相位的概念出发进行频率合成，不仅可以直接产生正弦信号的频率，而且还可以给出初始相位，甚至可以给出不同形状的任意波形，这是前两种方法无法做到的。

直接数字频率合成具有频率切换速度快、频率分辨率高、频率和相位易于程控等一系列的优点，尤其随着大规模集成电路的迅速发展，这种合成方法的应用前景越来越广阔。

2. 模拟直接合成法原理

模拟直接合成法是将晶体振荡器产生的基准频率信号，利用倍频器、分频器、混频器及滤波器等模拟电路进行一系列四则运算，以获得需要的频率输出。在这种合成法中，又可分为相干式直接合成法和非相干式直接合成法。如果用多个石英晶体产生基准频率，进行合成的各个基准频率之间是相互独立的，就叫做非相干直接合成器；如果只用一个石英晶体产生基准频率，然后通过分频、倍频等，使加入合成的频率之间是相关的，就称为相干式频率合成器。图 9-19 为相干式直接频率合成器原理图。

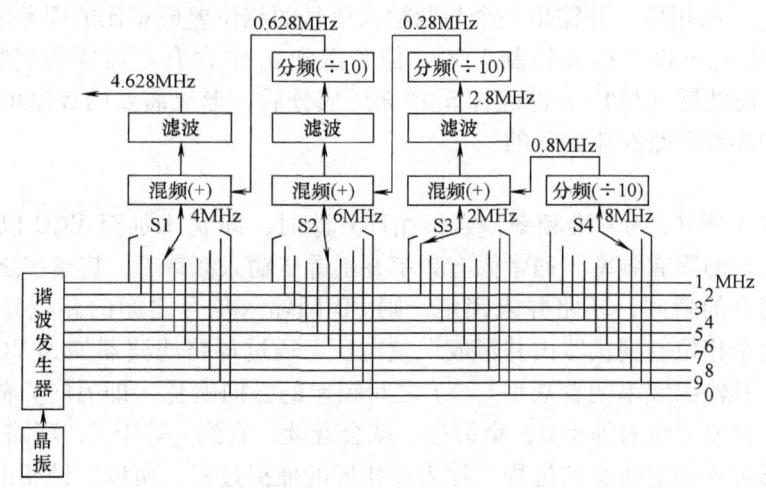

图 9-19　相干式直接频率合成器原理图

若要从 1MHz 信号的晶体振荡器中获得 4.628MHz 的信号，可以先将 1MHz 信号经谐波发生器产生各次谐波。频率选择开关 S4 从谐波发生器中选出 8MHz 信号，经分频器除以 10 变成 0.8MHz，使它与 S3 从谐波发生器选出的 2MHz 信号进入混频器混频，经滤波器选出 2.8MHz 信号，并除以 10 后得到 0.28MHz 信号。再由 S2 从谐波发生器取出 6MHz 信号与 0.28MHz 信号混频，得到 6.28MHz 信号，经滤波之后再经分频器除以 10 得到 0.628MHz 信号。再将它与经 S1 从谐波发生器选出的 4MHz 信号进行混频，经滤波后输出 4.628MHz 信号。

从图 9-19 可以看出，为了得到 4.628MHz 信号，只需把频率合成器的开关 S1、S2、S3、S4 相应地放在 4MHz、6MHz、2MHz、8MHz 的位置上即可。

从图 9-19 还可以看出，增加一级基本运算单元，就可以使频率分辨率提高一个量级。这种直接式频率合成器的优点是频率转换时间短，并能产生任意小的频率增量。它的缺点是要用大量的倍频器、分频器、混频器、滤波器等部件，不仅成本高、体积大，而且输出谐波、噪声及寄生调制都难以抑制，从而影响频率的稳定度。现在，模拟式直接合成法已很少使用。

9.3.2　锁相环的基本形式及锁相频率合成的原理

1. 锁相环的组成原理

（1）组成

基本锁相环是由鉴相器（PD）、低通滤波器（LPF）和压控振荡器（VCO）三部分组成的一个闭环相位负反馈环路，如图 9-20 所示。图中各部分的作用是：

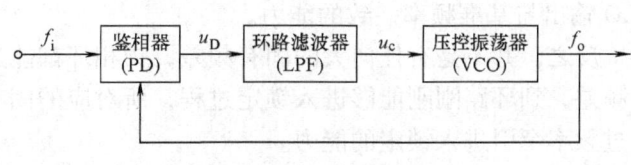

图 9-20　基本锁相环

1) 锁相环的输出频率 f_o 是从压控振荡器（VCO）引出的。所谓压控振荡器是指它的输出频率 f_o 受外加电压 u_c 控制的一种振荡器，例如利用变容二极管作为振荡器的回路电容，当改变变容管的反向电压时，其结电容将改变，从而使振荡频率随反向偏压而变。

2) 产生控制电压的电路单元是鉴相器（PD），它比较两个输入信号（输入频率 f_i 和 VCO 输出频率 f_o）的相位，并输出一个与两输入信号的相位差成正比的误差电压 u_D。

3) 误差电压 u_D 可以直接去控制 VCO，但考虑到 u_D 中含有不需要的高频成分和噪声，通常用一个低通滤波器（LPF），滤除掉 u_D 中无用成分后，形成需要的控制电压 u_c，以达到稳定环路工作和改善环路性能的目的。

(2) 原理

锁相环的输入频率 f_i 为基准频率，当锁相环开路时，即 u_c 未加至 VCO 以前，VCO 的自由振荡频率称为它的固有频率。通常固有频率并不等于输入频率 f_i，其频率之差称为固有频差。在锁相环闭合的瞬间，环路并未锁定，则 PD 两输入信号之间的相位差将随时间而变化。鉴相器将这个相位差变化鉴出并形成误差电压，通过环路滤波器加到 VCO 上。VCO 受误差电压控制，其输出频率朝着减小 f_o 与 f_i 之间频差的方向变化，即 f_o 向 f_i 靠拢，这一过程称为频率牵引。只要 f_o 尚未等于 f_i，牵引过程就会继续，直到 f_o 等于 f_i，环路进入锁定状态。环路从失锁状态进入锁定状态的过程，称为锁相环的捕捉过程。所以，锁相的过程是一个从失锁状态→频率牵引→锁定状态的过程。

当锁相环处于锁定状态时，输入信号和 VCO 输出信号之间只存在一个稳定的相位差，而不存在频率差，即 $f_o = f_i$。锁相合成法正是利用锁相环的这一特性，把 VCO 的输出频率锁定在基准频率上，并且把 VCO 输出频率稳定度提高到与基准频率同一量级。通常，f_i 是石英晶体振荡器的振荡频率，频率稳定度可达 10^{-8} 数量级，因此，环路锁定时，普通振荡器 VCO 的输出频率稳定度就可提高到与石英晶体振荡器频率同一量级，这是 LC、RC 振荡器所远远不能达到的。

锁相式或称间接式频率合成器只有在频率锁定时，其输出频率的准确度和稳定度才与基准信号相同或相近。因此，明确指示环路是否锁定是重要的。判定锁相环是否处于锁定状态主要通过观察鉴相器的工作。锁定时它有三个特点：一是鉴相器的两输入信号频率相同；二是两输入信号的相位差为常数；三是鉴相器的输出基本上是直流电压。锁定时鉴相器的输出基本上为直流的特点常被用作锁定指示。只有在未锁定时鉴相器才有较大的交流输出，所以可把 u_D 进行交流放大、检波，并用所得电压控制电子开关，当鉴相器输出交流成分很小时锁定指示灯燃亮，表示锁相环工作在正常锁定状态。

(3) 同步带宽和捕捉带宽

除了关注频率合成器应工作在锁相环的锁定状态外，也需要对从锁定到失锁及其相反过程有所了解。

锁相环的锁定能力不是无限的，不断加大固有频差也会使原来锁定的锁相环失锁。从锁定状态连续加大固有频差，到刚刚失锁时对应的固有频差称为同步带宽，它说明锁相环保持 VCO 输出与基准频率一致的能力。

反之，并不是有任何大的固有频差，锁相环都能进入锁定状态。从失锁状态逐渐减小固有频差，到环路刚刚能够进入锁定过程，所对应的固有频差称为捕捉带宽，它说明锁相环能通过频率牵引进入锁定的能力。

当锁相环内没有低通滤波器时，u_D 等于 u_c，这时锁相环称为一阶环。对一阶环来说，同步带宽等于捕捉带宽。当加有低通滤波器时，环路称为二阶环或高阶环，处于锁定状态时鉴相器输出的直流成分经低通滤波器时传递函数大，控制能力强；在失锁状态时鉴相器的输出主要是交流成分，它经低通滤波器时传递函数小，控制能力弱。所以二阶或高阶锁相环的同步带宽大于捕捉带宽。

2. 锁相环的基本形式

在锁相式合成信号源中，为了产生在一定频率范围内步进的或连续可调的输出频率，需要采用不同形式的锁相环，来完成频率的加、减、乘、除运算。常用的锁相环形式有以下几种。

（1）倍频式锁相环（倍频环）

倍频环是实现对输入频率进行乘法运算的锁相环。倍频环主要有两种形式：谐波倍频环和数字倍频环。倍频式锁相环的组成原理如图 9-21 所示。

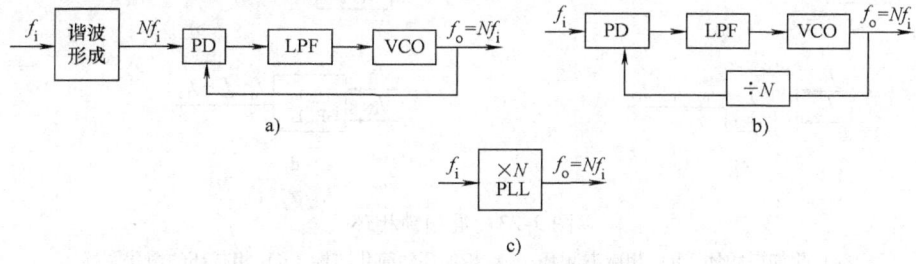

图 9-21　倍频式锁相环原理图
a）谐波倍频环　b）数字倍频环　c）倍频环的简化图标

1）谐波倍频环如图 9-21a 所示。输入频率 f_i 信号经谐波形成电路形成含丰富谐波分量的窄脉冲，通过调谐 VCO 的固有频率靠近第 N 次谐波，使第 N 次谐波与 VCO 信号在鉴相器中进行相位比较，从而 VCO 被锁定在输入信号的 N 次谐波上，环路锁定后，$f_o = Nf_i$。

2）数字倍频环如图 9-21b 所示。它是在反馈回路中加入数字分频器，将输出信号 N 分频后送入相位比较器，与输入频率信号进行比较，当环路锁定时，$f_o = Nf_i$。

倍频式锁相环的功能可用图 9-21c 所示的简化图标表示。

（2）分频式锁相环（分频环）

分频环实现对输入频率的除法运算，与倍频环相似，也有两种基本形式，如图 9-22 所示。

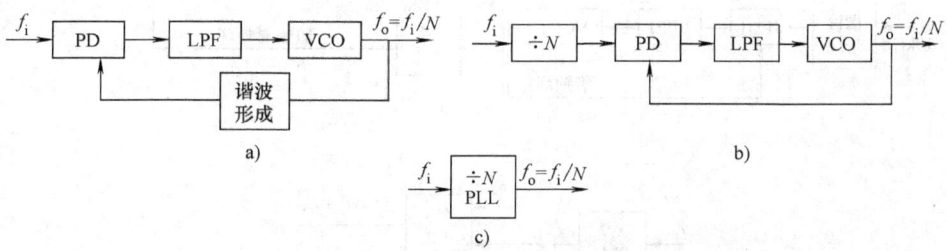

图 9-22　分频式锁相环原理图
a）谐波分频环　b）数字分频环　c）分频环的简化图标

1）谐波分频环与倍频不同的是，在谐波分频式锁相环中，谐波形成电路放于反馈回路中（见图9-22a），在鉴相器中将输入频率与输出频率的 N 次谐波进行相位比较，因此锁定后，输出频率 $f_o = f_i/N$。

2）数字分频环 在数字分频式锁相环中，数字分频器置于锁相环外（见图9-22b），分频器的输出频率与VCO的输出频率进行相位比较，则当环路锁定时，$f_o = f_i/N$。

分频式锁相环的简化图标如图9-22c所示。

(3) 混频式锁相环（混频环）

混频环实现对频率的加减运算，图9-23a是一个进行加法运算的混频环，图9-23b是一个进行减法运算的混频环。

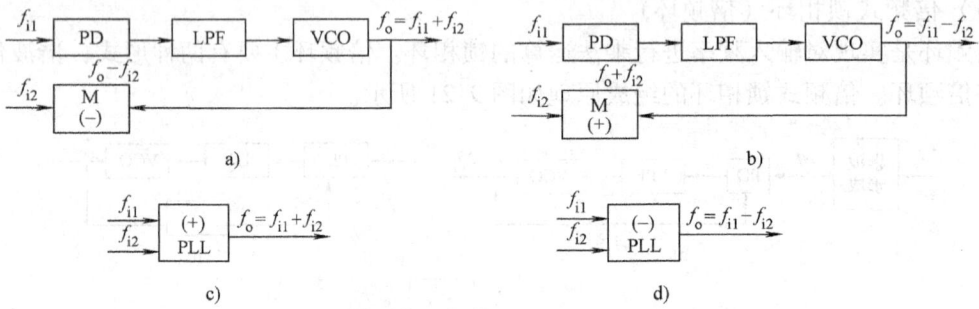

图 9-23 混频锁相环
a) 相加混频环 b) 相减混频环 c) 相加环的简化图标 d) 相减环的简化图标

1）相加环。在图9-23a中输出频率 f_o 与输入频率 f_{i2} 混频后，取差频 $f_o - f_{i2}$ 与输入频率 f_{i1} 进行相位比较，因此环路锁定后，$f_o = f_{i1} + f_{i2}$。

2）相减环。在图9-23b中输出频率 f_o 与输入频率 f_{i2} 混频后，取和频 $f_o + f_{i2}$ 与输入频率 f_{i1} 进行相位比较，因此环路锁定后，$f_o = f_{i1} - f_{i2}$。

相加混频器的简化图标如图9-23c所示，相减混频器的简化图标如图9-23d所示。

3. 多环组合式锁相频率合成原理

上述几种锁相环都是单环型式，它们存在频率点数目较少、频率分辨力不高等缺点，所以，合成信号源通常是由多环合成单元组成的。多环结构的形式可以是多种多样的，下面以图9-24所示的双环合成单元为例，说明多环合成的原理。

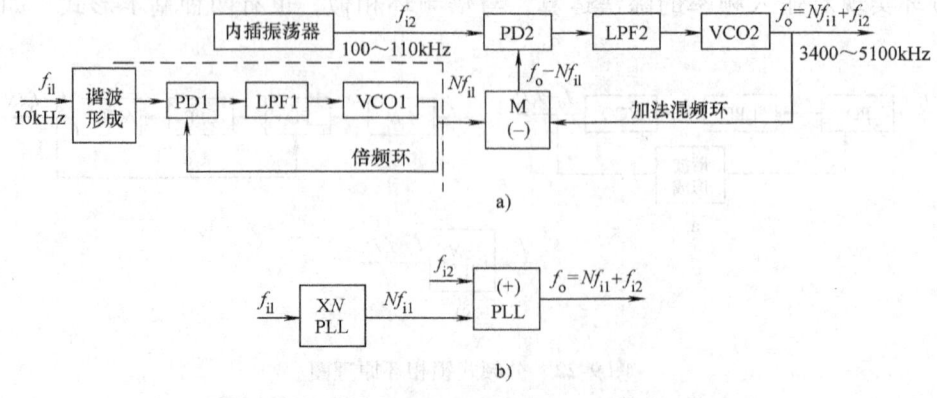

图 9-24 双环合成器原理结构图
a) 双环合成器原理结构框图 b) 双环合成器的简化图标

图 9-24 所示的双环合成器由一个倍频环（虚线下方部分）和一个加法混频环（虚线上方部分）组成，倍频环的输出 Nf_{i1} 作为加法混频环的一个输入，内插振荡器的连续可变输出 f_{i2} 作为加法混频环的另一个输入，则混频环的输出频率为

$$f_o = Nf_{i1} + f_{i2} \tag{9-14}$$

由此可知，通过调谐 VCO1 的固有频率来改变倍频系数 N，调谐 f_{i2} 即可实现输出频率的连续可调，下面以一个具体例子说明。

为了从图 9-24 的双环合成单元获得在 3400 ~ 5100kHz 之间连续可调的输出频率，N、f_{i1}、f_{i2} 可选择如下：

取输入基准频率 f_{i1} 为 10kHz，N 在 330 ~ 500 之间变化，则倍频环输出 Nf_{i1} 为 3300 ~ 5000kHz 之间，间隔为 10kHz 的离散频率，如 3300kHz、3310kHz、…、4990kHz、5000kHz 等。为了实现 f_o 在 3400 ~ 5100kHz 之间连续可调，选择内插振荡器的输出频率 f_{i2} 具有 10kHz 的覆盖，即可把 f_{i2} 的 10kHz 连续可调范围"插入"到倍频环输出频率相邻的两个离散锁定点之间。这里取 f_{i2} 的连续可调范围为 100 ~ 110kHz，则可实现要求区间内的连续覆盖，例如，若要求输出频率 f_o 为 2153.5kHz，首先调谐 VCO1 使之锁定在 2050kHz（N 为 205），然后调节内插振荡器使其输出频率 f_{i2} 为 103.5kHz，则通过混频环后 VCO2 输出合成频率 f_o = (2050 + 103.5) kHz = 2153.5kHz。VCO2 和 VCO1 的可变电容是同轴统调的，当 VCO1 的频率从一个锁定点调到另一个锁定点时，VCO2 的固有频率也作相应改变，使其始终能进入混频环的捕捉带宽之内。

如果 f_{i2} 采用高稳定的石英晶体振荡器，f_{i1} 采用可调的 LC 振荡器，则可以实现 f_o 在一定范围的连续可调，而且当 f_{i2} 比 f_{i1} 高得多时，输出频率稳定度仍可以达到与输入频率 f_{i2} 同一量级。

9.3.3 提高频率分辨力的锁相合成技术

在图 9-21b 所示的数字倍频环中采用可变分频器，就可以从单个基准频率获得一系列频率，环路中的分频器如果采用可编程分频器来改变分频比 N，输出频率 $f_o = Nf_i$，就可以按增量 f_i 来改变。当需要进一步提高锁相环的输出频率的上限和频率的分辨力时，这种基本锁相环存在两个问题。首先，由于可编程分频器的最高工作频率比固定分频器的最高工作频率低很多，将 VCO 的输出直接加到程控分频器上就限制了频率合成器输出频率的上限。另一个问题是输出频率以增量 f_i 变化，即合成器的频率分辨力等于 f_i。若要提高分辨力，要求增量要小，则要求 f_i 越低，锁相环的转换时间越长（转换时间 t_e 一般可用经验公式 $t_e = (25/f_i)$ 来计算）。分辨力高与转换时间短的要求相矛盾。下面将讨论如何解决上述两个问题。本节首先讨论提高环路分辨力的问题，下节再讨论扩展输出频率上限的问题。

提高锁相环的频率分辨力，可以采用微差混频、多环频率合成及小数分频等方法。

1. 微差混频法

微差混频法是将两个频率相差甚微的信号进行差频混频，如图 9-25 所示。

在图 9-25a 中，混频器的输出频率为

$$f_o = Nf_{i1} - Nf_{i2} = N(f_{i1} - f_{i2}) = N\Delta f \tag{9-15}$$

在图 9-25b 中，VCO 的输出频率为

$$f_{i1} = \frac{f_o}{N} + f_{i2}$$

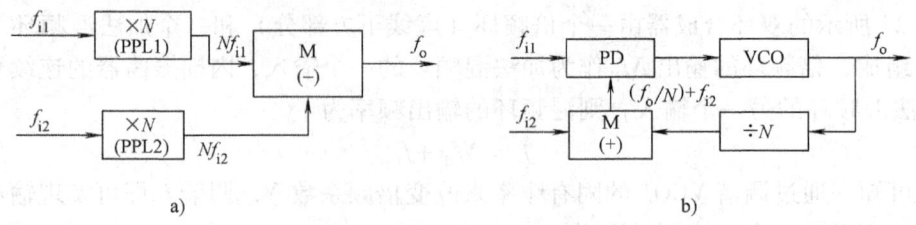

图 9-25 微差混频原理
a) 倍频—混频式 b) 混频—倍频式

$$f_o = N(f_{i1} - f_{i2}) = N\Delta f \tag{9-16}$$

由式（9-15）和式（9-16）可见，图 9-25 所示的两种方法的输出频率分辨力是 Δf。在微差混频法中，由于参与混频的两个信号频率十分接近，Δf 很小，使分辨力得到提高。但是，在图 9-25a 中，当这两个频率很接近时，在混频器工作中将会发生严重的频率牵引现象，这一问题在实际中很难解决，其应用受到局限。

2. 后置分频法

提高频率分辨力的途径之一如图 9-26 所示，在锁相环后设置一分频器，则输出频率 $f_o = (N/M)f_i$，当 N 改变 1 时，f_o 变化量为 f_i/M，因此在不增加转换时间的前提下使分辨力提高为原来的 M 倍，但相应地输出频率范围也缩减为原来的 $1/M$。

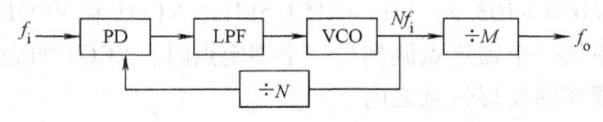

图 9-26 后置分频器的 PLL 合成器

为了在提高频率分辨力的同时，输出频率范围不发生变化，可以采用基于后置分频的多环频率合成方法，图 9-27 是一个三环锁相率合成器原理框图。

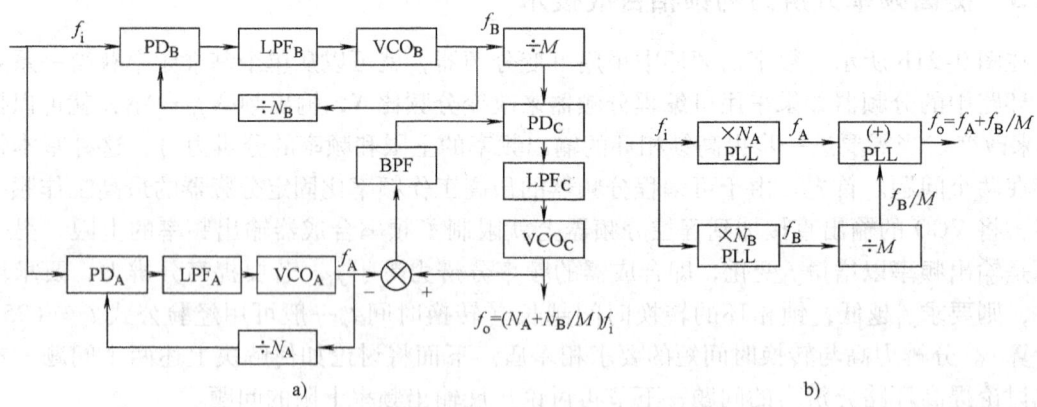

图 9-27 三环 PLL 合成器
a) 组成原理图 b) 简化框图

环 A、环 B 是两个倍频环，均以 f_i 为参考输入频率，环 B 的输出 f_B 经过 M 后置分频后作为环 C 的参考输入频率，环 C 的输出频率 f_o 与环 A 的输出频率 f_A 混频后作为环 C 的反馈。由图 9-27 可知，环 A 和环 B 的输出频率分别为

$$f_B = N_B f_i \tag{9-17}$$
$$f_A = N_A f_i \tag{9-18}$$

由环 C 锁定时有

$$f_o - f_A = \frac{f_B}{M} \qquad (9\text{-}19)$$

因此，合成器的输出频率为

$$f_o = f_A + \frac{f_B}{M} = \left(N_A + \frac{N_B}{M}\right)f_i \qquad (9\text{-}20)$$

当 N_B 改变 1 时，输出频率 f_o 变化量为 $(1/M)f_i$，故其频率分辨力可达 $(1/M)f_i$，而转换时间由三个环共同决定，A、B 环参考频率为 f_i，C 环参考频率为 f_B/M，若取 N_B 比 M 大，则 $(f_B/M) > f_i$，则整个环的转换时间仍为 $t_e = 25/f_i$。因此在提高频率分辨力的同时，其转换时间并未加长。

3. 小数分频技术

(1) 小数分频原理

实际中的数字分频器总是整数分频，其分频系数都是整数。所谓小数分频是通过分频比可变的整数分频，经多次平均的办法，从宏观上实现小数分频，即小数分频只是一种平均的效果。具体地讲，若希望分频系数有整数部分也有小数部分，即分频系数为 $N.F$，其中整数部分为 N，小数部分为 F，小数部分的位数为 n。欲获得其值界于 N 和 $N+1$ 之间的小数分频，可让整数分频系数在 N 和 $N+1$ 两个值中改变，其办法是在总的分次数为 10^n 次的一个循环中，进行 F 次 $(N+1)$ 分频，$(10^n - F)$ 次 N 分频，则在一个循环内分频系数的平均值为

$$\overline{N} = \frac{N(10^n - F) + (N+1)F}{10^n} = N + \frac{F}{10^n} \qquad (9\text{-}21)$$

即实现了小数分频。例如，要实现 4.3 的小数分频，对应式 (9-21)，$N=4$、$n=1$、$F=3$，只要在 10 次分频中作 7 ($=10-3$) 次除 4，3 次除 5，则得到：$\overline{N}=(7\times4+3\times5)/10=4.3$。

(2) 分频比"掺匀"控制

既然小数分频器中存在 N 及 $(N+1)$ 两种分频，而且每种分频都可能进行很多次，两种分频的次数不仅要准确地控制，并且还应该设法把两种分频混合均匀，而不要集中在一段时间内都做 N 分频，而在另一段时间都做 $(N+1)$ 分频，以免对应的输出频率不均匀。

这种分频比"掺匀"的控制可以通过累加运算来完成。具体做法是对小数部分 F 进行累加计数，若每一次累加结果未产生高位溢出（未达到整数 1）时，则进行 N 分频；若累加结果产生高位溢出时，则进行 $(N+1)$ 分频。经过 10^n 累加计数，累加值回零，又重复一次新的累加循环。这样，在一个累加循环过程中，能自动控制 N 分频做 $(10^n - F)$ 次，$(N+1)$ 分频做 F 次，而且把 N 与 $(N+1)$ 两种分频也自动"掺匀"了。

下面用一个实例来说明上述过程。例如，按上述方法进行 4.3 次分频的控制，一个循环中的 10 次累加过程见表 9-1。由表 9-1 可见，在对小数部分 0.3 进行累加的过程中，未发生高位溢出时进行 4 分频，发生高位溢出时进行 5 分频。在一个循环的 10 次分频中，4 分频做了 $(10-3)=7$ 次，5 分频做了 3 次。而且做 4 分频和 5 分频的操作，是被自动"掺匀"后穿插进行的。

表 9-1 小数分频的工作过程（分频比为 4.3）

序　　号	1	2	3	4	5	6	7	8	9	10
F 累加值	0.3	0.6	0.9	0.2	0.5	0.8	0.1	0.4	0.7	0
高位溢出（OVF）	0	0	0	1	0	0	1	0	0	1
分频系数（N 或 $N+1$）	4	4	4	5	4	4	5	4	4	5

为了进一步提高合成器的频率分辨力，可扩展小数部分 F 的位数。小数部分的位数越多，频率分辨力越高。例如，把 F 扩展为两位，要实现 4.36 次小数分频，只要在每 100（作 10^2）次分频中，作 $(100-36)=64$ 次除以 4，36 次除以 5，即可得 $\overline{N}=(64\times4+36\times5)/100=4.36$。

(3) 基于小数分频的锁相环电路

基于小数分频的锁相倍频环原理图如图 9-28 所示。图中的锁相环路部分与普通的锁相倍频环基本上相同，其主要差别是在 ÷N 分频器之前增加了脉冲删除电路，其作用是在删除控制信号的作用下，可从 VCO 返回的脉冲信号序列中删除一个脉冲。图 9-28 中小数值以 BCD 码写入 F 寄存器，在输入基准频率 f_r 的作用下，F 寄存器的存数与相位累加器的存数在 BCD 加法器 (ACCU) 中相加。当 BCD 加法器达到满度值时就产生溢出，溢出脉冲（OVF）作为删除控制信号加到脉冲删除电路，删除一个来自压控振荡器的脉冲，使 ÷N 分频电路少计一个脉冲（见删除电路输出波形图），相当于分频系数为 $(N+1)$；在溢出的同时，加法器将本次运算的余数存入相位累加器；如果在 f_r 作用下加法器相加结果达不到满度值，则不会产生溢出，锁相器仍按照 ÷N 进行分频，并且本次相加的结果存入累加器，作为加法器的基数，等待下一次相加，如此重复进行。

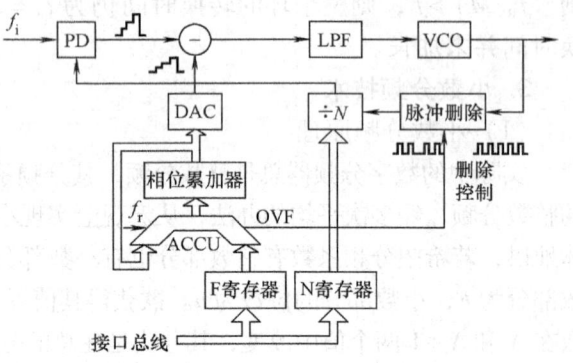

图 9-28 基于小数分频的倍频环原理图

小数分频面临的最大问题是如何补偿由于脉冲删除所引起的锁相环相位抖动。例如用表 9-1 所示的实例构成一个基于小数分频的锁相倍频环，VCO 输出频率 $f_o=4.3f_i$，每经输入频率 f_i 的一个周期，VCO 的输出频率 f_o 为 4.3 个周期，在第 1 个参考周期之后，鉴相器输入端就出现了 $0.3\times360°$ 的相位误差，在第 2 个周期后相位误差变为 $0.6\times360°$，第 3 个周期后相位误差变为 $0.9\times360°$，第 4 个周期后相位误差累计超过 $360°$，余下 $0.2\times360°$ 的相差。相位变化累积达 $360°$ 时，多出一个信号周期，为了实现小数分频，必须把 VCO 的输出删除一个信号周期。显然，删除操作会出现相位突变，经 ÷N 分频器的反馈信号的相位突然滞后输入信号一个相位。这样，使得鉴相器的输出电压出现阶梯形变化（见图 9-28）。

为了补偿在工作过程中鉴相器输出电压的阶梯形变化，可采用相位内插补偿措施。从表 9-1 可见，累加值（累加器中的存数）恰好也是一个阶梯变化，因此将该数据送入 DAC，用其阶梯输出去补偿鉴相器输出的阶梯形变化，即两者相减后减法器输出到 LPF，环路稳定后经环路 LPF 送给 VCO 的则是一个较平稳的直流电平。在一定程度上，消除了 VCO 输出频率的相位突跳。

9.3.4 扩展输出频率上限的锁相技术

输出频率上限是信号源的主要性能指标。合成信号源的频率合成运算部件是决定输出频率上限的关键部件。扩展输出频率上限的方法有前置分频法、吞脉冲分频法和前置混频法等。

1. 前置分频法

在倍频式锁相环中，要得到更高的输出频率，就必须提高反馈回路分频比，并且要求反馈分频器的分频比可以通过程序设定方式改变，这种分频比可变的程控分频器，在工作过程中需要通过反馈来改变分频比，因此可变分频器的最高工作频率受到很大的限制（最高可以达到约1GHz），使锁相环输出频率无法进一步提高。

前置分频法是提高合成信号源输出频率上限的基本方法，它在程序控制的可变分频器之前设置一个固定分频器。由于固定分频器的最高工作频率可以达到 $6 \sim 8\mathrm{GHz}$，因此合成信号源的输出频率大大提高了。由图9-29可见，固定分频器的分频比为 D，则信号源输出频率为

$$f_\mathrm{o} = DNf_\mathrm{i} \tag{9-22}$$

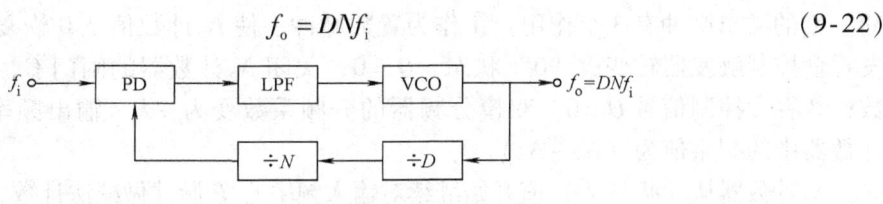

图9-29 前置分频法

这种方法可提高输出频率的上限，但是频率调节的分辨率降低了，通过程控分频器调节分频比得到的频率分辨率为 $\Delta f_\mathrm{o} = Df_\mathrm{i}$。

2. 吞脉冲分频法

为了解决提高输出频率上限和提高分辨率的矛盾，可以采用吞脉冲分频法。这种方法以前置分频法为基础，借鉴了小数分频中的脉冲删除技术，采用双模分频器作为前置的固定分频器。通过对双模分频器工作模式的控制，可使反馈回路在两个分频比之间不断切换，这样从较长时间看系统总的分频比是一个平均结果。

所谓吞脉冲分频法，是指在锁相环的反馈支路中加入具有吞脉冲功能的双模分频器，这时，锁相环的组成如图9-30所示。吞脉冲分频器主要由双模分频器、N_1、N_2 程序控制计数器和吞食控制触发器组成。双模分频器作为前置分频器，其分频系数有 P 和 $(P+1)$ 两种模式。分频系数的控制十分简单。在该图中，当"吞食控制"信号为"0"时，做 $\div P$ 次分频；为"1"时，做 $\div (P+1)$ 次分频。双模分频器是在一个固定 $\div P$ 的分频器前面加上一个脉冲删除电路构成的，它比一般程序分频器要简单得多，因此双模分频器与固定分频器一样，工作频率可做得较高。

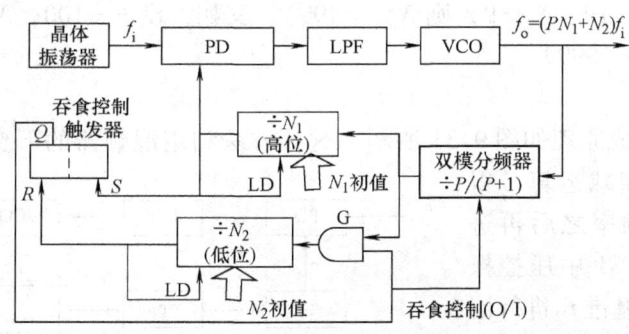

图9-30 吞脉冲分频法频率合成器原理框图

图9-30 中 $\div N_1$ 和 $\div N_2$ 的可变分频器做减法计数，当计数值从初始值 N 减计数至零时，

输出一个溢出脉冲,作为置数脉冲 LD,又自动地把初始值 N 设置到计数器中,计数值又恢复到初始值 N。N_1 和 N_2 两个计数器构成了一个整体,共同决定了反馈支路中的总分频比 N,其中 N_1(N 的高位)计数器为主计数器,N_2(N 的低位)计数器为吞食控制计数器,设置的初始值应满足 $N_1 > N_2$。

吞脉冲分频器的工作过程是,N_1 和 N_2 的一次计数循环开始时,吞食控制触发器被置于"1"态,即吞食控制信号 $Q=1$,双模分频器的分频系数为 $\div (P+1)$,N_1、N_2 计数器从初始值开始,同时对输入频率为 $f_o/(P+1)$ 的脉冲做减法计法,在 N_1 计数器和 N_2 计数器未计数到零时,吞食控制触发器"1"状态不变,双模分频系数仍为 $\div(P+1)$。

由于 $N_2 < N_1$,在经过 $N_2(P+1)$ 个 f_o 周期后,N_2 计数器首先减计数到零,输出溢出脉冲。N_2 的溢出脉冲有 3 个作用:①作为置数脉冲,使 N_2 计数值从 0 恢复到初始值 N_2;②触发吞食控制触发器转变成"0"状态,$Q=0$,关闭 N_2 计数器的闸门 G,使 N_2 计数器停止计数;③吞食控制信号 $Q=0$,双模分频器的分频系数变为 $\div P$,输出频率为 f_o/P,此时,N_1 计数器中的剩余值为 $(N_1 - N_2)$。

N_1 计数器从 $(N_1 - N_2)$ 值开始继续对输入频率 f_o/P 脉冲做减法计数,再经过 $(N_1 - N_2)P$ 个 f_o 周期后,它计数到零,N_1 计数器输出溢出脉冲。N_1 的溢出脉冲有 4 个作用:①使 N_1 计数器本身又重新预置到初始值 N_1;②N_1 计数器的溢出向鉴相器输出一个相位比较脉冲;③使吞食控制触发器转变为"1"态,$Q=1$,双模分频器的分频系数又恢复到 $\div(P+1)$ 的状态;④$Q=1$,使 N_2 计数器的闸门 G 开启。主计数器 N_1 的溢出脉冲表明完成了一次计数循环。

在主计数器 N_1 的一次计数循环中产生一个溢出,向鉴相器输出一个参考脉冲。在一个参考脉冲的周期内,双模分频器输入的 f_o 信号的周期数 N 为

$$N = N_2(P+1) + (N_1 - N_2)P = PN_1 + N_2 \tag{9-23}$$

式(9-23)的 N 值即为吞脉冲分频器的分频系数。若令 $P=10$,式(9-23)为

$$N = 10N_1 + N_2 \tag{9-24}$$

由上述分析可见,吞脉冲分频器的工作具有如下特点:

① 双模分频器是作为 N_1、N_2 可变分频器的前置分频器,它是在一个固定分频器的基础上加入脉冲删除电路构成 $P/(P+1)$ 双模分频器,其工作频率很高,故锁相环的输出频率上限很高。

② 分频系数的设置必须满足 $N_1 > N_2$,且由 N_1 和 N_2 可以求得 N 的范围。例如,设 $P=10$,$N_2 = 0 \sim 9$,那么 N_1 至少为 $10 \sim 19$,则分频系数范围 $N = 100 \sim 199$。(当 $N_1 = 10$、$N_2 = 0$,$N_{\min} = 100$。若 $N_1 = 19$、$N_2 = 9$,则 $N_{\max} = 199$)。又如,设 $P = 100$,$N_1 = 100 \sim 199$,$N_2 = 0 \sim 99$,则 $N = 10000 \sim 19999$。

3. 前置混频法

前置混频器的组成原理如图 9-31 所示。这种方法利用混频器的下变频功能,即利用混频对两个频率进行相减运算,得到相对较低的信号频率之后再进行可变分频。在图 9-31 中压控振荡器的输出 f_o 与另一基准 f_{i2} 进行混频后得到较低的差频 $(f_o - f_{i2})$,再进行 N 分频,以降低对程控分频器的要求。这时,输出频率为

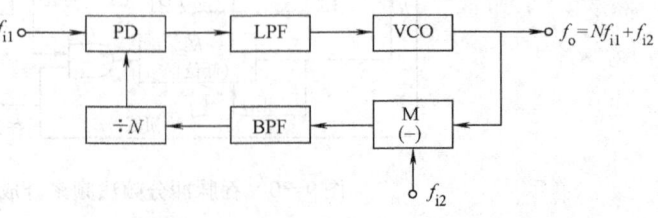

图 9-31 前置混频器组成原理

$$f_o = Nf_{i1} + f_{i2} \tag{9-25}$$

可见,输出频率上限取决于 f_{i2} 的大小,通过调节分频比 N_1 得到的频率分辨力不变,仍为 f_{i1}。由于混频后必须使用带通滤波器来抑制寄生信号,滤波器的延迟对环路的响应速度会带来不利的影响。

9.3.5 锁相合成信号源的实例分析

PLL 合成信号源主要由频率合成电路和输出电路两大部分组成。合成信号源与通用信号源两者的输出电路基本相同,下面将侧重讨论频率合成电路的组成原理。

本节以 MG31A 型合成信号源做实例进行分析,其简化原理框图如图 9-32 所示。它由频率合成电路和输出电路两部分组成,频率合成部分含基本频率单元、细度盘振荡器、七个十进制频率合成子单元。它的输出频率范围为 10Hz 到 999.9999kHz,输出频率值决定于 "×0.1Hz" ~ "×100kHz" 这七个十进制频率分度盘开关所设置的步位 (0~9)。

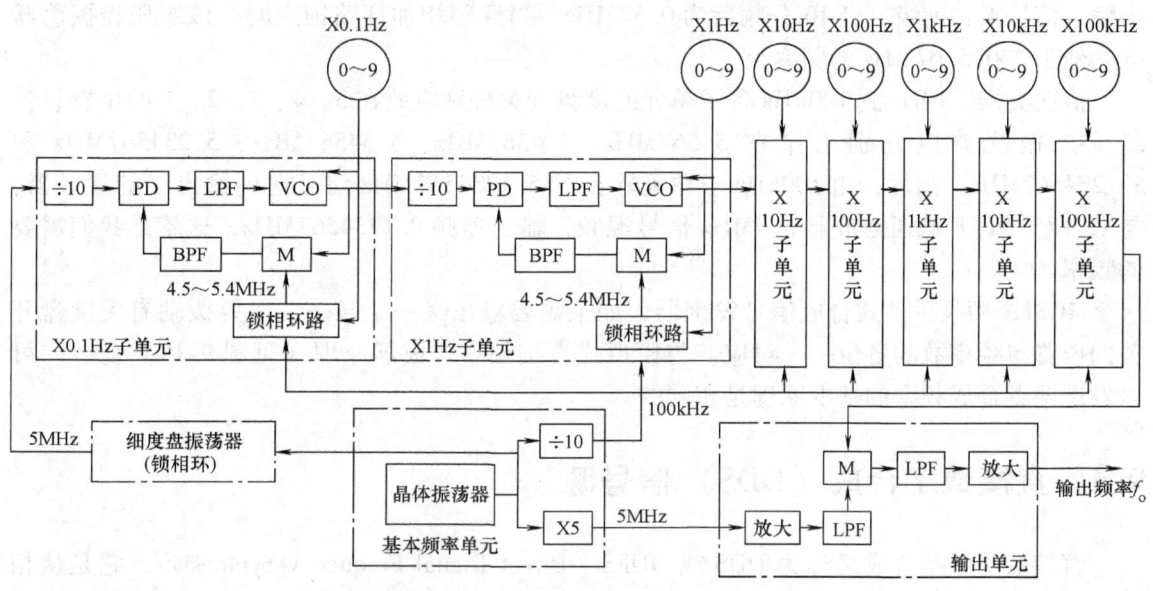

图 9-32 MG31A 合成信号源原理框图

基本频率单元中的晶体振荡器是一个 1MHz 的标准振荡器,其稳定度是 5×10^{-8}/日,它决定了整个仪器的稳定度。利用分频和倍频电路分别得到 100kHz 和 5MHz 信号,作为标准频率送到有关部分。

分度盘振荡器是一个锁相环路,输出 5MHz 频率。

频率合成部分由 0.1Hz 子单元到 100kHz 子单元七级组成,各级电路相同。每级子单元都有两个锁相环路:一个倍频环和一个混频环。子单元下面的倍频锁相环路输出频率在 4.5 ~ 5.4MHz 内,共分十档 (0~9),每档相差 100kHz,用一个度盘开关进行管理,度盘开关拨号的号码与锁相环输出频率的对应关系见表 9-2。子单元上面的混频式相加环中的压控振荡器,也用同一个度盘开关来改变其中变容二极管上的直流电压,使 VCO 工作在所需频率附近,再由鉴相器来的直流电压使其准确地锁定于所需的频率上。

输出单元中有一个混频器 M。它的一个输入信号来自 100kHz 子单元,另一个输入信号 (5MHz) 来自基本频率单元,取其差频输出频率。

表 9-2 拨号数码与输出频率的关系

波段开关拨号	0	1	2	3	4	5	6	7	8	9
锁相环输出频率/MHz	4.5	4.6	4.7	4.8	4.9	5.0	5.1	5.2	5.3	5.4

现在，我们来分析一下如何得到 0.1234567MHz 这个频率。

此频率的最后一位数是 7，它对应于频率合成部分的 0.1Hz 子单元，即该级的度盘开关应该置于 7 的位置上，此时下面锁相环路工作在 5.2MHz，作为上面混频式相加环的一个输入信号。上面混频环的另一个输入信号来自细度盘振荡器。经过 10 分频后，送到鉴相器输入端的信号频率为 500kHz。锁定时，相加环的压控振荡器的频率准确地工作在 5.7MHz 上。

同时，倒数第二位数是 6，它与 1Hz 子单元对应，即该位的度盘开关应置于 6 的位置，下面的锁相环工作于 5.1MHz，其输出作为上面混频环的一个输入信号。上面混频环的另一个输入信号来自前级，经 10 分频后为 0.57MHz。当混频相加环路锁定时，该级压控振荡器准确地工作在 5.67MHz 的频率上。

依次类推，10Hz 到 100kHz 各子单元的度盘开关分别应放在 5、4、3、2、1 的位置，各级压控振荡器应分别工作在 5.567MHz、5.4567MHz、5.34567MHz、5.234567MHz 和 5.1234567MHz。最后，由 100kHz 子单元输出的 5.1234567MHz 信号送到输出级的混频器，与来自经过 LPF 低通滤波器的 5MHz 信号混频，输出差频 0.1234567MHz，这就是我们需要的频率。

MG31A 型是手动式合成信号发生器，如果需要输出某一个频率，需要拨动有关度盘开关的位置与频率数的各位一一对应。与模拟式直接频率合成器原理（见图 9-19）比较，可以发现两者合成频率的基本原理是相同的。

9.4 直接数字合成（DDS）信号源

直接数字频率合成又称为 DDS 或 DDFS（Direct Digital Frequency Synthesis），它是从相位概念出发，直接合成所需波形的一种全数字式的频率合成技术，DDS 信号源以突出的优越性能，成为现代电子信息技术中应用最广泛的信号源。

9.4.1 DDS 信号源的基本组成原理

1. 简单 DDS 信号源的组成

一个简单的 DDS 信号源组成框图如图 9-33 所示。设图中的地址计数器为一个 N 位二进制加法计数器，用以生成控制波形查找表 ROM 的地址信号；ROM 有 2^N 个存储单元（相应 N 位地址），存储了一个周期正弦波形的采样数据以便于查找。

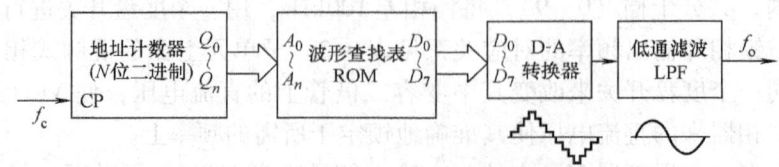

图 9-33 简单 DDS 信号源的组成原理

当地址计数器在时钟 f_c 的作用下进行加 1 计数时，就能从波形查找表 ROM 中按由小到大的地址顺序逐单元读出预存在 ROM 中的波形数据，这些数据再经过 D-A 转换及滤波，就可以得到连续的正弦波形信号。

2. 信号波形的相位-幅度数据表（波形数据表）

根据采样定理，任何频率的连续信号可以看作由一系列离散的采样点所组成。对于一个周期性的连续信号波形，若在它的一个周期内采样了 2^N 点，从信号的相位出发，则每一个采样点之间的相位差 $\Delta\varphi_0$ 为

$$\Delta\varphi_0 = \frac{2\pi}{2^N} \text{或} \frac{360°}{2^N} \tag{9-26}$$

再将每一个采样点的幅值量化，则可形成一个相位与幅度——对应的波形数据表（波形查找表），将此表预先存放在波形存储器（ROM）中，存储地址码表示相位值，该地址单元内存放的数据为波形的幅度值。从波形数据表输出信号的方法是，在时钟 f_c 的驱动下，地址计数器做累加计数，其线性增加的计数值作为波形数据表存储器地址，周而复始地对 ROM 寻址，按地址增加的顺序逐个地读出波形数据，再经过 D-A 转换和滤波后，输出信号波形。输出信号频率为

$$f_o = \frac{f_c}{2^N} \tag{9-27}$$

由此说明，改变时钟频率 f_c 或者改变 ROM 中每周期波形的采样点数（2^N），均能改变输出信号波形的频率 f_o。改变 f_c 的方法不够灵活，在 DDS 合成信号源中很少采用。大多情况下采用改变采样点数 2^N 的办法。

3. 间隔采样读取技术

为了改变 DDS 的输出频率 f，DDS 通常采用间隔取值的方法来改变 ROM 中每周期波形的采样点数。间隔采样读取的方法是每间隔 K 个地址读出一个数据，此时输出信号频率为

$$f_o = \frac{Kf_c}{2^N} \text{（或 } T_o = \frac{2^N}{K}T_c \text{）} \tag{9-28}$$

通常，将式（9-28）称为 DDS 方程，改变 K 值，相当于改变了每周期 T_o 内从 ROM 中抽取的样点数 $n\left(n = \frac{2^N}{K}\right)$，也就可以改变 DDS 的输出频率 f_o，故将 K 称为频率控制字。增加 K 值，提高了输出频率 f_o。从相位概念出发，K 值实际上反映从 ROM 中读出两个采样数据之间相位差的大小，采用间隔抽样后的相位分辨力为

$$\Delta\varphi_K = K\frac{360°}{2^N} = K\Delta\varphi_0 \tag{9-29}$$

由此可见，间隔抽样的相位分辨力随 K 值变化。增加 K 值，降低了相位分辨力。

4. 基于相位累加器的 DDS 的基本结构

为了实现间隔式地采样读取，完成 K 为任意数的地址累加计数，需采用相位累加器，基于相位累加器的 DDS 原理框图如图 9-34 所示。

（1）相位累加器

相位累加器是 DDS 系统的核心，它由频率字寄存器、相位累加器（二进制全加器）和相位寄存器组成，三者的位宽均为 N。频率字寄存器中存放的频率控制字 K，作为全加器的一个输入；相位寄存器用于寄存全加器的计算结果，它又作为全加器的另一个输入，同时也

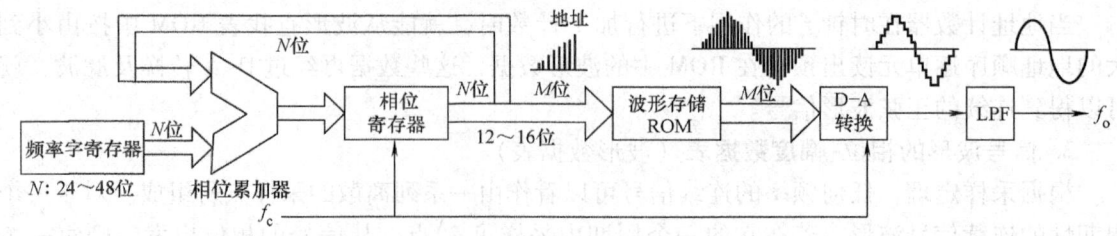

图 9-34　基于相位累加器的 DDS 原理框图

作为波形存储器的取数地址；全加器做累加计算，即将频率控制字 K 与相位寄存器的输出数据（累加器已累加的值）相加。这样，在时钟 f_c 作用下，相位累加器能不断对频率控制字 K 进行线性相位累加，即每来一个时钟，相位累加器输出的数值 n 就增加 K，即 $n_{t+1} = n_t + K$，也即波形存储 ROM 的地址增加 K（相应地，信号相位增加 $K\dfrac{360°}{2^N}$），按 K 的地址间隔取出 ROM 中的波形采样值，当相位累加到 360° 满量程，即 $n_{t+1} \geqslant 2^N$ 时，就会产生一次溢出，完成波形一个周期的相位-幅度转换，输出一个周期的波形，同时开始进入下一周期的过程，从而可以连续输出周期性的信号波形。

为便于理解，可以将正弦波波形看作一个矢量沿相位圆转动，相位圆对应正弦波一个周期的波形。波形中的每个采样点对应相位圆上的一个相位点，如图 9-35 所示。

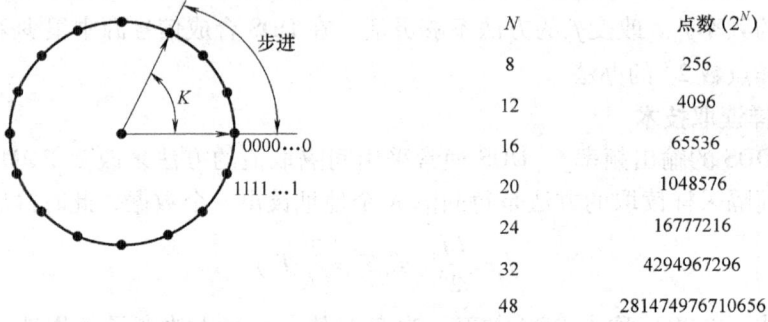

N	点数 (2^N)
8	256
12	4096
16	65536
20	1048576
24	16777216
32	4294967296
48	281474976710656

图 9-35　数字相位圆

如果正弦波形定位到相位圆上的精度为 N 位，则其分辨力为 $1/2^N$，即以 f_c 对基本波形一周期的采样数为 2^N。如果相位累加时的步进为 K（频率控制字），则每个时钟 f_c 使得相位累加器的值增加 $K/2^N \times 360°$，即 $\varphi_{t+1} = \varphi_t + (K/2^N) \times 360°$，因此每周期的采样点数为 $2^N/K$，则输出频率为

$$f_o = (K/2^N)f_c$$

（2）波形存储器

波形存储器又称波形查找表 ROM，其作用是以累加器输出的相位值作为地址，转换成（查找出）对应的波形幅度的数字值输出。

在实际的 DDS 设计中，为了提高波形的相位精度，获得足够高的频率分辨力，采样点数 2^N 通常取得很大，例如，N 值取 32～48 位，可以得到毫赫兹（mHz）甚至微赫兹（μHz）的分辨力，如果每个采样点都存储，则相应的波形数据存储容量也要做成 2^N。在实际中，由于受成本、功耗等诸多因素限制，不可能采用这么大的容量。为了节省波形存储空间，采用相位截断的办法，即只用相位累加器 N 位中的高 M 位来寻址波形查找表。如 $N=32$，取 $M=12$，将剩余的 B 位（$B=N-M$）截断不用，这样存储容量只需要 2^M，与 2^N 相比，大大减少了存储容量。

采用相位截断，DDS 输出频率仍然不变，其表达式仍为

$$f_o = K \times \frac{f_c}{2^N} = K \times \frac{f_c}{2^M} \tag{9-30}$$

相位截断相当于对参考时钟 f_c 先进行了 2^B 分频，然后再对 2^M 容量的波形存储器进行寻址。但是，通过相位截断后，DDS 的最高相位分辨力 $\Delta\varphi_M$ 为

$$\Delta\varphi_M = \frac{360°}{2^M} = 2^{N-M}\Delta\varphi_0 = 2^B\Delta\varphi_0 \tag{9-31}$$

由此可见，相位截断牺牲了相位分辨力，但不影响频率分辨力。

在没有相位截断的情况下，采用间隔采样的相位分辨力如式（9-29）所示，根据此式可给出一条 $\Delta\varphi_K \sim K$ 的变化曲线（倾斜的直线），如图 9-36 所示。同时，在图 9-36 中，也画出了 $\Delta\varphi_M$ 的曲线（与水平轴平行的直线）。式（9-29）和式（9-31）以及图 9-36 表明，当 $K=2^B$ 时，$\Delta\varphi_K = \Delta\varphi_M$。在采用了相位截断的情况下，采用间隔采样的相位分辨力将受到式（9-31）的限制，$\Delta\varphi_M$ 是最高的相位分辨力。换句话说，当 $K \leqslant 2^B$ 时，$\Delta\varphi = \Delta\varphi_M = 2^B\Delta\varphi_0$，DDS 的相位分辨力不随 K 值改变，即减小 K 值不会增加相位分辨力；当 $K > 2^B$ 时，$\Delta\varphi = \Delta\varphi_K = K\Delta\varphi_0$，相位分辨力随 K 值增加而降低。

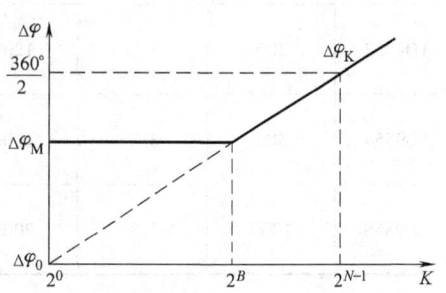

图 9-36 在相位截断的情况下，DDS 的相位分辨力与 K 的关系曲线

（3）D-A 转换器

D-A 转换器的作用是把合成的正弦波幅值的序列数字值转换成包络为正弦波的阶梯波。输出波形的质量取决于 D-A 的分辨率和转换速率。D-A 转换器的位数越多，分辨率越高，DDS 的幅度分辨率也越高，合成正弦波形的台阶就越多，信号波形越平滑，谐波分量越小，量化噪声越小，输出波形的精度就越高。D-A 转换器的转换速率，决定了输出信号的最高工作频率。

若 D-A 转换器的位数为 n，参考电压为 U_r，则 DDS 的幅度分辨率为

$$\Delta U = \frac{U_r}{2^n} \tag{9-32}$$

但幅度分辨力也不是越高越好，因为它必须使用高位数 D-A 转换器，这不但价格昂贵，而且工作速率明显下降，不利于输出频率的提高。此外，D-A 转换器的位数大于波形存储器的容量也无意义。

欲获得连续平滑的输出信号，一个周期的波形应当采用更多的数据点来描述，即应相应地提高波形存储器的容量。一般说来，D-A 转换器的位数最好能与波形存储容量相同。

（4）低通滤波器

在 D-A 转换器输出的包络为正弦形的阶梯波中，除主频 f_o 外，还存在许多高次谐波和非谐波的高频分量，因此，为了取出主频 f_o，必须在 D-A 转换器的输出端接入低通滤波器，

即可输出频率为 f_o 的光滑的正弦波。

9.4.2 DDS 的单片集成电路

随着微电子技术的飞速发展，许多器件公司都推出了各自高性能的单片 DDS 集成电路芯片系列。例如，一种常用的 DDS 芯片系列见表 9-3。

表 9-3 一种常用的 DDS 芯片系列

型号	最高工作频率/MHz	工作电压/V	最大功耗/mW	备注
AD9850	125	3.3/5	480	内置比较器和 D-A 转换器
AD9853	165	3.3/5	1150	可编程数字 QPSK/16-QAM 调制器
AD9851	180	3/3.3/5	650	内置比较器、D-A 转换器和时钟 6 倍频器
AD9852	300	3.3	1200	内置 12 位的 D-A 转换器、高速比较器、线性调频和可编时钟倍频器
AD9854	300	3.3	1200	内置 12 位两路正交 D-A 转换器、高速比较器和可编程参考时钟倍频器
AD9858	1000	3.3	2000	内置 10 位的 D-A 转换器、150MHz 相频检测器、充电泵和 2GHz 混频器

单片集成的 DDS 芯片，其输出信号质量高，输出频率也较高。使用集成 DDS 芯片还可以使电路的体积和可靠性也有很大的提高。

单片集成 DDS 芯片 AD9854 的内部组成如图 9-37 所示，它包含了相位累加器、波形存储器、D-A 转换器及时钟源等部件。

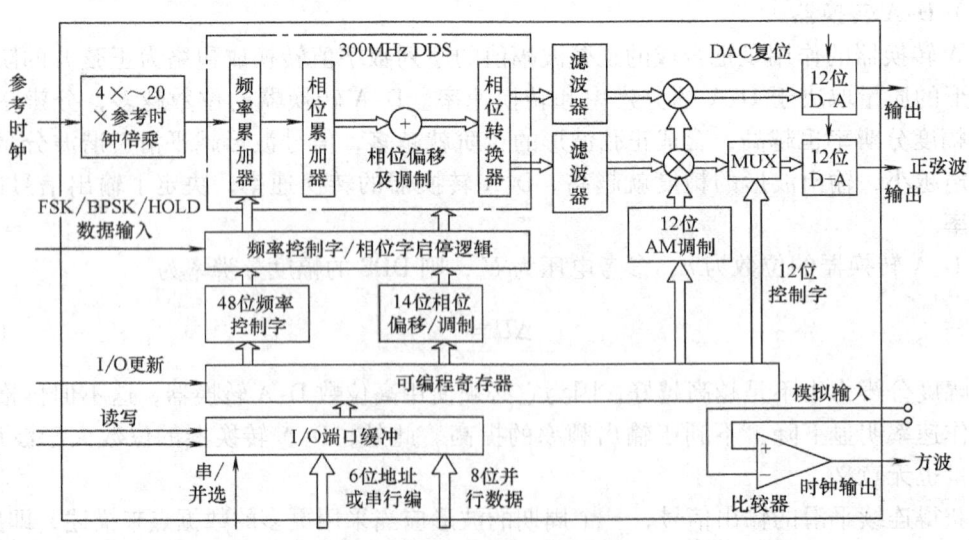

图 9-37 AD9854 的内部组成

外部输入的参考时钟经 4~20 倍频，为 DDS 提供最高可达 300MHz 的时钟频率。通过可编程寄存器，可以设置 48 位频率控制字和 14 位相位控制字，实现频率和相位控制。

该芯片的 48 位频率控制字使得输出频率分辨力可达 $1\mu Hz$，14 位相位控制字可以提供相位分辨力为 $0.022°$。在内部参考时钟选择为最大即 300MHz 时，输出频率最大可达 100MHz。相位调制器处于相位累加器和相位转换器（波形存储 ROM）之间。它由相位字寄存器和加法器组成。加法器的作用是把相位累加器的相位输出与相位控制字相加，当相位控制字为 P 时，输出至波形存储 ROM 的幅度码的相位会增加 $P/2^N$，从而使输出的信号产生相移。D-A 之前加入了一个数字乘法器（MUX），以实现幅度调制。12 位控制字送入 MUX 中，实现对输出信号的幅度控制。另外该芯片还设置了一个高速比较器，可以将 DDS 输出的正弦波信号变为方波信号。

9.4.3 DDS 的技术指标及特点

1. 技术指标

DDS 的主要技术指标有分辨力、输出带宽和无杂散动态范围（SFDR）等。

（1）输出带宽

DDS 输出的频率可以很低，因而输出带宽主要取决于 DDS 能输出的最高频率 f_{omax}。

DDS 能输出最高频率的理论值（采样定理）为系统时钟频率 f_c 的 50%，即 $f_{omax} \leq f_o/2$，所以式（9-28）中 $K \leq 2^{N-1}$。考虑到低通滤波器的特性和输出信号杂散的影响，一般取 $K = 2^{N-2}$，则 DDS 能输出的最高频率（输出带宽）为

$$f_{omax} = \frac{1}{4} f_c \tag{9-33}$$

DDS 输出的相对带宽亦可做到很宽。

（2）频率分辨力、相位分辨力及幅度分辨力

1）频率分辨力也就是 DDS 的最小频率步进量，其值等于 DDS 的最低合成频率 f_{omin}，可用式（9-27）表示，或式（9-28）中取 $K=1$。若时钟 f_c 的频率不变，频率分辨力由 DDS 的相位累加器位数 N 决定。只要增加相位累加器的位数 N 即可获得任意小的频率分辨力。目前，大多数 DDS 的频率分辨力在 1Hz 数量级，许多小于 1mHz 甚至更小。

DDS 输出频率值是离散的频点，其频率点数为

$$p = \frac{f_{omax}}{f_{omin}} = \frac{\frac{f_c}{2^2}}{\frac{f_c}{2^N}} = 2^{N-2}$$

2）相位分辨力是 DDS 的最小相位步进量，其值等于两个相邻采样点之间的相位增量。DDS 的最高相位分辨力与一个周波的采样点数 2^M 成正比。若一个周波的采样点数为 2^M，则 DDS 的最高相位分辨力为式（9-31）。

3）幅度分辨力取决于 DDS 中 D-A 转换器的位数。若 D-A 转换器的位数为 n，参考电压为 U_r，则 DDS 的幅度分辨力可用式（9-32）表示。

（3）无杂散动态范围（SFDR）

由于 DDS 采用全数字结构，不可避免地引入了杂散。DDS 用无杂散动态范围（SFDR）来表示输出信号的纯度。SFDR 指输出的最大信号成分幅度（主频部分）与次最大信号成分幅度（噪声部分）之比，常以 dBc 表示。

DDS 杂散的来源主要有三个：

1) 相位截断误差。为了得到很高的频率分辨力，相位累加器的位数 N 通常做得很大，但由于受 ROM 存储能力的限制，用来寻址 ROM 的位数 M 一般要小于 N，因而会引入相位截断误差。

2) 幅度量化误差。任意一个幅度值要用无限长的位数才能精确表示，而实际中 ROM 的输出位数是个有限值，这就会产生幅度量化误差。

3) D-A 转换器的变换特性函数的非线性引入误差。D-A 转换器的有限分辨率、非线性特征及转换速率等非理想转换特性会影响 DDS 输出频谱的纯度，产生杂散分量。

2. DDS 的特点

（1）优点

相对传统频率合成技术，DDS 具有如下明显的特点。

1) 频率分辨率高。当相位累加器的位数 N 很高时，频率分辨力可达到毫赫兹（mHz）数量级甚至更小，可以认为 DDS 的最低合成频率为零频。因而 DDS 频率合成信号源输出频率的变化可以逼近连续变化。这是传统频率合成不能达到的。

2) 频率转换时间短。与 PPL 的闭环反馈系统相比，DDS 是一个开环系统，无任何反馈环节，这种结构使得 DDS 的频率转换时间极短。事实上，在 DDS 的频率控制字改变之后，只需经过一个时钟周期就能实现频率的转换。因此，DDS 频率转换时间可达纳秒数量级，比 PPL 频率合成方法要短数个量级。

3) 输出波形的灵活性。只要在 DDS 内部加上控制，即可以方便灵活地实现调频、调相和调幅功能，实现 FM、PM、AM、FSK、PSK、ASK 和 MSK 等调制。另外，只要在 DDS 的波形存储器放不同波形数据，就可以输出各种函数波形，甚至是任意的波形。

4) 其他优点。由于 DDS 中几乎所有部件都属于数字电路，因而易于集成，功耗低且可靠性高。DDS 易于程控，因而使用相当灵活，除此之外，DDS 在相对带宽、频率转换时间、高分辨力、相位连续性、正交输出以及集成化等一系列性能指标方面远远超过了传统频率合成技术。

（2）缺点

DDS 也有局限性，主要表现在以下两个方面。

1) 输出频带范围有限。与 PPL 比较，由于 DDS 内部 D-A 转换器和波形存储器（ROM）的工作速度限制，使得 DDS 输出的最高频率有限。目前市场上的 DDS 芯片，最高工作频率一般在几百兆赫左右。采用 GaAs 工艺的 DDS 芯片的工作频率可达 2GHz 左右。

2) 输出杂散大。由于 DDS 为全数字结构的宽带系统，杂散较大，因而 DDS 对低通滤波器有较高的要求。

9.4.4 DDS + PLL 频率合成信号源

直接数字合成（DDS）和锁相环频率合成（PLL）相结合，可进行优势互补，构成性能优异的合成信号源。DDS 本身频率转换很快，但是 DDS 的输出频率低，杂散多。所以要依靠 PLL 实现倍频和跟踪滤波。而 PLL 在频率转换时需要一定的捕获时间，这个捕获时间与环路的类型、参数和跳频步长等有关。一般来说，当步长为 10MHz 左右时，捕获大概需要 $10 \sim 20\mu s$。当步长很大时，会达到毫秒级。所以 DDS + PLL 频率合成器的频率转换时间取决于 PLL，而不是 DDS，PLL 的频率转换时间长，这等于牺牲了 DDS 频率转换快速的优点来换取高输出频率。

DDS + PLL 频率合成器的电路一般有两种形式：用 DDS 作为 PLL 环路的参考源和用 DDS 作为 PLL 环路的分频器。

1. DDS 作 PLL 的参考源

直接数字频率合成芯片 DDS 作为 PLL 锁相频率合成环的可变参考频率的信号源，构成了一个 DDS + PLL 频率合成器。这种结构适用于各种型号的 DDS 和 PLL 芯片。图 9-38 所示电路用 AD9850 DDS 系统输出作为 PLL 的参考信号，虽然 DDS 的输出频率低，杂散输出丰富，但是它具有频率转换速度快、频率分辨力高等优良性能，而 PLL 设计成 N 倍频 PLL，提高了输出频率，利用 DDS 的高分辨力来保证 PLL 输出有较高的频率分辨力，而通过 PLL 的杂散输出可以减少。

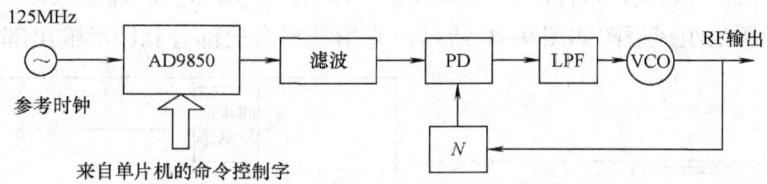

图 9-38 用 AD9850 系统输出作为 PLL 的信号

PLL 采用单环频率合成技术，以使 DDS + PLL 频率合成器的结构简单，性能稳定。在这种方案中，由 DDS 为锁相环提供一个高精度参考源，频率的调节由 DDS 和 PLL 两个芯片共同决定。

输出频率为

$$f_{out} = NK \frac{f_{REF}}{2^{32}}$$

频率分辨力为

$$\Delta f_{omin} = N \frac{f_{REF}}{2^{32}}$$

式中，K 为 AD9850 频率控制字；N 为 PLL 环路分频器的分频值。整个系统换频精度受到 DDS 特性、滤波器的带宽和锁相环参数的影响，频率切换时间主要由锁相环决定。

2. DDS 作 PLL 的可编程分频器

这种方案又称为 PLL 内插 DDS 频率合成器，组成原理如图 9-39 所示。VCO 输出频率作为 AD9850 DDS 的参考频率源，DDS 的输出频率为 $f_{DDS} = Kf_{out}/2^{32} = f_{out}/N$，$K$ 为 AD9850 频率控制字，PLL 环路分频器的分频值为 $N = 2^{32}/K$，由于 $K = 1 \sim 2^{31}$，所以 $N = 2 \sim 2^{32}$。在 VCO 输出允许情况下，该 PLL 输出频率为 $f_{out} = Nf_{REF} = (2 \sim 2^{32})f_{REF}$。这样可以得到具有很高频率分辨力的倍频锁相环。

9.4.5 任意波形信号源

1. 任意波形信号源的组成原理

在实际测量工作中，除了采用一些规则的

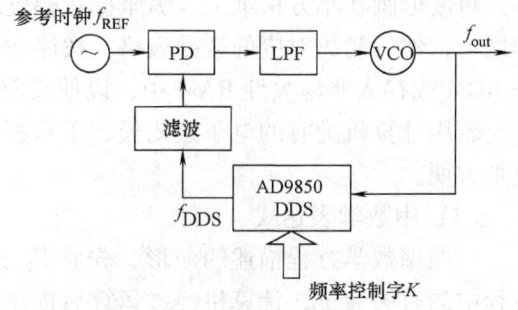

图 9-39 PLL 内插 DDS 频率合成器原理

信号，如正弦波、三角波、方波等波形外，有时还需要一些不规则的复杂波形信号。自然界内有很多无规律的现象，例如雷电、地震、爆破及振动等现象都是无规律的，甚至一去不复返。为了研究这些问题，就要模拟这些现象的产生。一般的信号源只能提供单一的正弦波或脉冲波，而多波形的函数发生器也只能提供几种规则波形，不可能提供这类极不规则的波形，甚至是任意波形。

直接数字频率合成技术有一个很重要的特点，它可以产生任意波形，并由此产生了一个新的仪器门类：任意波形发生器（AWG）或任意函数发生器（AFG）。这类仪器能为各种特殊应用提供传统仪器难以产生的任意形状的复杂波形。

从上述直接数字频率合成的原理可知，其输出波形取决于波形存储器存放的数据。因此，只需将要产生的任意波形数据存入存储器（RAM）中即可产生所需要的任意波形。基于 DDS 原理的任意波形信号源的组成框图如图 9-40 所示。它由波形合成部分和波形输出部分组成。

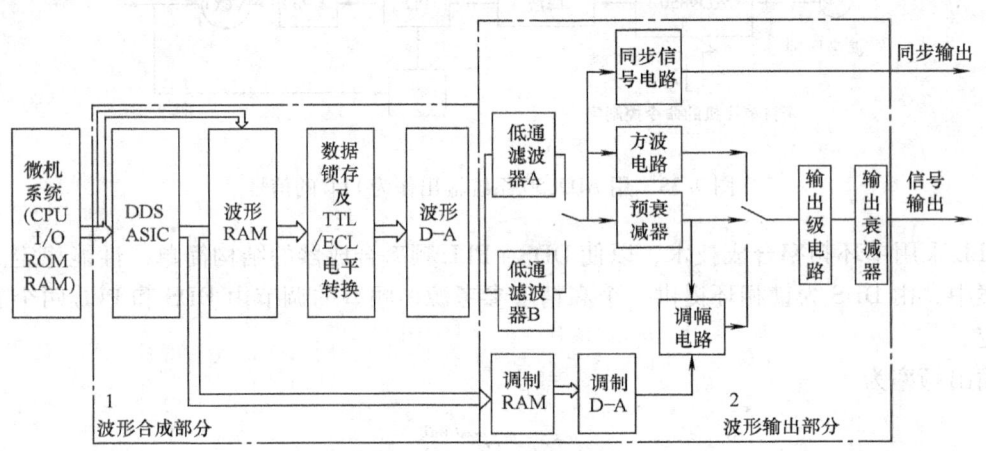

图 9-40　任意波形信号源的组成框图

任意波形信号源又称为函数/任意波形发生器。它可产生许多标准的函数波形，有正弦波、方波、锯齿波、脉冲波、三角波、高斯波、噪声、直流、指数上升与下降波、sinc 波、心电波等；也可由用户自己产生任意波形。

2. 任意波形的产生方法

任意波形信号源的核心是 RAM 中的波形数据，首先需要把产生的波形数据装入 RAM 之中，即可产生相应的信号波形。装入波形数据的方法有：

（1）表格作图法

将波形画在小方格纸上，纵坐标按幅度相对值进行二进制数量化，横坐标按时间间隔编制地址，然后制成对应的数据表格，按序放入 RAM 中。对常用的标准波形，可将数据固化于 ROM 或存入非易失性 RAM 中，以便反复使用。

若用计算机配有的电子绘图板、手写板等工具，直接绘出所需波形存入波形存储器中则更加方便。

（2）用数学表达式

对能用数学方程描述的波形，先将其方程（算法）存入计算机中，在使用时，再输入方程中的有关参量，计算机经过运算后提供波形数据；也可用多个表达式分段链接成一个组合的波形。

(3) 复制法

复制法是指将其他仪器（如数据采集器、数字示波器、X-Y 绘图仪）获得的波形数据通过微机与仪器的接口总线，传输给波形数据存储器。该法适于复制已采集的信号波形。

有的任意波形发生器已配备了下载波形的相应软件，可以方便地复制各种波形。

3. 任意波形信号源的主要技术指标

(1) 任意波形长度或波形存储器容量

因为任意波形信号源的波形实质上是由许多样点拼凑出来的，样点多则可拼凑较长的波形，所以用点数来表示波形长度。

波形存储器容量亦称波形存储器深度，是指每个通道能存储的最大点数。这个容量越大，存储的点数越多，表示波形随时间变化的内容越丰富，当然存储器的成本也相应提高。

(2) 采样率

在 AWG 中，D-A 转换器从波形存储器中读取数据的时钟频率称为采样率。这里所说的采样率不是像 A-D 转换器那样对信号波形采集的速率，在 AWG 中应当理解为从波形存储器中抽取样点的速度。目前，AWG 的采样率为 10～300MSa/s（甚至达 2GSa/s）(Sa/s 为每秒采样点数，后同)。

(3) 幅度分辨力

幅度分辨力为 AWG 能表现幅度细小变化的能力，它主要取决于 D-A 转换器的位数。因为 D-A 转换器位数通常与每个波形存储单元的位数相同，所以，不少厂商直接以 D-A 转换器的位数作为幅度分辨力的指标。但是由于其他因素的影响，实际幅度分辨力往往略低于 D-A 转换器的位数。

(4) 通道数

虽然各种信号源都可以有不同的通道数目，但多通道的 AWG 更容易表现复杂波形的相关关系，因而通道数目在 AWG 中较受重视。例如，两路输出可表现一组正交的信号波形，或表现发射出的雷达信号及接收到的反射波，但要表现地震信号在传送至不同位置的波形，通常需要多路的任意波形发生器，这是因为，各信号之间不只是幅度、相位发生了变化，而且波形也可能有较大改变。

除了上述技术指标外，有些 AWG 还给出所用时钟的准确度和稳定度、噪声大小、AWG 的非线性失真、仪器使用的接口总线等指标。

9.4.6 合成扫频信号源

1. 工作原理

扫频法是利用扫频信号发生器输出自动连续变化的频率信号，对被测系统进行动态式的扫频测量。它简单快捷，可以方便地测量系统的频率特性、动态特性等。DDS 技术用于扫频信号源中，使其频率准确度等指标大幅提高。DDS 合成扫频信号源原理框图如图 9-41 所示。

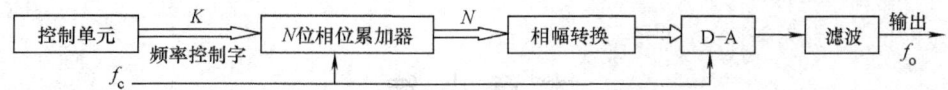

图 9-41 DDS 合成扫频信号源原理框图

输出信号频率 $f_o = (K/2^N)f_c$，当 K 在 $1 \sim 2^{N-1}$ 之间变化时，输出频率 f_o 可在 $(1/2^N)f_c \sim$

$(1/2)f_c$ 范围内变化,当 K 改变 1 时,f_o 的变化量为 $(1/2^N)f_c$,由于 N 通常在 32 位以上,f_o 的步进变化可以非常小。

因此当控制单元输出的频率控制字 K 按一定规律变化时,则得到按相应规律变化的扫频信号。如果 K 按线性变化,则输出线性扫频信号。若 K 按对数变化,则输出对数扫频信号。

由于 DDS 的输出频率上限较低,限制了扫频范围,当采用 PLL 与 DDS 结合的方法时,可使扫频范围进一步提高,图 9-42 是一种 DDS 与 PLL 组合扫频信号源的原理框图。

由图可知
$$f_o = Mf_r + (K/2^N)f_c$$

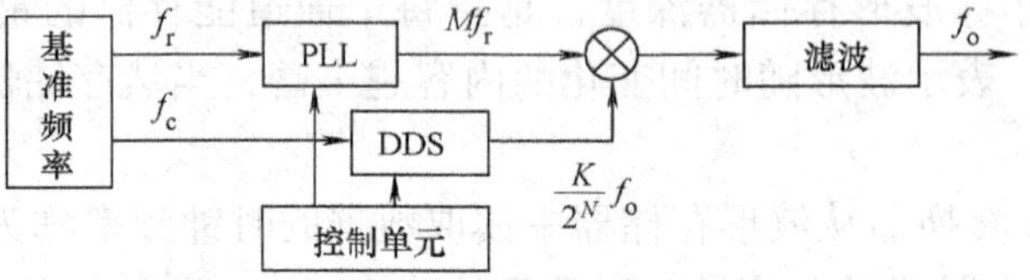

图 9-42 PLL 与 DDS 组合扫频信号源的原理框图

PLL 中的分频比 M 是可程控的,通过控制单元改变 M 与 K 的值即可实现扫频。PLL 输出频率的步进变化量为 f_r,DDS 输出频率变化步进量为 $(1/2^N)f_c$,而 DDS 输出频率变化范围为 $(1/2^N)f_c \sim (1/2)f_c$,因此当 f_c 大于 $2f_r$ 时,K 的变化可以使 DDS 输出频率变化范围大于 f_r,实现 Mf_r 到 $(M+1)f_r$ 之间的全覆盖。当要求输出频率的变化范围大于 $\frac{1}{2}f_c$ 或大于 $(M+1)f_r$ 时,则改变 M,这样就实现了更大范围的扫频。

2. 合成扫频信号源简介

频率合成式的扫频信号源可实现宽带扫频,它具有频率准确度和分辨力高、寄生信号和相位噪声低等特点,具有扫频功能和多种调制方式,能够取代传统的扫频信号发生器、频率合成器等,可以用于自动测试系统中。合成扫频信号源的种类很多,其性能各不相同。

例如某型号合成扫频信号源的频率范围为 $0.01 \sim 26.5$GHz,单频时的频率分辨力为 $1 \sim 4$Hz,扫频时为扫频范围的 0.1%,其长期稳定度为 5×10^{-10}/天,输出频率低于 20GHz 时,谐波噪声低于 -50dBc,单边带相位噪声小于 -89dBc,达到了与其他频率合成信号发生器同样的水平。而且它具有连续、步进及斜波等多种工作方式,窄带扫频时的切换时间小于 5ms,单频转换时间优于 50ms,通过快速锁相功能可减小到 20ms 以下。高性能的脉冲调制器提供大于 80dB 的开关比以及小于 10ns 的上升/下降时间,最小脉冲宽度为 25ns,精度可达 5ns。幅度调制允许的范围为直流到 100kHz(3dB 带宽时),调制深度为 -20dBm 到最大电平。它的内部调制信号产生器可以提供正弦、方波、三角波、斜波及噪声等波形。该扫频信号源的输出功率在 20GHz 以下时最大为 13dBm,能够以 0.02dB 的分辨力从最大调节到低于 -110dBm,而且输出功率能够以大于 20dB 的动态范围进行扫描,以便测量功率敏感器件。

本 章 小 结

1)信号源又称信号发生器,是系统(无源量)测量不可缺少的基本测量仪器,其主要功能是为被测系统提供激励信号。信号源的种类很多,本章讨论了三类信号源:传统的信号源、锁相频率合成信号源和直接数字合成信号源。本章重点讨论了后面两类合成信号源。传统信号源中的正弦信号源、脉冲信号源和函数信号源较常用。当要用频率准确稳定的高质量信号源时，应选用合成信号源。

2) 信号源的主要技术指标有：频率范围、准确度和稳定度等频率特性，输出阻抗、输出电平和输出波形等输出特性以及调制特性等。

3) 低频信号源常以 RC 文氏电桥振荡器作为主振器，以产生 1Hz~1MHz 的正弦信号为主，有的也可输出脉冲等波形。输出电平有电压和功率两种。RC 低频信号源逐渐被函数信号源和 DDS 合成信号源代替。

4) 高频信号源常以 LC 振荡电路作为主振器。频率范围一般为 100kHz~300MHz，有的可扩展到 1000MHz；可输出载波、调幅波、调频波及脉冲调制波等多种波形；高频信号源的输出电压的读数是在负载匹配条件（通常为 50Ω）下按正弦信号有效值标定的。

5) 脉冲信号源产生幅度、频率、脉宽和延迟量可调的脉冲信号。它是时域测试的重要仪器。它由主振级（产生频率可调的同步脉冲）、延迟级（产生与同步脉冲有一定延迟量的主脉冲）、形成级（调整脉宽）、整形级（限幅和电流放大）及输出级（功率放大且幅度、极性可调）等组成。

6) 函数信号源是一种多波形发生器，能输出正弦波、方波、三角波等多种波形。

7) 合成信号源是利用频率合成技术产生频率准确稳定的高质量信号源。频率合成方法主要有：①直接模拟频率合成法（DAFS）；②直接数字频率合成法（DDS）；③间接锁相式合成法（PLL）。三种合成方法基于不同原理，各有特点。

8) 直接模拟频率合成法由于电路复杂，难以集成化，目前已较少应用。

9) 直接数字频率合成法基于大规模集成电路和计算机技术，尤其适用于函数波形、任意波形的信号源和合成扫频信号发生器。DDS 信号源具有很多特点，获得了广泛的应用。但是，目前 DDS 专用芯片仅能产生 100~300MHz 量级正弦波。

10) 间接锁相式合成法虽然转换速度慢（毫秒量级），但其输出信号频率可达超高频频段，输出信号频谱纯度高，输出信号的频率分辨力取决于分频系数 N，尤其在采用小数分频技术以后，频率分辨力大大提高。目前，已有很多锁相式合成信号源产品。

11) DDS 与 PLL 两种合成技术相结合，可构成高性能的复合式合成信号源，它的输出频率高，分辨力高，可做高频、宽带的扫频信号源。

思考与练习

9-1 信号源在电子测量中有何作用？

9-2 信号源的常用分类方法有哪些？按照输出波形的不同，信号发生器可以分为哪几类？

9-3 正弦信号源的主要技术指标有哪些？简述每个技术指标的含义。

9-4 低频信号源中的主振器常用哪些电路？为什么不用 LC 正弦振荡器直接产生低频正弦振荡？

9-5 高频信号源主要由哪些部分组成？各部分的作用是什么？

9-6 简述脉冲信号源的主要组成部分及主要技术指标。

9-7 简述函数波形信号源的特点及多波形产生的原理。

9-8 简述各种类型信号源的主振器的组成，并比较各自的特点。

9-9 脉冲信号源与数字信号源有何区别？

9-10 简述函数波形信号源和任意波形信号源的区别和联系。

9-11 函数信号源的设计方案有几种？简述函数信号源由三角波转变为正弦波的二极管网络的工作

原理。

9-12 在图 9-14a 的电路中，什么情况下所有二极管均不导通？这时三角波与正弦波电压变化斜率的关系如何？

9-13 由三角波经过滤波即可选出其基波，从而可获得正弦波。为什么函数信号源一般不采用这种方法，而是利用二极管构成的非线性电路产生正弦波？

9-14 什么是频率合成信号源？说明各种频率合成的方法及其优缺点。

9-15 基本锁相环由哪些部分组成？其作用是什么？

9-16 简述锁相频率合成原理，利用锁相环可实现对基准频率 f_1 的分频（f_1/N）、倍频（Nf_1）以及 f_1 和 f_2 的混频（$f_1 \pm f_2$），试画出实现这些功能的原理框图。

9-17 有一频率合成器，如图 9-43 所示，求：

(1) f_o 的表达式。

(2) f_o 的范围。

(3) 最小步进频率。

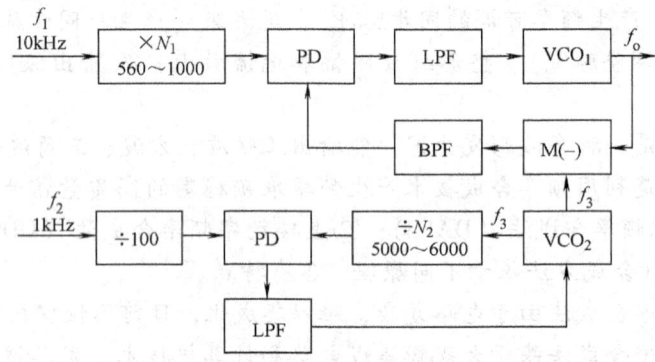

图 9-43 习题 9-17 图

9-18 在类似图 9-19 的直接模拟频率合成器中，若想输出 3.6228MHz，电路应如何改变？频率开关应如何设置？

9-19 在调整锁相环的工作时，如何利用示波器判断锁相环是否处于锁定状态？

9-20 图 9-44 中，若 $f_o > f_2$，$F_1 > f_1$，求锁定时的输出频率表达式。

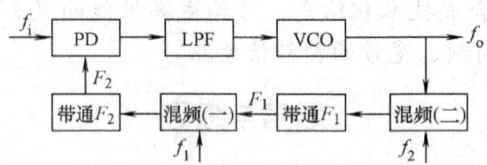

图 9-44 习题 9-20 图

9-21 写出图 9-45 中环路锁定时的输出频率表达式。

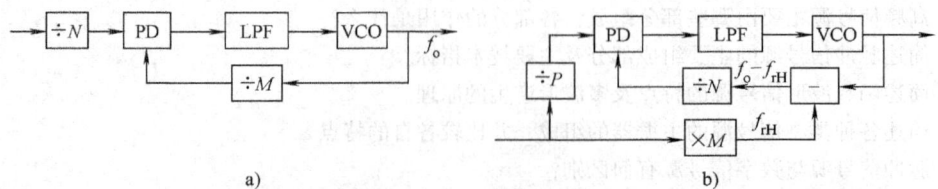

图 9-45 习题 9-21 图

9-22 在图 9-46 的双环锁相合成单元中，若 $f_{i1} = 10\text{kHz}$，$f_{i2} = 50 \sim 60\text{kHz}$。问当输出频率 f_o = 3416.82kHz 时，N 及 f_{i2} 的数值各为多少？

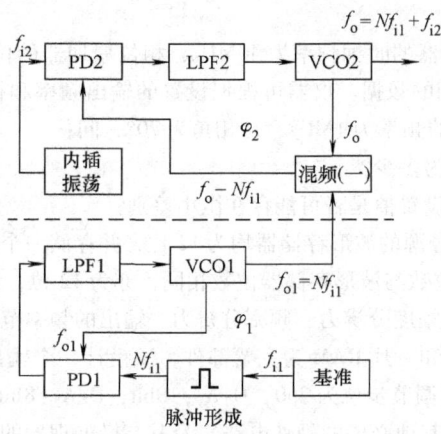

图 9-46 习题 9-22 图

9-23 锁相环路形式如图 9-47 所示混频倍频环，已知 $f_{r1} = 100\text{kHz}$，$f_{r2} = 40\text{MHz}$，其输出频率 f_o = $(73 \sim 101.1)\text{MHz}$，步进频率 $\Delta f = 100\text{kHz}$，求：

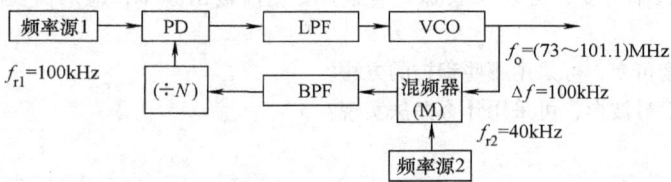

图 9-47 习题 9-23 图

(1) 滤波器的输出中 M 宜取"+"还是取"-"？
(2) 计算 N 的取值范围为多少？

9-24 计算如图 9-48 所示的锁相环的输出频率范围及步进频率。

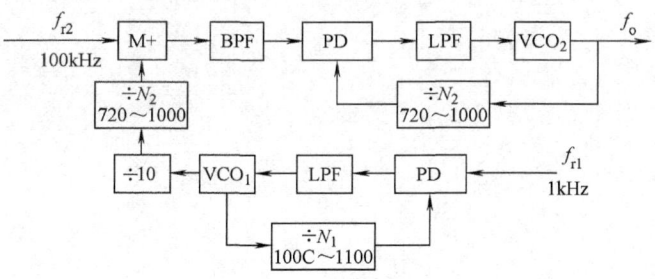

图 9-48 习题 9-24 图

9-25 在小数分频方法中，要实现 5.7 倍分频，则在 10 个参考频率周期中要几次除以 5？几次除以 6？

9-26 在 DDS 中，如果参考频率为 100MHz，相位累加器宽度 N 为 40 位，频率控制字 K 为 0100000000H，则输出频率为多少？

9-27 在直接数字合成信号源中，如果相位累加器的位数为 32 位，数据 ROM 的寻址范围为 1024 字节，时钟频率 $f_c = 50\text{MHz}$，试求：
(1) 该信号发生器的输出上限频率 $f_{o\max}$ 和下限频率 $f_{o\min}$。
(2) 可以输出的频率点数及最高频率分辨力。

(3) 最高的相位分辨力。

9-28 用小数分频锁相环产生 $f_o = 23.6 f_i$ 的输出频率，问应如何分频？并列出通过累加掺匀分频系数的过程。

9-29 某函数/任意波形发生器的时钟频率为 40MHz，相位累加器的位数 N = 32。其中 12 位波形存储器存有正弦波为 0 ~ 360°一个周期的数据。仪器可根据设置的输出频率和初相自动计算出频率控制码和初相码。若某用户要求输出正弦波的频率为 1MHz，初相角为 70°，问：

(1) 频率控制码和初相码各为多少？

(2) 实际输出频率和初相与设置值是否可能存在微小差别？

9-30 若 A、B 两台 DDS 信号源的波形存储器均为 12 位，并存储一个周期的正弦波，但 A 的相位累加器位数 N = 32，B 的相位累加器位数与波形存储器位数相同，亦为 12 位，设两台 DDS 信号源的时钟频率均为 10MHz，试计算这两种 DDS 的幅度分辨力、频率分辨力、输出的频率范围和输出频率点数为多少？

9-31 利用两片 D-A 转换器和一片 RAM 为主要部件，试设计一个输出幅度可调节的正弦发生器。如果要求波形点数为 1000 点，幅度调节步位为 250，D-A_1：10bit，D-A_2：8bit，RAM：2KB，试：

(1) 画出电路原理图（包括其他必要的硬件电路）及其与微处理器的连接。

(2) 根据要求确定 D-A 转换器的位数。

(3) 若从读取一个数据到 D-A 转换器转换完一个数据的时间最短为 0.1μs，那么该信号发生器产生的最高频率为多少？

(4) 要做到输出频率可变，可以采取哪些措施？要提高输出频率，应对哪些部件的工作速率提出要求？

(5) 要使输出幅度可变，可采用哪些程控的方法？

(6) 要输出其他信号波形，可采用什么办法实现？

第 10 章 电子元器件的测量

10.1 概述

10.1.1 电子元器件的分类

在电子元器件中,通常将电阻器、电容器、电感器等称为基本电路元件,简称元件;将晶体二极管、晶体管、场效应晶体管、单结晶体管、晶闸管等称为半导体器件,简称器件;将运算放大器、数字逻辑电路、半导体存储器、混合集成电路等元器件称为集成电路器件,简称集成电路。电子元器件及集成电路的分类如图 10-1 所示。

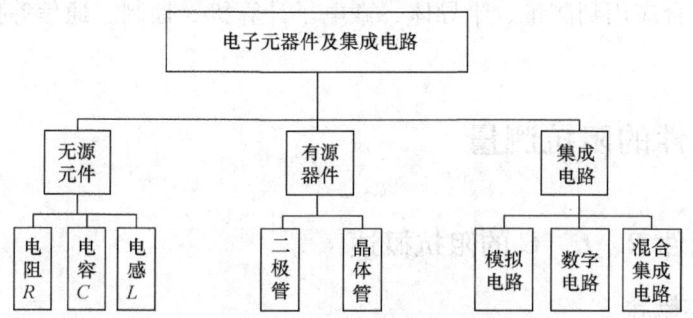

图 10-1 电子元器件及集成电路的分类

常见的电子元器件包括无源电子元件、有源电子器件、模拟与数字集成电路等,也可统称为电气网络。根据其特性的不同,电气网络可分为无源网络和有源网络。根据应用频率的不同,电气网络又可分为低频网络、高频网络、微波网络等。由于应用的领域、实现的功能以及工作频率的不同,对不同的元器件和网络的要求不同,使用的测量方法也不相同。

无源电子元件主要包括电阻、电容、电感等。以电阻为例,其主要的性能指标是阻值。但在高频应用领域,还要关注其各种寄生特性,如寄生电感和寄生电容。除此之外,还可能要关注其阻值随电压、电流、温度的变化以及噪声等特性。

有源电子器件主要包括二极管、晶体管、场效应晶体管、晶闸管等半导体器件。不同器件的原理、功能和要求都不相同,因此需要分别研究其要求的特性参数及其测量方法。以二极管为例,基本的性能指标包括正向导通电压、正向容许电流、反向击穿电压、反向漏电流等,根据应用领域的不同,还可能需要关注其各种寄生特性,如结电容、寄生电感、交流电阻等。总之,半导体器件需要测量的参数很多,有直流参数、低频参数和高频参数等。

模拟集成电路包括运算放大器、模拟乘法器、电压比较器等。这类器件的技术指标要求高,电路设计及工艺水平高,其参数也非常多,需要关注的特性很多,测量工作量也很大。数字集成电路的品种非常多,包括通用逻辑器件、微处理器(CPU)等智能化的处理芯片,在这里无法一一列举。数字集成电路除了电气特性参数的测量以外,还有大量的逻辑特性和复杂的处理功能需要测量，这涉及数据域测量的理论与技术。对于很多复杂的集成电路，测量系统也很复杂。

本章仅讨论分立的无源元件、有源器件的测量，集成电路的测试将在第 11 章讨论。

10.1.2 电子元器件测量的特点

1）电子元器件及集成电路等系统的参数，均属无源量，因此，对这些参数的测量，均要采用相应的信号源做激励，然后再测量在该激励下的响应，通过分析处理，获得被测结果。

2）电子元器件及集成电路的特性和参数分为静态（直流）、稳态（交流）和动态（脉冲）三类，元器件表现出的属性与时间和频率密切相关，其测量可在时域或频域内进行。

3）元器件参数测试结果与测试条件密切相关，在进行测量时，保证其规范中规定的测试条件十分重要。测试条件包括被测元器件的工作点（工作的电压、电流）、测试频率、负载特性、环境温度等。

4）被测元器件的种类繁多，要测试的参数类型、数量巨大，测试的工作量大，测试成本高；并且需要综合应用到测量、半导体、微电子计算机、控制、通信等技术，技术高、难度大。

10.2 无源元件的阻抗测量

10.2.1 无源元件 R、L、C 的阻抗概述

1. 阻抗的基本概念

无源元件指电阻（R）、电感（L）和电容（C）等阻抗元件，它们是所有电子电气系统的基础元件。复杂的电路系统在一定条件下也可以等效成电阻、电容、电感等阻抗元件为主体的系统。表征无源器件的特性指标中，阻抗是最基本的参数。实际上，并不是只有无源器件才有阻抗特性，几乎所有的无源和有源电气网络都存在阻抗特性。阻抗也是评测电子元器件和电路系统特性的一个最基本的参数，阻抗测量是所有电气系统的一项最常见的基础测量。

阻抗表示对流经器件或电路的电流的总抵抗能力。对于一个单口或双口网络，阻抗定义为施加在端口上某一频率的电压 $U_\sim$ 和由该电压产生的流进端口的同频电流 $I_\sim$ 之比，如图 10-2 所示。阻抗 Z 可表示为

$$Z = \frac{U_\sim}{I_\sim} \tag{10-1}$$

阻抗的概念不仅适用于单口或双口网络，还可推广至多口或多端网络。在集总参数系统中，电阻、电容及电感是根据它们内部发生的电磁现象从理论上定义的，在一般的工程应用中，要严格分析这些元件内的电磁现象是非常困难的，因此，为了简便往往把这些参数从外部特性上看作一个集中量。实际上，阻抗元件决不会以纯电阻、

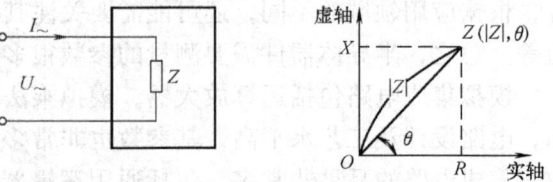

图 10-2 阻抗定义示意图及阻抗参数矢量图

纯电容或者纯电感特性出现，而是这些阻抗成分的组合。测量的具体条件改变可能会引起被测阻抗特性的改变。例如，不同的温度和湿度使阻抗表现为不同的值；不同的工作频率下，阻抗变化很大，甚至同一元件表现的阻抗性质相反；过大的电流可能使阻抗元件值变化，甚至表现出非线性。因此，测量条件的变化会造成同一元件测量结果的差异。

在直流情况下，线性二端器件的阻抗只包含实部，即电阻，它由欧姆定律来定义。在交流情况下，电压和电流的比值是复数，即一个包含有实部（电阻 R）和虚部（电抗 X）的阻抗矢量。阻抗在直角坐标系中用 $R+jX$ 的形式表示，或在极坐标系中用幅度 $|Z|$ 和相角 θ 表示（见图10-2），即

$$Z = \frac{\dot{U}}{\dot{I}} = R + jX = |Z|e^{j\theta} = |Z|(\cos\theta + j\sin\theta) \tag{10-2}$$

阻抗在两种坐标形式下的转换关系为

$$|Z| = \sqrt{R^2 + X^2}, \theta = \arctan\frac{X}{R} \tag{10-3}$$

$$R = |Z|\cos\theta, X = |Z|\sin\theta \tag{10-4}$$

2. 无源元件的阻抗模型

从理论上讲，纯电阻只有实部，其两端的电压和流过的电流相位相同。纯电容和纯电感只有虚部，纯电容的虚部为负，会使电流的相位超前于电压90°；纯电感的虚部为正，会使电流的相位滞后于电压90°。对于较复杂的电气网络，因为内部既包含电阻，又包含电容和电感，所以其复阻抗既有实部，又有虚部，其两端电压与流过的电流之间存在一定的相位差。

实际上，并没有理想的电阻、电容和电感，任何元件都存在一定的寄生特性。详细的元件等效模型见表10-1。

表 10-1 电阻、电容、电感的等效模型

元件类型	组 成	等效电路模型	等 效 阻 抗
电阻器	理想电阻		$Z = R$
	考虑引线电感		$Z = R + j\omega L_0$
	考虑引线电感和分布电容		$Z = \dfrac{R + j\omega L_0\left[1 - \dfrac{C_0}{L_0}(R^2 + \omega^2 L_0^2)\right]}{(1 - \omega^2 L_0 C_0)^2 + \omega^2 C_0^2 R^2}$
电容器	理想电容		$Z = \dfrac{1}{j\omega C}$
	考虑泄漏、介质损耗等		$Z = \dfrac{R_0}{1 + \omega^2 C^2 R_0^2} - j\dfrac{\omega C R_0^2}{1 + \omega^2 C^2 R_0^2}$
	考虑泄漏、引线电阻和电感		$Z = \left(R + \dfrac{R_0}{1 + \omega^2 C^2 R_0^2}\right) + j\left(\omega L_0 - \dfrac{\omega C R_0^2}{1 + \omega^2 C^2 R_0^2}\right)$

(续)

元件类型	组成	等效电路模型	等效阻抗
电感器	理想电感		$Z = j\omega L$
	考虑导线损耗		$Z = R_0 + j\omega L$
	考虑导线损耗和分布电容		$Z = \dfrac{R_0 + j\omega L\left[1 - \dfrac{C_0}{L}(R_0^2 + \omega^2 L^2)\right]}{(1 - \omega^2 LC_0)^2 + \omega^2 C_0^2 R_0^2}$

3. 与阻抗相关的派生参数

复阻抗本身包含了实部、虚部两个部分，也可以表示为模和相角两个部分。除此之外，根据不同的应用，阻抗又派生出一些性能参数。

（1）导纳

阻抗的倒数称为导纳，即

$$Y = \frac{1}{Z} = \frac{1}{R + jX} = \frac{R}{R^2 + X^2} + j\frac{-X}{R^2 + X^2} = G + jB \tag{10-5}$$

其中 G 和 B 分别为导纳 Y 的电导分量和电纳分量。导纳的极坐标形式为

$$Y = G + jB = |Y|e^{j\phi} \tag{10-6}$$

$|Y|$ 和 ϕ 分别是导纳幅度和导纳角。

（2）品质因数 Q 值

品质因数定义为网络在一个周期内存储的能量和消耗的能量之比，即

$$Q = \frac{2\pi W_m}{W_R} = \frac{X}{R} \tag{10-7}$$

式中，W_m 为一个信号周期内网络中电容或电感等储能元件所储存的能量；W_R 为一个信号周期内网络中电阻所消耗的能量。实际上 Q 值就是阻抗虚部和实部之比。

对于电感有

$$Q_L = \frac{\omega L}{R} \tag{10-8}$$

对于电容有

$$Q_C = \frac{1/(\omega C)}{R} = \frac{1}{\omega RC} \tag{10-9}$$

显然，R 越小，Q 值越大，电感和电容越接近理想电感和理想电容。

4. 阻抗测量方法概述

阻抗元件（电阻器、电容器和电容器）的特点决定了阻抗参数（R、L、C、Q 等）的测量方法。归纳起来有如下特点：

1）阻抗参数属无源量，因此必须在信号源的激励下才能进行测量；阻抗元件是一个影响系统动态特性的惰性元件，一般来说被测阻抗参数只要在正弦交流电压或阶跃电压激励下，测量系统处于稳态或动态下才能观测到阻抗（R、L、C）的特性，而在静态下只能观测电阻特性。

2）阻抗测量原理和电压测量一样，可分为直接比较和间接比较两大类。电桥法是直接比较的典型例子，通过电桥这个阻抗比较电路，把被测阻抗 Z_x 与标准阻抗 Z_s 直接进行比较，

如图 10-3 所示；此外，也可利用谐振回路作为比较电路，采用代替法进行直接的比较测量，如图 10-4 所示。电压电流法是间接比较的典型例子，它把阻抗变换成电压（Z-U 变换）来测量，如图 10-5 所示。此外，间接比较法中也可把阻抗变换成时间或频率来测量，例如利用谐振回路、积分器等电路来实现阻抗—频率或阻抗—时间的变换，进行阻抗的间接比较测量。

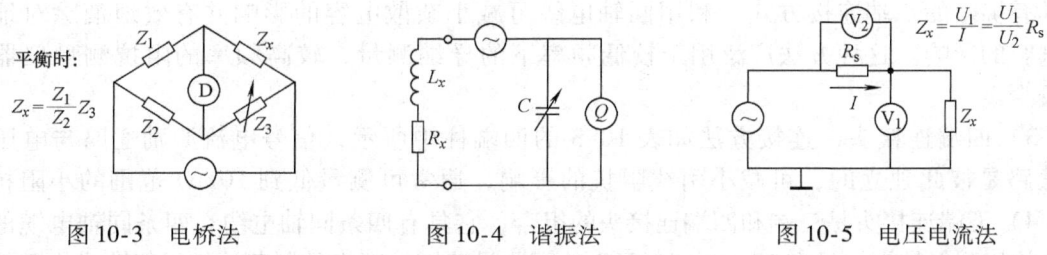

图 10-3　电桥法　　　　图 10-4　谐振法　　　　图 10-5　电压电流法

5. 阻抗测量技术及仪器的分类

阻抗测量技术可划分为模拟测量技术和数字测量技术两种，阻抗测量仪器相应地也分为模拟式阻抗测量仪器和数字式阻抗测量仪器两类。表 10-2 列出了它们的频率覆盖范围和各自的优缺点。

表 10-2　常用的阻抗测量仪器分类与方法比较

类别	仪器分类	采用方法	优　点	缺　点	频率范围	一般应用
模拟式阻抗测量仪器	万用电桥、惠斯登电桥等电桥仪器	电桥法	高精度（0.1% 典型值）。使用不同电桥可得到宽频率范围	需要手动平衡。单台仪器的频率覆盖范围较窄	DC～300MHz	标准实验室
	Q 表	谐振法	可测很高的 Q 值	需要调谐到谐振，阻抗测量精度低	10kHz～70MHz	高 Q 值器件测量
	多用表；可变电阻器；参数测试仪	电压-电流法	可测量接地器件。适合于各类测试需要	原理简单，可在许多场合使用	10kHz～100MHz	接地器件测量
数字式阻抗测量仪器	射频阻抗分析仪	RF 电压-电流法	高频范围内具有高的精度（0.1% 典型值）和宽阻抗范围	测试频率高	1MHz～3GHz	射频元件测量
	LF 阻抗测量仪	自动平衡电桥法	从低频至高频的宽频率范围，且宽的阻抗测量范围内具有高精度	不能适应更高的频率范围	20Hz～110MHz	通用元件测量
	网络分析仪	网络分析法	高频率范围。当被测阻抗接近特征阻抗时得到高精度	改变测量频率需要重新校准。阻抗测量范围窄	300kHz～3G 或更高	射频元件测量

6. 测试连接头

所有阻抗测试都涉及测量仪器与被测阻抗元件的连接问题，不恰当的连接会给被测件引入寄生阻抗，影响测量结果。常用的几种连接方法见表 10-3。

1) 二端接线柱式，如表 10-3 中示意图二端栏所示，此种连接将引入各种不确定的残余阻抗量影响。引线电感、引线电阻以及两条引线间的杂散电容都会叠加到测量结果中，因此仅适用于被测阻抗既不能太高、也不能太低的场合。

2) 三端连接头，如表 10-3 的三端栏中的示意图那样有屏蔽线的连接方式，它也可称为具有屏蔽的二端连接方式。利用同轴电缆可减小杂散电容的影响并有效地消除对地分布电容的影响。这种方法广泛用于较低频率下的导纳测量，较高频率的阻抗测量仪器使用较少。

3) 四端连接头，连接方法如表 10-3 的四端柱中所示，信号电流激励通路与电压检测通路是彼此独立的，可减小引线阻抗的影响，通常可测量低到 $10m\Omega$ 范围的小阻抗。

4) 五端连接头是三端和四端连接头的组合，它具有四条同轴电缆，四条同轴电缆的外导体均接到保护端，具有 $10m\Omega \sim 100M\Omega$ 的宽测量范围。五端的屏蔽连接线能改进小阻抗的测量精度。

5) 四端对接头用同轴电缆把电压检测电缆与信号电流通路相隔离，返回电流通过同轴电缆的外导体，使外导体（屏蔽）抵消了内导体所产生的磁通，有效地消除了引线间互感的影响及接触电阻等分布余量，测量范围可扩展到 $1m\Omega$ 以下。四端对连接适用于宽量程范围的阻抗测量，被阻抗测量仪器广泛采用。

每种连接方法各有优缺点，必须根据 DUT 的阻抗范围和测量精度的要求，选择适当的连接方法。此外，为进行精确的测量，应正确实施开路/短路补偿。

表 10-3　阻抗测试的连接图、示意图及阻抗测量范围

	连接图	示意图	有屏蔽的示意图	阻抗测量范围
二端				100Ω 至 $10k\Omega$
三端			具有屏蔽的两端连接头	100Ω 至 $100M\Omega$
四端				$10m\Omega$ 至 $10k\Omega$

连接图	示意图	有屏蔽的示意图	阻抗测量范围
五端		具有屏蔽的四端连接头	10mΩ 至 100MΩ
四端对			1mΩ 至 100MΩ

注：H_c——电流高端；L_c——电流低端；H_p——电位高端；L_p——电位低端。

10.2.2 电桥法

电桥法又叫指零法，以电桥平衡原理为基础。电桥法的优点是能在很大程度上消除或削弱系统误差的影响，精度很高，可达 10^{-4}。它最适宜在音频范围内工作，也可工作在高频。电桥法历史悠久，特别是 1891 年，文氏用正弦交流供电的交流电桥诞生以来，到 20 世纪 50 年代末，各种交流电桥迅猛发展，并逐步形成了系统的电桥理论。但 20 世纪 60 年代以来发展不大。究其原因，主要是交流电桥对幅值与相位两个参量进行反复平衡调节，调平衡步骤繁复，桥路中还采用一些昂贵的精密元件，制作困难等。因此，应用受到了限制。

1. 电桥的平衡条件

电桥电路如表 10-4 中第一行、第一列所示，它由 Z_x、Z_2、Z_3 和 Z_4 四个桥臂组成，G 为信号源，D 为检流计。桥臂接入被测电阻（或电感电容），调节桥臂中的可调元件使检流计指示为零，电桥处于平衡状态。此时

$$Z_x Z_3 = Z_2 Z_4 \tag{10-10}$$

此式即为电桥平衡条件，它表明：一对相对桥臂阻抗的乘积必须等于另一对相对桥臂阻抗的乘积。式（10-10）中的阻抗用指数形式表示，得

$$|Z_x| e^{j\theta_x} \cdot |Z_3| e^{j\theta_3} = |Z_2| e^{j\theta_2} \cdot |Z_4| e^{j\theta_4} \tag{10-11}$$

根据复数相等的定义，式（10-11）必须同时满足

$$|Z_x| \cdot |Z_3| = |Z_2| \cdot |Z_4| \tag{10-12}$$

$$\theta_x + \theta_3 = \theta_2 + \theta_4 \tag{10-13}$$

式（10-12）和式（10-13）表明，电桥平衡必须同时满足两个条件：相对臂的阻抗模乘积必须相等（幅度平衡条件）；相对臂的阻抗角之和必须相等（相位平衡条件）。因此，在交流情况下，必须调节两个或两个以上的元件才能将电桥调节到平衡。同时，电桥四个臂的元件性质要适当选择才能满足平衡条件。

在实用电桥中，为了调节方便，常有两个桥臂采用纯电阻。由式（10-10）可知，若相邻两臂（如 Z_x 和 Z_4）为纯电阻，则另外两臂的阻抗性质必须相同（即同为容性或感性），若相对两臂（如 Z_x 和 Z_3）采用纯电阻，则另外两臂必须一个是电感性阻抗，另一个是电容

性阻抗。若是直流电桥，由于各桥臂均由纯电阻构成，故不需考虑相位问题。

2. 交流四臂电桥

图 10-6 表示精密万用电桥的基本组成框图。它由测量信号源、测量桥路、平衡指示电路、平衡调节机构、显示电路和电源等组成。

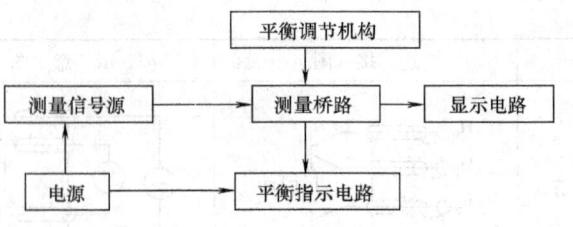

图 10-6　精密万用电桥的基本组成框图

激励桥路的测试信号源有两种：测量电感和电容时，可用 20Hz～1MHz 的振荡器；测量电阻时，用整流后的直流电压；平衡指示电路由高输入阻抗的低噪声输入放大级、选频放大级和输出检波级组成，具有较高的灵敏度和抗干扰能力；平衡调节机构是电桥结构的最关键、最重要的装置，它是一套经过精心设计的特殊结构装置，在制作工艺上有较高的要求。

当测量电阻时，桥路接成惠斯登电桥。当测量电容时，桥路接成电容比较电桥，有并联形式和串联形式。当测量电感时，桥路接成麦克斯韦-韦恩电桥、海氏电桥或欧文电桥，见表 10-4。

表 10-4　常用电桥

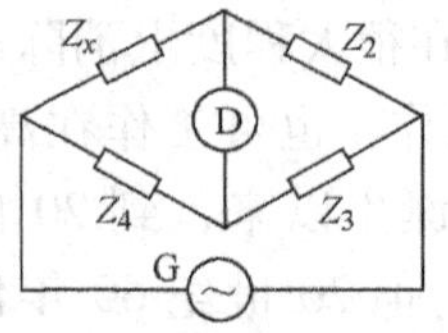

交流电桥 平衡条件：$Z_x Z_3 = Z_2 Z_4$	电压比例臂构成的桥路	电流比例臂构成的桥路 平衡条件：$Z_x = \dfrac{W_1}{W_2} \times Z_s$
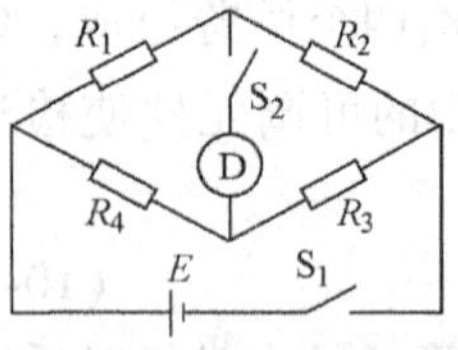 惠斯登电桥电路图 平衡条件：$R_2 = \dfrac{R_1}{R_4} R_3$	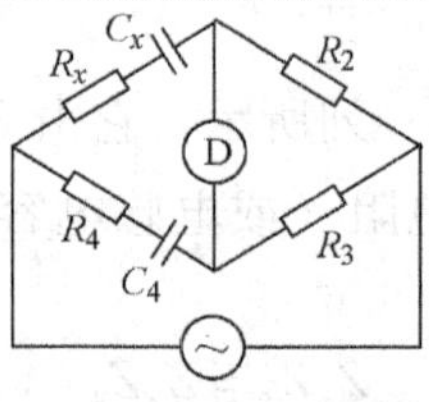 串联电容比较电桥 $C_x = \dfrac{R_3}{R_2} C_4,\ R_x = \dfrac{R_2}{R_3} R_4$ 损耗角：$\tan\delta = \omega C_4 R_4$	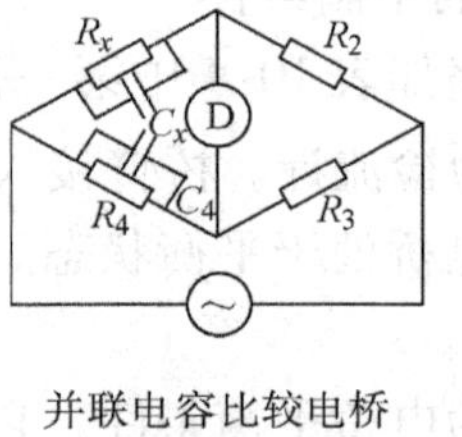 并联电容比较电桥 $C_x = \dfrac{R_3}{R_2} C_4,\ R_x = \dfrac{R_2}{R_3} R_4$ 损耗角：$\tan\delta = 1/(\omega C_4 R_4)$
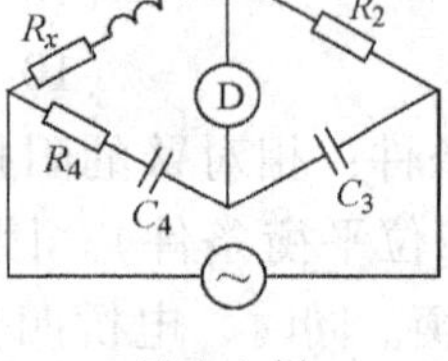 欧文电桥 $L_x = R_2 R_4 C_3,\ R_x = \dfrac{C_3}{C_4} R_2$ $Q = \omega C_4 R_4$	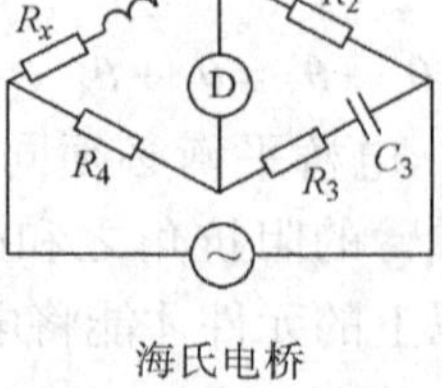 海氏电桥 $L_x = \dfrac{R_2 R_4 C_3}{1+(\omega C_3 R_3)^2}\quad Q = \dfrac{1}{\omega C_3 R_3}$ $R_x = \dfrac{R_2 R_4 R_3 (\omega C_3)^2}{1+(\omega C_3 R_3)^2}$	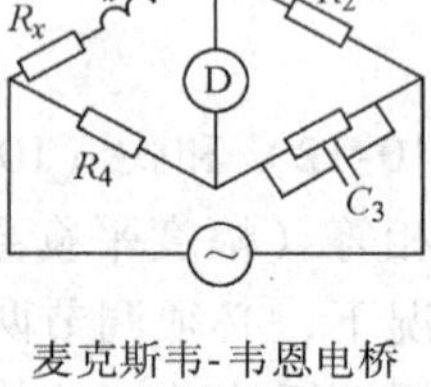 麦克斯韦-韦恩电桥 $L_x = R_2 R_4 C_3$ $R_x = \dfrac{R_2 R_4}{R_3},\ Q = \omega C_3 R_2$

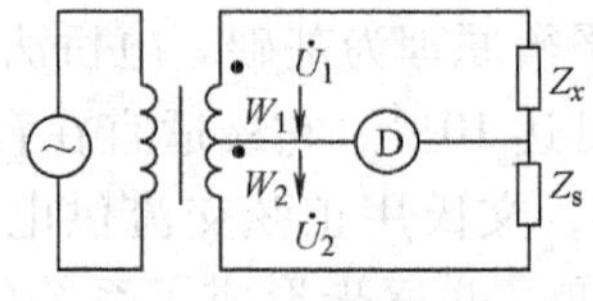

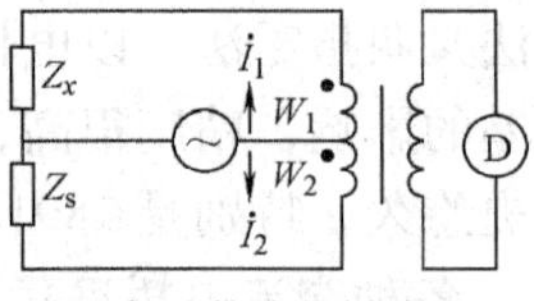

3. 变压器耦合臂电桥

除四臂电桥以外，耦合比例臂电桥也获得了广泛的应用。所谓变压器耦合比例臂，实际上就是由绕在铁心上的绕组所构成的电压比例臂或电流比例臂。这类电桥具有高准确度、高稳定性及很强的抗干扰性能。

变压器耦合比例臂电桥的原理如表 10-4 的第一行、第二列所示。它们分别为电压比例臂构成的桥路和电流比例臂构成的桥路。电压比例臂是使各绕组的端电压严格与匝数成正比，而电流比例臂是使各绕组中流过的电流严格与匝数成反比。两电桥的平衡条件都为

$$Z_x = \frac{W_1}{W_2} \times Z_s \tag{10-14}$$

由于变压器两个绕组的匝数比 W_1/W_2 只能为实数，因此标准臂参数必须与被测参数性质相同，即同为电阻或同为电容或同为电感。

4. 电桥法测量集总参数元件的误差

（1）标准元件值的误差

当标准元件值不准确时会直接影响测量误差，误差的大小决定于电路的形式和元件的准确度。

（2）电桥指示器的误差

通常都用模拟式指示器作指示。当指示器灵敏度较低时，难于判断最小值的准确位置，因而产生指示误差，特别是当信号源中含有较高次谐波电压时。电桥只能对基波平衡，对谐波信号并不平衡，指示器只能调节到某一最小值，会影响对平衡位置的判断。

（3）屏蔽不良引起误差

寄生耦合和外界电磁场的干扰也会引起误差。

5. LCR 数字万用电桥的实例

万用电桥的种类和型号虽然很多，但是其使用方法基本相同。下面以 LCR 数字电桥为例，说明万用电桥的主要技术指标。

万用电桥和 LCR 数字电桥是一种元件参量数字化智能测量仪器，该仪器采用微处理器进行电桥自动平衡，具有测量范围宽、测量速度快、测量精度高等优点，其基本精度可达 0.1%，并且具有极高的稳定性和可靠性。表 10-5 列出了它的主要性能指标。

表 10-5 数字电桥典型产品的主要性能指标

型号	主要技术指标及性能
DF2812 数字电桥	（1）自动测量 L、C、R、Q、D；（2）测量最高频率 10kHz；（3）测量范围：L 为 $0.001\mu H \sim 9999H$，C 为 $0.01 \sim 19999\mu F$，Q 为 $0.1m\Omega \sim 99.99M\Omega$；（4）基本精度 0.1%，LCD 液晶显示
YH2816 宽频数字电桥	（1）自动测量 L、C、R、Q、D、X、Z、Y、B、G、θ；（2）测量频率 20Hz～150kHz，共 3023 点；（3）测量电平：10mV～2.55V，步进 10mV；（4）基本精度 0.05%

10.2.3 谐振法

谐振法是利用调谐回路的谐振特性而建立的阻抗测量方法。测量精度虽然不如交流电桥法高，但是由于测量线路简单方便，在技术上的困难要比高频电桥小。再加上高频电路元件大多被调谐回路元件使用，故用谐振法进行测量也比较符合被测元件工作的实际情况。所以在测量高频电路参数（如电容、电感、品质因数、有效阻抗等）中，谐振法是一种重要的

手段。谐振法测量原理图如图 10-7 所示，它由振荡源、已知元件、被测元件组成的谐振回路和谐振指示器组成。当回路达到谐振时，有

$$\omega = \omega_0 = \frac{1}{\sqrt{LC}} \quad (10\text{-}15)$$

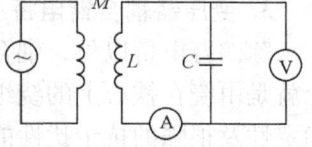

图 10-7 谐振法测量原理图

且回路总阻抗为零，即

$$X = \omega_0 L - \frac{1}{\omega_0 C} = 0 \quad (10\text{-}16)$$

$$L = \frac{1}{\omega_0^2 C}, \quad C = \frac{1}{\omega_0^2 L} \quad (10\text{-}17)$$

测量回路与振荡源之间采用弱耦合，可使振荡源对测量回路的影响小到忽略不计。谐振指示器一般用电压表并联在回路上，或用热偶式电流表串联在回路中。它们的内阻对回路的影响应尽量小。将回路调至谐振状态，根据已知的回路关系式和已知元件的数值，求出未知元件的参量。

1. 谐振法测电容、电感

（1）直接测量

利用式（10-15），根据测得的回路谐振频率 ω_0(MHz) 和已知的标准电感值 $L(\mu H)$，可求得电容 C。同理，根据谐振频率 ω_0(MHz) 和已知的标准电容值 C(pF)，可求得电感 L。值得注意的是此法求得的 L 未考虑引线电感及回路电容的寄生电感 L_δ（或统称仪器的残量）的影响。一般需加以修正，即应为 $L - L_\delta$。其中 L_δ 由仪器说明书给出。

（2）替代法

1）替代法测电容：

① 并联替代法：在图 10-8a 中，设置好信号源频率，选择适当电感 L（不必为标准电感），先不接入被测电容 C_x，只接入标准可变电容 C_s，调节 C_s 使回路至谐振，记下标准电容值读数 C_{s1}。

当 C_x 较小（$C_x < C_{smax}$）时，并联接入 C_x，保持信号源频率不变，再把 C_s 调小，使回路再次谐振，记下标准电容读数 C_{s2}。则被测电容 C_x 为

$$C_x = C_{s1} - C_{s2} \quad (10\text{-}18)$$

② 串联替代法：当 C_x 较大时，C_x 应和 C_s 串联接入，如图 10-8b 所示。利用与并联替代同样方法，在 C_x 不接入和串联接入的情况下，设两次谐振时 C_s 读数为 C_{s1} 和 C_{s2}，则 C_x 为

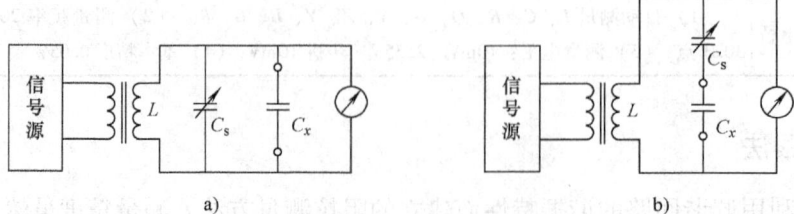

图 10-8 替代法测电容
a）并联替代法 b）串联替代法

$$C_x = \frac{C_{s1}C_{s2}}{C_{s2}-C_{s1}} \qquad (10\text{-}19)$$

2) 替代法测电感：

① 并联替代法：用于测量较大的电感，测量原理图如图 10-9a 所示。

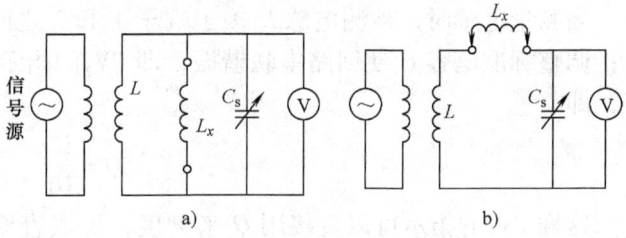

图 10-9 替代法测电感
a) 并联替代法 b) 串联替代法

测量时，先不接 L_x，把 C_s 调至较小容量位置 C_{s1}，使其回路谐振，则

$$\frac{1}{L} = 4\pi^2 f^2 C_{s1} \qquad (10\text{-}20)$$

然后并联接入 L_x，保持信号源频率不变，调小 C_s 至 C_{s2} 使回路再次谐振，则

$$\frac{1}{L_x} + \frac{1}{L} = 4\pi^2 f^2 C_{s2} \qquad (10\text{-}21)$$

两式相减再取倒数得

$$L_x = \frac{1}{4\pi^2 f^2 (C_{s2}-C_{s1})} \qquad (10\text{-}22)$$

② 串联替代法：用于测量较小的电感，测量原理图如图 10-9b 所示。

测量时，先将 1、2 端接短路线，把 C_s 调至较大量位置 C_{s1}。调信号源频率，使回路谐振，则

$$L = \frac{1}{4\pi^2 f^2 C_{s1}} \qquad (10\text{-}23)$$

然后去掉 1、2 端接短路线，接入 L_x（L 与 L_x 之间应无互感），保持信号源频率不变，再调 C_s 至较小量位置 C_{s2} 使回路重新谐振，则

$$L_x + L = \frac{1}{4\pi^2 f^2 C_{s2}} \qquad (10\text{-}24)$$

以上两式相减，得

$$L_x = \frac{C_{s1}-C_{s2}}{4\pi^2 f^2 C_{s1} C_{s2}} \qquad (10\text{-}25)$$

2. Q 值测量

(1) Q 表组成原理及测量原理

Q 表是根据谐振原理制成的，又称为品质因数测量仪。它能测量在高频下的电感量、损耗因数、品质因数等。图 10-10 是 Q 表的基本组成。它由高频振荡器、测量电路和输入、输出指示器（PV_1 和 PV_2）等组成。高频振荡器常采用多频段式，其频率范围视 Q 表的工作频率范围而定。C_1 和 C_2 组成分压电路，C_2 上的电压 U_1 作为 Q 表谐振回路的信号电压，$C_2 \gg C_1$、$C_2 \gg C_s$ 且 C_2 和 C_s 损耗小到可以忽略不计的程度。

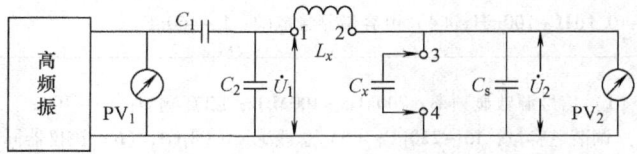

图 10-10 Q 表的基本组成

当测量电感时，被测电感 L_x 接于端子 1 和 2 之间，保持高频振荡器输出的频率为某一值；调整标准电容 C_s 使回路串联谐振，即 PV_2 的指示值为最大值，此最大值 U_2 等于 U_1 的 Q 倍，即

$$Q = \frac{U_2}{U_1} \tag{10-26}$$

这样 PV_2 的指示可以直接用 Q 来刻度，形成直读式仪表。由于谐振时 f_0 和 C_s 都是已知的，因此被测量电感 L_x 可由下式求得

$$L_x = \frac{1}{4\pi^2 f_0^2 C_s} \tag{10-27}$$

如果 f_0 的单位为 MHz，C_s 的单位为 pF，则 L_x 的单位为 μH。

当测量电容时，首先将一辅助电感接于端子 1 和 2 之间，按测量电感的方法，在频率为某一值时，调标准电容 C_s 使达到谐振，记此时的 C_s 为 C_{s1}，并记此时的 Q 值为 Q_1；然后将被测电容 C_x 接在 3 和 4 之间，此时回路由于 C_x 接入而失谐，减小标准电容 C_s 到 C_{s2}，使回路重新谐振并记下此时 Q 值为 Q_2，于是可求出被测电容器的容量和损耗角正切，则

$$C_x = C_{s1} - C_{s2} \tag{10-28}$$

经推算和 C_x 并联的损耗电阻 R_p 为

$$R_p = \frac{1}{\omega C_{s1}} \times \frac{Q_1 Q_2}{Q_1 - Q_2} \tag{10-29}$$

被测电容器的损耗角正切值为

$$\tan\delta = \frac{C_{s1}}{C_{s1} - C_{s2}} \times \frac{Q_1 - Q_2}{Q_1 Q_2} \tag{10-30}$$

综上所述，谐振替代法可以组成串联法和并联法测 L、C 等参量；根据 Q 表上的读数、f、L 对照表倍率，从可调电容、电感度盘即可测出元件各参数。

(2) Q 表测量中产生测量误差的因素

以下因素会引起 Q 表产生测量误差：①耦合元件的损耗电阻引起测量误差；②调谐用标准电容自身 Q 值不高引起测量误差；③Q 表残余参量的影响，如与被测元件相连接的引线存在残量电感，会使被测电感值偏大；④Q 值电压表指示误差。

高频 Q 表的产品甚多，其原理和使用方法基本相同。高频 Q 表是一种多功能、多用途的电子器件测量仪器。它是根据串联谐振原理，以电压比值来刻度 Q 值的。两种典型的 Q 表主要技术指标见表 10-6。

表 10-6　高频 Q 表典型产品的主要技术指标

型　号	主要技术指标及性能
QBG-3B 高频 Q 表	(1) 信号源频率范围：50kHz～50MHz；(2) Q 值测量范围：10～1000；(3) 电感量测量范围：0.1μH～100mH；(4) 电容量测量范围：1～460pF
WY2853 高频 Q 表	(1) 信号源数显频率：700kHz～100MHz；(2) 测 Q：10～100；(3) 测 L：0.2μH～2mH；(4) 调谐电容量：15～220pF；(5) 总残感 <0.08μH；(6) 该仪器同时又是一台 100MHz 的数显信号源，输出大于 10dBm

10.2.4 电压电流法

1. 矢量电流-电压法的原理

矢量电流-电压法是最经典的方法，它直接来自于阻抗的定义。根据欧姆定律，阻抗可以看成是电路中电压与电流之比，在正弦交流的情况下，电压与电流的比值是复数，于是阻抗表示成

$$Z = \frac{\dot{U}}{\dot{I}} = R + jX = |Z|e^{j\theta} \tag{10-31}$$

导纳为

$$Y = \frac{1}{Z} = G + jB = |Y|e^{j\theta} \tag{10-32}$$

为了测量流过阻抗的电流 $\dot{I}$，与 Z_x 串联接入一个标准阻抗 R_s，如图 10-11a 所示，由图可见 $\dot{I} = \frac{\dot{U}_s}{R_s}$，则

$$Z_x = \frac{\dot{U}_x}{\dot{I}} = \frac{\dot{U}_x}{\dot{U}_s} R_s \tag{10-33}$$

这样就将阻抗 Z_x 的测量变成了两个矢量电压比的测量。图 10-11b 中在 Z_x 与 R_s 串联电路中采用运算放大器后，$\dot{U}_x$ 与 $\dot{U}_s$ 有一公共接地参考点，更便于测量，为最常用的变换电路。

图 10-12 为采用微处理器的矢量自动测量原理框图。在式（10-33）中，

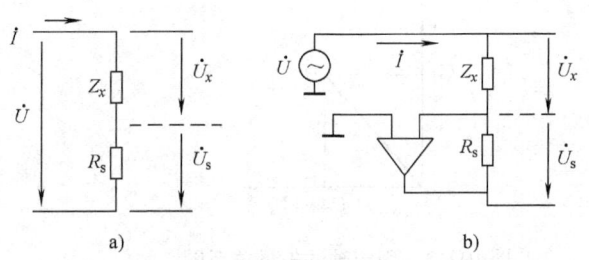

图 10-11 引入标准阻抗测试图

Z_x、$\dot{U}_x$、$\dot{U}_s$ 皆为复数，显然，若被测阻抗为纯阻，则 $\dot{U}_x$、$\dot{U}_s$ 同相；若被测元件为复数阻抗，则 $\dot{U}_x$、$\dot{U}_s$ 间具有一定的相位差。相位差的不同，表明阻抗的有功分量和无功分量的差异，测出比值 $\dot{U}_x/\dot{U}_s$ 的实数部分和虚数部分，就可以根据式（10-31）求得被测阻抗的有功分量和无功分量。利用同步检波器或模拟乘法器构成的相位检波器，可方便地进行虚实部分离。已知的标准阻抗的参数预先存储在 ROM 中，两次测出的 $\dot{U}_x$ 和 $\dot{U}_s$ 可以存储在 RAM 中，由微处理器最后完成计算处理。

实现上述矢量除法运算的途径与图 10-12 中相敏检波器相位参考基准的选择紧密相关，可分为固定轴法和自由轴法。所谓固定轴法就是相位参考基准方向为固定的；自由轴法是相位参考基准方向为任意的。

（1）固定轴法

双斜积分 A-D 转换器具有电压量除法运算功能，但它只能实现简单的标量除法，对矢量除法无能

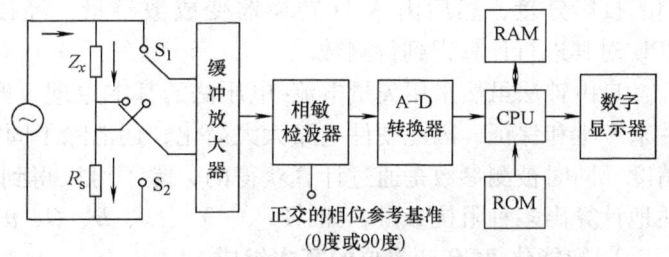

图 10-12 阻抗的数字测量法原理框图

为力,因此,必须将式(10-33)的矢量除法转换成标量除法。如果把复数阻抗的直角坐标 x 轴方向固定地选取在分母矢量方向上,如图 10-13 所示,就会使分母矢量只具有实部分量。这时 $\dot{U}_s$ 因在 x 轴上只有实部即

$$\dot{U}_s = U_s + j \cdot 0 = U_s$$

则代入(10-33)中,有

$$Z_x = R_s \frac{\dot{U}_x}{\dot{U}_s} = R_s \left(\frac{U_{xx}}{U_s} + j \frac{U_{xy}}{U_s} \right) \tag{10-34}$$

由式(10-34)可知,通过两个简单的标量除法运算能获得复杂的阻抗值。固定轴法要求把参考电压严格固定在 $\dot{U}_x$ 或 $\dot{U}_s$ 方向上,使矢量除法运算简化为两个标量除法运算。这种方法要使两矢量相位严格保持一致,给实现上带来困难,两者之间不同相而产生的误差,即同相误差。为确保精确的相位关系,硬件电路复杂,调试也困难。

(2) 自由轴法

自由轴法矢量关系图如图 10-14 所示,是采用自由坐标轴。即坐标轴可以任意选择。参考相位信号可以不与任何一个被测电压的方向相同,在整个测量过程中应保持不变,即与被测电压之一保持固定的相位关系。如相差 α,在图 10-14 中

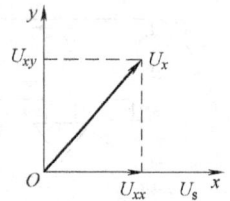

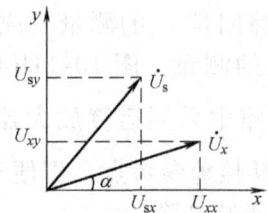

图 10-13 固定轴法矢量关系图   图 10-14 自由轴法矢量关系图

$$\dot{U}_x = U_{xx} + jU_{xy} \tag{10-35}$$

$$\dot{U}_s = U_{sx} + jU_{sy} \tag{10-36}$$

$$Z_x = R_s \frac{\dot{U}_x}{\dot{U}_s} = R_s \frac{U_{xx} + jU_{xy}}{U_{sx} + jU_{sy}} = R_s \left(\frac{U_{xx}U_{sx} + U_{xy}U_{sy}}{U_{sx}^2 + U_{sy}^2} + j \frac{U_{xy}U_{sx} - U_{xx}U_{sy}}{U_{sx}^2 + U_{sy}^2} \right) \tag{10-37}$$

只要知道每个矢量在直角坐标轴上的两个投影值,经过运算即可求出结果。

在自由轴法测量中,相敏检波器的相位参考基准是受微处理器控制的自由轴发生器提供的,它是任意方向的精确的正交基准信号。相敏检波器通过开关选择 $\dot{U}_x$ 和 $\dot{U}_s$,便可得到它们的投影分量,然后由 A-D 转换器变成数字量,经接口电路送到微处理器系统中存储,CPU 对其进行计算得到待测数。

自由轴法虽然采用矢量电流-电压法的基本原理,但由于其精确的正交坐标系主要靠软件来产生和保证,因此硬件电路大大简化,还消除了固定轴法难以克服的同相误差,提高了精度。同时被测参数是通过计算获得的,除了可以得到常用的 C、L、R、D、Q 外,还可方便地计算出多种阻抗参量,如 $|Z_x|$、$|Y|$、x、B、G、θ 等。

2. 智能化 LCR 测量仪的基本组成

图 10-15 是智能化 LCR 测量仪的基本组成框图。测试信号经限流电阻 R_0 加到被测阻抗

上，矢量电压 $\dot{U}_x$ 和 $\dot{U}_s$ 经开关 S_1 选择送到相敏检波器，它的参考信号来自自由轴坐标发生器，后者在微处理器控制下产生任意方向的、精确正交的直角坐标系。开关 S_1 先后接通 $\dot{U}_x$ 和 $\dot{U}_s$，得到它们在坐标轴上的四个投影值，再由双斜积分 A-D 转换器变成相应的数字量，送到 RAM 中暂存。最后微处理器根据键盘输入的信息，选择适当的公式进行计算，得到被测量并由显示器显示出来。

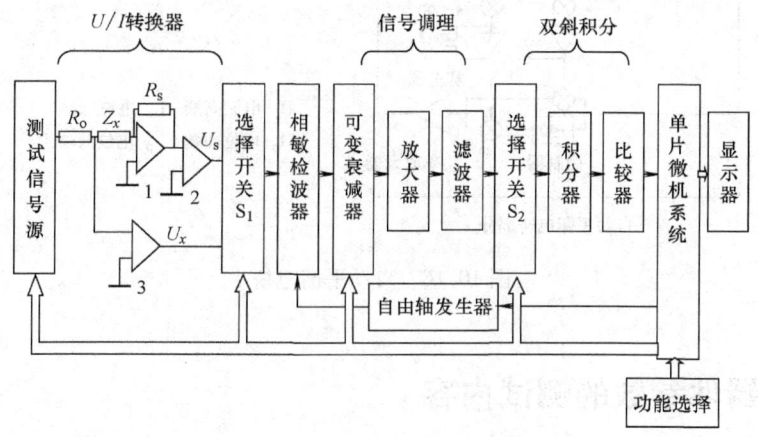

图 10-15　智能化 LCR 测量仪的基本组成框图

10.2.5　自动平衡电桥

为了淘汰费时的手动操作和消除相应的测试误差，研究出了多种自动电桥。现代的 LF 阻抗测量仪器一般都使用自动平衡电桥法。如图 10-16 所示，该测量电路从功能上分为三个部分：

1) 信号源部分：产生施加到被测件的测试信号。测试信号的变化范围为 40Hz～110MHz，最高分辨率为 1mHz；输出信号电平使用衰减器调节，使有效值在 5mV～1V 的范围变化。

2) 自动平衡电桥部分：将量程电阻器电流与 DUT 电流平衡，以保持低端的零电位。当电桥处于"不平衡"状态时，零值检测器（I-U 转换器）测到一个误差电流，下一级的相位检波器把它分成 0°和 90°矢量成分。相位检波器的输出信号馈入环路滤波器（积分器）并加到调制器上，以分别驱动 0°和 90°调制分量信号。两个调制的合成信号放大并通过量程电阻 R_r 反馈以抵消通过 DUT 的电流。在 40Hz～110MHz 自动执行这一平衡操作。因而没有误差电流流入零值检测器。

3) 矢量比检波器部分：测量 DUT（U_X）和量程电阻器（U_s）串联电路上的两个电压，如图 10-16 所示。通过测量这两个电压，而量程电阻的阻值为已知，可由公式 $Z_x = R_r \times (U_X/U_s)$ 计算出 DUT 的阻抗矢量 Z_X。开关 S_1 选择 U_X 或 U_s 信号，使信号交替流过同一通道，以消除这两个信号间的通道误差。输入信号经混频后，输出到放大器的信号频率降低了。ATT 为自动衰减器，能根据 DUT 的阻抗自动选择衰减量，得到最适宜的测量量程。现代阻抗测量仪器使用高速采样 A-D 转换器，取代原先使用相位检波器和双斜 A-D 转换器的技术。测量时间正比于每个测量周期 A-D 转换的采样点数。要提高测量精度则需更多的采样点，因而需用较长的测量时间。

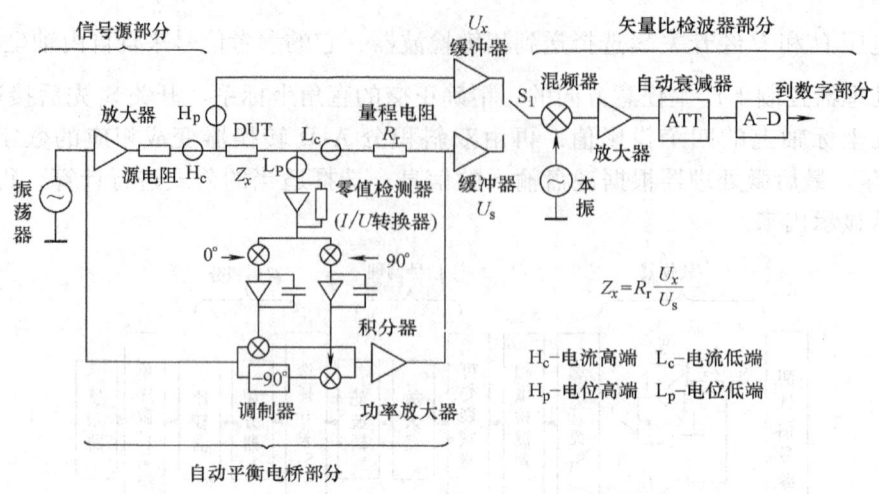

图 10-16　自动平衡电桥

10.3　分立器件参数的测试内容

随着半导体和集成电路技术的发展，当前电子器件的品种、功能浩如烟海，在这里无法对所有有源器件的特性及其测量方法一一进行介绍，因而本节只能简单罗列一些常见半导体器件需要测量的基本特性参数。

常见的半导体分立器件包括二极管、晶体管、场效应晶体管、晶闸管及光电子器件等。据不完全统计，所需要测量的参数多达 700 个以上。表 10-7 列出了几种常用分立器件的主要参数。根据器件参数的性质可以将这些参数划分为若干类，下面简单介绍各类参数。

1）直流参数：指在恒定不变的直流激励条件下所体现出来的各项电气特性。以晶体管为例，常见的直流参数包括器件的 PN 结反向击穿电压、反向截止电流、正向电压、饱和电压和直流放大倍数等。当前的直流参数测量仪器通常是一种微机控制的仪器，内部包含若干测量用可控直流信号源，通过器件适配端口输出，而后利用直流电压表、电流表测量器件的响应输出，从而得到在一定激励条件下的电气特性。所有这些部件的工作由微处理器统一控制。

2）交流参数：指在一定的交流正弦激励或瞬态脉冲激励下所体现出来的各项电气特性，例如晶体管的特征频率、微变等效模型的交流参数、开关二极管的开关延迟时间、极间电容、噪声系数及交流网络参数（如晶体管的交流 H 参数、Y 参数及 S 参数）等。交流参数测量比直流参数测量要复杂得多，有频域测试和时域测试两种方法，即稳态测试技术和瞬态测试技术。相应的测量仪器也要复杂得多，首先，由于这类参数属无源被测量，仪器要提供激励信号，其内部须具备各种信号发生电路，例如测量器件的截止频率需正弦扫描信号发生器，测量开关延迟时间需要矩形脉冲信号发生器等；其次由于很多交流参数涉及高频检测，因此其内部的电压检测要求有足够高的采样速度以及数据处理能力。

3）极限参数：指器件能够安全工作的参数范围，如果某些参数超过这些范围，就可能造成器件的损坏,例如二极管的最大正向导通电流、反向击穿电压等。测试大功率晶体管在直流和脉冲状态下的安全工作区等。这类测量仪器通常需要产生一些高电压和大电流信号。在大电流测试时一般数据手册中规定采用施加脉冲电流的方式来测试,减少器件由于电流过大引起的附加温升,或导致器件损坏,一般规定脉冲电流宽度小于 $300\mu s$,占空比小于 2%。

表 10-7　几种常用分立器件的主要参数

名　称	特　点	直流参数	交流参数	极限参数
二极管	单向导电性	正向导通电压 U_F 和导通电阻 反向电流 I_R 和反向电阻 伏安特性曲线	最高工作频率 f_M 结电容	最大整流电流 I_F 最大反向工作电压 U_R
稳压二极管	在反向击穿状态下,在额定电流范围内端电压几乎不变	稳定电压 U_Z 稳定电流 I_Z 额定功耗 P_Z	动态电阻 r_Z	最大稳定电流 最小稳定电流 最大允许功耗
晶体管	电流控制的放大器	反向漏电流 I_{CBO} 和 I_{CEO} 饱和电压 $U_{CE(sat)}$、$U_{BE(sat)}$ 最高耐压 U_{CEO}、U_{EBO} 直流放大系数 h_{FE}	特征频率 f_T 噪声系数 N_f 交流放大系数 β	集电极最大允许电流 I_{CM} 集电极最大耗散功率 P_{CM} 反向击穿电压 BU_{CEO}
场效应晶体管	输入电压控制输出电流大小,其特点是:输入内阻很高,噪声低,自身功耗低	开启电压 $U_{GS(TH)}$ 饱和漏极电流 I_{DSS} 门-源极漏电流 I_{GSS} 漏极持续电流 I_D 夹断电压($U_{GS(off)}$ 或 U_P) 漏-源极开启电阻 $R_{DS(ON)}$ 低频跨导(g_m)	开通延时时间 $t_{d(on)}$ 上升时间 t_r 关断延时 $t_{d(off)}$ 下降时间 t_f	漏-源极击穿电压 BU_{DSS} 最大耗散功率 P_D
晶闸管	工作状态通过门极控制,广泛应用于高电压、大电流电路中	正向重复峰值电压 U_{DRM} 正向峰值漏电流 I_{DRM} 触发电压 U_{GT} 触发电流 I_{GT} 正向导通电压 U_{TM} 维持电流 I_H	开通时间 t_{gt} 断态电压临界上升率 du/dt	反向重复峰值电压 U_{RRM} 反向峰值漏电流 I_{RRM}

10.4 分立器件参数的测量方法

分立器件的种类和需要测试的参数多，本书限于篇幅不进行全面讲述。下面分别讨论有关典型的电压参数、电流参数、放大倍数、阻抗参数等的测量原理和测量方法。

10.4.1 电压参数的测量

分立器件直流电压参数从测量条件及被测分立器件工作状态来区分主要有导通电压、饱和电压、阈值电压和击穿电压，下面分别介绍各个参数的测量方法。

1. 导通电压的测量

导通电压是被测器件在导通状态下其两端的电压。对于二极管导通电压的测试条件是在其两端施加额定的正向电流，而晶体管、场效应晶体管的测试条件是在额定的静态工作点下。以二极管为例，导通电压的测量方法是通过数控恒流源给二极管施加额定的正

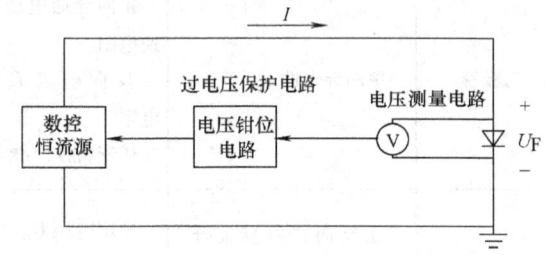

图 10-17 二极管正向导通电压测量原理框图

向电流，然后测量出二极管两端的电压即为导通电压，其测量原理框图如图 10-17 所示，图中的电压钳位电路的作用是：对测试环路及负载进行开路和过电压保护。

2. 饱和电压的测量

饱和电压测量主要是测量半导体分立器件工作在饱和状态下的电压，通常定义晶体管的集电极与基极之间的电压等于零时的状态为临界饱和状态。晶体管饱和电压的测量条件为施加额定的基极电流 I_b 与额定的集电极电流 I_c，当晶体管工作在放大状态时，随着 I_b 的增加，I_c 也会跟着增加，而且两者成一定的倍数，即是晶体管的放大倍数 β，当 I_b 增加到一定程度时，晶体管进入了饱和状态，I_c 与 I_b 不再成 β 倍的关系。下面以 NPN 型晶体管 8050 集电极与发射极之间的饱和电压 $U_{ce(sat)}$ 为例。

测量条件：$I_b = 80\mathrm{mA}$，$I_c = 800\mathrm{mA}$。

合格条件：$U_{ce(sat)} \leq 0.5\mathrm{V}$。

测量方法：采用 2 个恒流源分别给基极和集电极施加使其深度饱和的电流，$I_b = 80\mathrm{mA}$、$I_c = 800\mathrm{mA}$，测量集电极与发射极间电压，即为饱和电压 $U_{ce(sat)}$，其原理框图如图 10-18 所示。注意应该先施加基极电流后再施加集电极电流，先施加基极电流发射结处于导通状态，然后施加集电极电流，晶体管进入饱和状态；反之，如先施加集电极电流，晶体管处于截止状态，恒流源则发生开路。

3. 阈值电压的测量

阈值电压的测量参数主要有夹断电压、开启电压。对于 N 沟道的结型场效应晶体管施加的栅极与源极间的电压 U_{GS} 为负值，当 U_{GS} 减小到一定程度时沟道的耗尽层将接触在一块，沟道将全部被夹断，此时称 U_{GS} 为该器件的夹断电压 U_P；而对于 N 沟道的增强型场效应晶体管来说 U_{GS} 为正值，开启电压 U_T 是当 U_{GS} 增加到一定值时，使得衬底形成一层以自由电子是多数电子时的电压，此时场效应晶体管处于导通状态，因此称其为场效应晶体管的开启电压。以测量 N 沟道增强型场效应晶体管 IRFD120 的开启电

第 10 章 电子元器件的测量

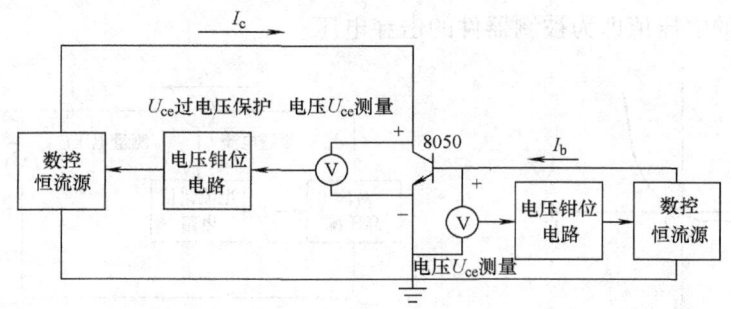

图 10-18 晶体管 $U_{ce(sat)}$ 的测量原理框图

压为例。

测量条件：$U_{GS} = U_{DS}$，$I_D = 250\mu A$。

合格条件：$2.0V \leq U_{GS(TH)} \leq 4.0V$。

测量方法：N 沟道增强型场效应晶体管 IRFD120 的开启电压 U_T 测量方法的原理框图如图 10-19 所示。由于测量条件为 $U_{GS} = U_{DS}$，因此将栅极与漏极短接，由同一个数控恒压源来施加电压。测量电流时，将测量电流电路放在漏极的施加支路上，在恒压源逐渐增加过程中，当漏极电流达到测试条件 $I_D = 250\mu A$ 时，停止电压施加，此时施加的电压值就可以认为是所要求的开启电压 U_T。

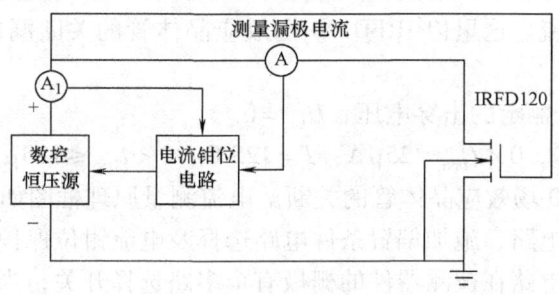

图 10-19 场效应晶体管开启电压的测量原理框图

4. 击穿电压的测量

击穿电压主要是测量分立器件 PN 结的反向击穿电压，半导体分立器件的 PN 结反向特性如图 10-20 所示。由图可知，对 PN 结施加反向电压时，在 $U < U_B$ 时，PN 结的反向电流非常微小，可忽略不计，此时 PN 结处在反向截止状态；当施加 $U > U_B$ 时，反向电流会瞬间变大，这时称 PN 结处在反向击穿状态，如果施加电压过大会使被测器件永久性损坏。

以测量晶体管 8050 的集电极与基极之间的反向击穿电压 U_{cbo} 为例，介绍其击穿电压测量方法。

测量条件：$I_c = 100\mu A$，$I_e = 0$。

合格条件：$U_{cbo} \geq 40V$。

测量方法：如图 10-21 所示，测量环路主要由数控高压源、电流钳位电路、直流电压与电流测量电路组成。在被测器件两端施加电压源，电压源逐渐增加，不停地检测环路电流，当测得电流值达到测量条件 $I_c = 100\mu A$ 时，停止施加电压，同时测量器件集电极和基极两端的电压,所测得的电压值即为被测器件的击穿电压。

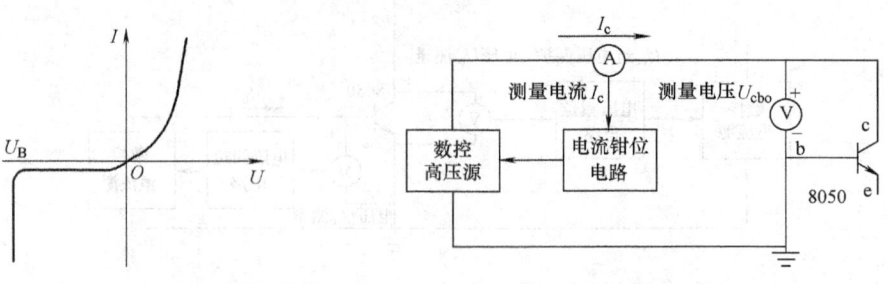

图10-20 PN结反向特性   图 10-21 击穿电压测量的原理框图

10.4.2 电流参数的测量

半导体分立器件电流参数主要包括关断漏电流、反向饱和电流、导通电流、触发电流、保持电流等,下文将分别介绍其测量方法。

1. 关断漏电流的测量

关断漏电流是指被测分立器件在截止状态下,其任意两端之间的漏电流;反向漏电流是指在 PN 结反向施加电压测量其漏电流,反向饱和电流跟反向漏电流相似;导通电流则相反,是被测器件在导通状态下的电流,但测量原理一样,都是对被测器件施加额定电压或额定偏置条件,测量其电流。这里以 IRFD120 场效应晶体管的关断漏电流来介绍此类测试项目的测试方法。

测量条件:U_{DS} 等于额定的击穿电压,$U_{GS}=0$。

合格条件:$T=25℃$,$0<I_{DSS}≤25\mu A$;$T=125℃$,$0<I_{DSS}≤125\mu A$。

测量方法:IRFD120 场效应晶体管的关断漏电流测量原理框图如图 10-22 所示,主要有数控恒压源、电流测量电路、施加偏置条件电路选择及电流钳位保护电路四个模块组成。如图所示,施加偏置条件电路在被测器件的栅极有个多路选择开关,当开关接通 a 端时,栅极与源极之间串联一个电阻;当开关接通 b 端时,栅极与源极短路;当开关接通 c 端时,在栅极与源极之间施加了一个电压源,对于 N 沟道增强型场效应晶体管来说,施加一个正电压时,使得被测场效应晶体管进入导通状态,可测量导通电流;当开关接通 d 端时,栅极与源极之间开路。因此要满足上面 IRFD120 关断漏电流 I_{DSS} 的测量条件,则开关应接通 d 端,使场效应晶体管的栅极与源极开路。然后在漏极与源极间施加额定电压 U_{DS},测量其漏极关断漏电流 I_{DSS}。

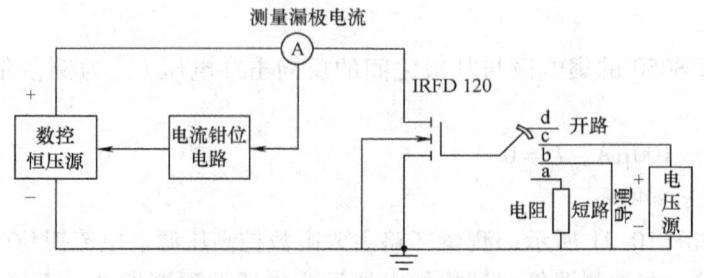

图 10-22 漏电流测量原理框图

2. 触发电流的测量

晶闸管的导通条件是阳极与阴极之间施加正向电压，门极上要有足够的触发电流。触发电流是指晶闸管被触发导通时，所需的最小电流值。以单向晶闸管 BT169 为例，介绍晶闸管的触发电流测量方法。

测量条件：$U_D = 12V$，$I_D = 10mA$。

合格条件：$I_{GT} \leq 200\mu A$，$I_{GT}(TYP) = 50\mu A$。

测量方法：晶闸管 BT169 的触发电流 I_{GT} 测量的原理框图如图 10-23 所示，主要有 2 个数控恒压源、电压及电流测量电路及电流钳位保护电路三个模块组成。在晶闸管的阳极（A）施加一个额定的电压值，选择适合的限流电阻以保证能满足测量条件，设定一个大于 10mA 的电流钳位值保护阳极以防环路发生过电流。在被测晶闸管的门极（G）施加一个恒压源串联一个限流电阻，恒流源从 0V 开始逐渐增加，每增加一次电压后将门极的电流测量返回，同时检测阳极与阴极之间的电压 U_{AK}。当 U_{AK} 突然变低时，说明晶闸管导通，则此时的电流值为被测器件的触发电流 I_{GT}。此测量方法的原理是利用晶闸管截止状态时其内阻很大，晶闸管与限流电阻成一个分压比例，此时其两端电压 U_{AK} 很大，当导通后，内阻变得很小，此时 U_{AK} 远远小于初始值。

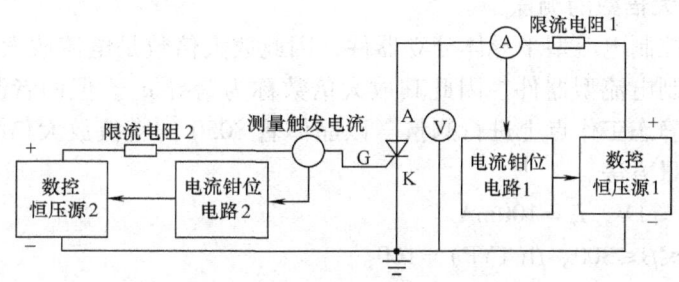

图 10-23　触发电流 I_{GT} 的测量原理框图

3. 保持电流的测量

晶闸管关断的条件是阳极的电位低于阴极的电位，或者是阳极电流小于保持电流，两者任何一种条件都可使得晶闸管关断。保持电流即是在阳极电位比阴极电位高的条件下，能维持晶闸管导通的最小阳极电流值。以晶闸管 BT169 为例，来介绍晶闸管保持电流的测量方法。

测量条件：$U_D = 12V$，$I_{GT} = 0.5mA$，$R_{GK} = 1k\Omega$。

合格条件：$0 < I_H \leq 5mA$，$I_H(TYP) = 2mA$。

测量方法：晶闸管的保持电流测量原理框图如图 10-24 所示，主要有数控恒压源、电压电流测量电路、晶闸管触发电路、偏置选择电路及电流钳位保护电路组成。在门极选择合适的偏置条件，开关选择 a 时，门极开路；选择 b 时，门极接一个电阻到阴极；选择 c 时，门极短路到阴极；选择 d 时，门极与阴极之间施加一个电压源。在晶闸管的门极施加恒压源 1，调节数控恒压源 1 及合适的限流电阻 1，使得 S_1 接通时有足够的触发电流触发晶闸管导通。在晶闸管的阳极与阴极之间施加恒压源 2，调节数控恒压源 2 及合适的限流电阻 2，使得其满足测量条件。测量时四选一开关 S_2 选择 b 端，开关 S_1 在触发晶闸管导通后再断开，此时晶闸管的阳极电流为 I_{A1}。降低数控恒压源 2，或者增大限流电阻 2，使得阳极的电流逐渐减少。每减少一次 ΔU 或增加 ΔR，测量一次阳极电流 I_A。当 I_A 减少为 0 时，或等于晶闸管的漏电流时，说明晶闸管截止，则上一次所测 I_A 的值为保持电流。

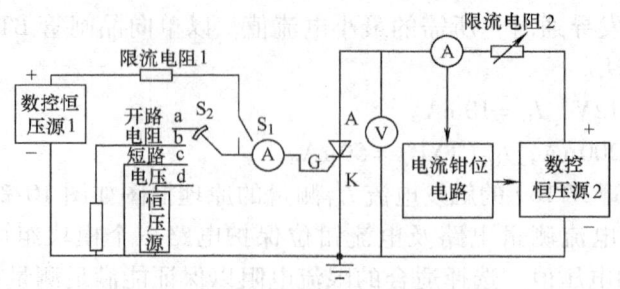

图 10-24　晶闸管保持电流测量原理框图

10.4.3　放大倍数的测量

放大倍数的测量主要针对晶体管及场效应晶体管，主要有直流参数放大倍数和交流小信号放大倍数。下文将分别介绍其测量方法。

1. 直流电流放大倍数的测量

晶体管是电流控制电流型半导体分立器件，因此放大倍数是电流放大倍数 β。而场效应晶体管则是电压控制电流型器件，因此其放大倍数称为跨导 g_m。但两者测量的方法是一致的，都是在额定的静态工作点上进行测量。以晶体管 8050 的直流放大倍数为例，介绍直流电流放大倍数的测量方法。

测量条件：$U_{ce} = 1V$，$I_c = 100mA$。

合格条件：$85 \leq \beta \leq 300$，$\beta(TYP) = 160$。

测量方法：测量电路如图 10-25 所示。首先建立静态工作点，使晶体管工作在放大区。根据测试条件要求，恒压源 2 预施加的电压可以根据限流电阻 R_1 和晶体管集电极电流 I_c 以及集电极到发射极电压 U_{ce} 计算得到。恒压源 1 的电压从晶体管基极的导通电压 U_{be} 以下开始逐步增加，起始状态是晶体管截止，在增加的过程中晶体管导通，进入放大区工作状态，同时集电极的电流从零开始慢慢变大，电压表监视到集电极与发射极间电压 U_{ce} 由大到小变化，直到满足 $U_{ce} = 1V$，停止恒压源 1 的变化，此时电流表 A_1 测量电流 I_b，电流表 A_2 测量电流 I_c，计算放大倍数 $\beta = \dfrac{I_c}{I_b}$，得到共射直流放大倍数 β。

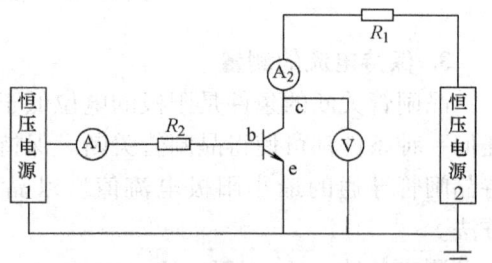

图 10-25　晶体管直流放大倍数测量原理图

2. 交流小信号放大倍数的测量

交流小信号的放大倍数 $\tilde{\beta}$ 是被测器件工作在额定的静态工作点上，对交流小信号的放大能力。交流信号叠加在直流信号上，要保证整个周期放大管工作在导通线性放大状态，因此交流信号的幅度不能过大。以下以晶体管 8050 为例介绍其交流小信号放大倍数的测量方法。

测量条件：$U_{ce} = 1V$，$I_c = 100mA$，输入交流信号频率为 1kHz，输入交流电流的幅度为直流的 10%。

合格条件：$85 \leqslant \tilde{\beta} \leqslant 300$。

测量方法：晶体管交流小信号放大倍数测量方法的原理框图如图 10-26 所示，主要有静态工作点建立电路、直流 I_b 补偿电流、交流电压电流测量电路及交流信号源组成。建立好静态工作点后，在输入端输入 1kHz 的正弦信号，幅度为直流成分的 10% 左右，测量交流成分的电流 $\tilde{I}_b$ 与 $\tilde{I}_c$，计算交流小信号放大倍数的 $\tilde{\beta}$。

测量电路中，C_1、C_2 及 C_3 值的选择在 1kHz 频率下呈现出无穷小的阻抗，起到耦合和旁路作用。LC 并联电路，相比于晶体管输入阻抗呈现无穷大的阻抗。

交流小信号电流放大倍数的测量有两种方法：第一种是直接测量交流电流，计算放大倍数 $\tilde{\beta}$；第二种方法是电压测量法，通过测量交流电压 U_1、U_2 及 U_3，已知 R_1 和 R_2 的阻值，计算出基极与集电极的交流电流，从而计算交流放大倍数 $\tilde{\beta}$。

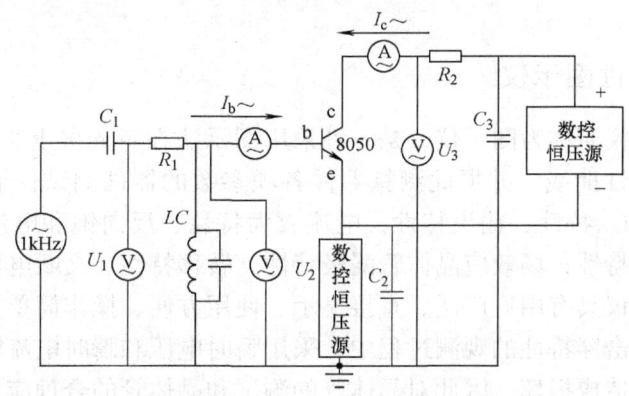

图 10-26　晶体管交流小信号放大倍数测量原理框图

10.4.4　阻抗参数的测量

分立器件的阻抗参数测量主要包含两部分：一部分是直流工作状态下的阻抗参数，另一部分是低频率的小信号模型下的阻抗参数。这些参数包括反向击穿阻抗、正向导通阻抗、饱和电阻、静态输入/输出阻抗和小信号模型输入/输出阻抗等。阻抗参数测量是电压参数测量与电流参数测量的结合，由于篇幅有限在此不再详细介绍其测量原理、电路实现及测量流程，以下只给出各个参数的基本测量方法。

1) 反向击穿阻抗：被测器件在击穿状态下，叠加的交流小信号的电压与电流的关系。如二极管的反向击穿阻抗，其测量方法是施加额定的反向直流电压，叠加额定幅度的交流小信号，交流信号的幅度为直流的 10%，频率为 45Hz~1kHz 范围之内，测量交流成分电压与电流，计算其交流阻抗。

2) 正向导通阻抗：被测器件在导通状态下，正向导通电压与电流的关系。如二极管的正向导通阻抗，施加额定的正向导通电流，测量其正向导通电压，计算出正向导通阻抗。

3) 饱和电阻：与正向导通阻抗的测量方法相似，不同的是饱和电阻是指被测器件工作在饱和状态下直流电压与直流电流的比值。

4) 静态输入/输出阻抗：指直流成分的电压与电流的关系，与直流放大倍数测量一样，建立额定的静态工作点，分别测量其输入/输出的电压及电流，计算其输入/输出的阻抗参数。

5）小信号模型输入/输出阻抗：指被测器件输入/输出电压及电流交流成分的关系。与交流小信号放大倍数相似，建立一样的测量电路，测量输入/输出的交流电压及交流电流计算其小信号模型输入/输出阻抗。

10.5 分立器件测试仪器

半导体分立器件测量仪器的品种繁多，根据所测参数的类型，可分为下列四种：直流参数测量仪器、晶体管特性图示仪、交流参数测试仪器和极限参数测试仪器。为了满足分立器件大规模生产的快速在线自动测试要求，又出现了可以测试以上多种类型参数的分立器件综合测试仪（或测试系统）。本节重点讨论晶体管特性图示仪，简要介绍分立器件综合测试仪。

10.5.1 晶体管特性图示仪

晶体管特性图示仪简称为图示仪，是一种采用图示法在荧光屏上直接显示各种晶体管、场效应晶体管等的特性曲线，并据此测算器件各项参数的器件测试仪器。例如，测量 PNP 和 NPN 型晶体管的输入特性、输出特性、电流放大特性、反向饱和电流、击穿电压；各类晶体二极管的正反向特性；场效应晶体管漏极特性、转移特性、夹断电压和跨导等参数。

晶体管特性图示仪具有用途广泛、直接显示、使用方便、操作简单等优点。尤其在对晶体管各种极限参数和击穿特性的观测过程中，采用瞬时电压和瞬时电流能使被测晶体管仅承受瞬时的过载而不会造成损坏，因此对晶体管的测试和晶体管的合理应用带来极大方便，但图示仪不能用于测量晶体管的高频参数。

1. 晶体管特性图示原理

晶体管特性曲线测试有两种方法：点测法和图示法。图 10-27 所示是共发射极 NPN 型晶体管输出特性曲线及其逐点测量法示意图。图 10-27a 所示测试电路中，先固定基极电流 I_b，改变 E_c 值，可测得一组 u_{ce} 和 i_c 值；再改变基极电流 I_b，重复上述过程，可测得多组数值。适当选取坐标，根据全部测量数据作图，即可得到晶体管输出特性曲线，如图 10-27b 所示。逐点测量法是一种静态测量法，是晶体管特性图示仪的测量原理的基础。

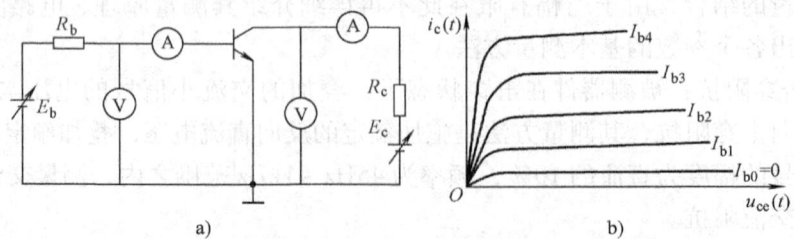

图 10-27 晶体管输出特性曲线及逐点测量法示意图

晶体管特性图示仪可以让上述测量过程自动进行，实现了所谓的动态图示，是一种动态测量法。它利用示波器的 X-Y 图形显示功能，自动描绘出晶体管的特性曲线。为了利用示波器作为 X-Y 图示仪，把图 10-27b 所示 i_c 与 u_{ce} 的关系曲线描绘出来，可将基极电流 I_b 固定为某一值，集电极电压 u_{ce} 加到示波器的 X 输入端，则水平轴相当于 u_{ce} 轴；而把集电极电流 i_c 变换为电压，加到示波器的 Y 输入端，则垂直轴相当于 i_c 轴。这样，屏幕上将扫描出一条 $i_c=f(u_{ce})$ 的曲线。为此，晶体管特性图示仪应具备以下功能：

1) 能够提供测试过程所需的各种基极电流 I_b，并按阶梯波形改变。
2) 每一个固定 I_b 期间，集电极电源 E_c 应作相应改变（扫描式电压）。
3) 能够及时取出各组 u_{ce} 及 i_c 值，送至显示电路的 X 及 Y 通道。

2. 图示仪的组成结构

图示仪有三个主要组成部分：基极的阶梯波发生器、集电极扫描发生器和示波管的水平、垂直偏转系统。图示仪的组成原理框图如图10-28所示。图中转换开关 $S_1 \sim S_4$ 可供多种测量的连接。基极开关 S_1 可让被测管的基极选用电流/梯级或电压/梯级，此外还可让基极开路或对地短路，NPN 和 PNP 开关 S_2 能改换集电极扫描波的正负极性；示波管的水平和垂直放大器的输入选择开关 S_3 和 S_4，可有多种输入选择。所以，组合应用这些转换开关，就能使图示仪进行多种测量。例如，示波管水平 X 轴加集电极电压1，垂直 Y 轴加集电极电流4，被测管基极选用恒流源的"电流/梯级"挡，于是，示波管显示被测晶体管的输出特性曲线簇。

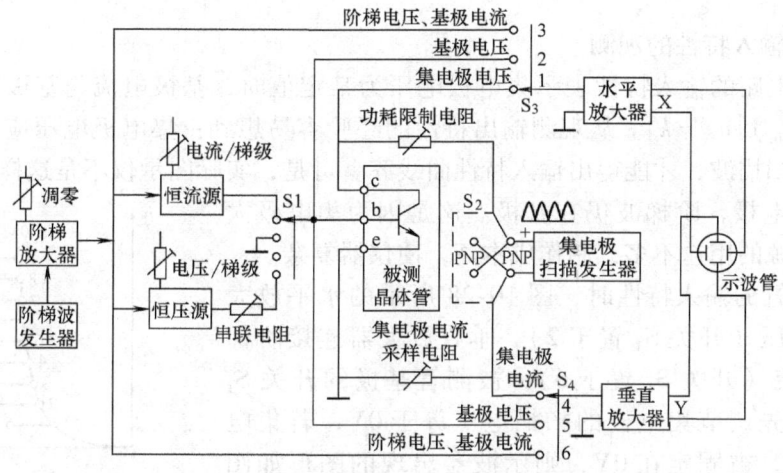

图10-28 特性图示仪的组成原理框图

阶梯波发生器产生上升速率为100级/s（每秒100个台阶）的阶梯波电压输出，再经阶梯波放大器放大后，分别变换成恒流或恒压的阶梯波输出。阶梯放大器的调零是把阶梯波的起始阶梯调至零电位。恒流恒压源的每梯级的电流电压值是可调节的，串联电阻串在恒压源和基极之间，配合被测管的输入特性，模拟其应用特性。功耗限制电阻限制被测管的功耗，也是限流电阻。集电极电流采样电阻完成集电极电流与电压的变换。集电极扫描发生器输出电压的波形是50Hz交流的全波整流波形。它实际上是利用电源变压器输出的50Hz交流电压，经全波整流而得到的100Hz正弦半波电压，作为集电极的扫描电压，故可提供很大的功率。

3. 晶体管输出特性的观测

晶体管共发射极电路的输出特性，是基极电流为某定值时的集电极电流与集电极电压之间的关系，即 $i_c=f(u_{ce})|i_b=k$。现在示波器的 X 轴用集电极电压（开关 S_3 置于1），Y 轴

用集电极电流（开关 S_4 置于4），被测管基极用（电流/梯级）。阶梯波每上升一梯级，就是改变一次 I_b 参数。在一个梯级上，集电极扫描电压先增大后减少，正逆扫描一次，即可得出一条输出特性曲线。如图 10-29a、b 所示，可见扫描波和阶梯波的时间关系是严格同步的。在一次正逆程扫描时间内，基极电流不变。当基极阶梯电流改变多次后，就可得出一簇输出特性曲线。

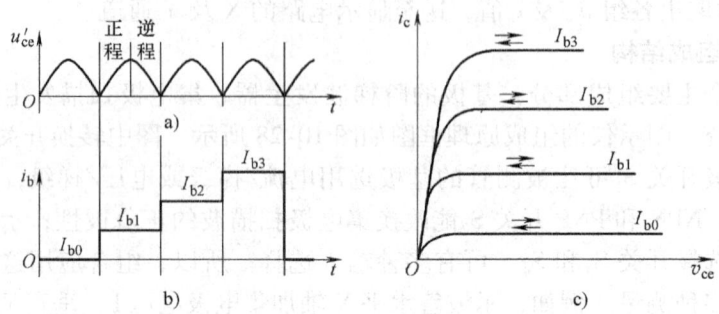

图 10-29 波形的时间关系和输出特性曲线图
a）集电极扫描电压 b）基极阶梯电流 c）输出特性曲线簇

4. 晶体管输入特性的观测

共发射极电路的输入特性表示集电极电压为某定值时，基极电流与基极电压之间的关系，即 $i_b = f(u_{be}) |_{u_{ce} = k}$。从观测输出特性的经验容易想到：集电极电压应当是阶梯波而基极上应当是扫描波，才能得出输入特性曲线簇。可是，实际图示仪不是这样做的，它的扫描波仍然在集电极，阶梯波仍在基极。这是因为集电极大功率阶梯电压源的用途不多，制作成本高，使仪器复杂。

观测晶体管的输入特性时，图 10-28 所示的水平放大器连接基极电压（开关 S_3 置于2），垂直放大器连接阶梯电压/基极电流（开关 S_4 置于6），被测管基极的开关 S_1 接恒流源。首先调节集电极的扫描电压等于 0V，若集电极电压不扫描，被固定在 0V，则示波器出现的图形如图 10-30 所示的 $u_{ce} = 0V$ 曲线。它实际是由光点 0，1，2，…，9 组成的。基极电流每上升一梯级，光点也跳跃一级。

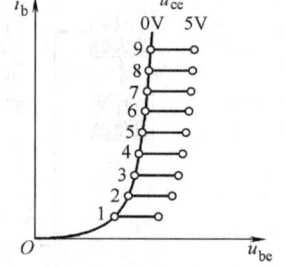

图 10-30 输入特性示意图

当周期性的阶梯波回 0 后，光点开始重复跳跃。事实上，图示仪在工作过程中集电极电压也在不断扫描。现在设集电极扫描电压的峰值为 5V，则可得出 $u_{ce} = 5V$ 的输入特性，如图 10-30 所示。它不是由 0~9 个光点组成的一条曲线，而是 u_{ce} 从 0~5V 的 10 条平行的扫描线段。

5. 大功率晶体管的图示法

在测量大功率晶体管的输出特性时，由于集电极电流大，正程扫描使晶体管结温升高，逆程扫描时集电极电流增大，正程逆程线不能重合，造成所谓的热回线，如图 10-31 所示。所以，图示仪常用基极阶梯电流脉冲法测量大功率管。基极脉冲未出现时，被测管处于截止态；基极脉冲到来时，被测管工作，显示出脉冲持续期间的输出特性线段。

图 10-32 表示的脉冲占空率等于 1/2，而且图示的扫描波和脉冲的相位关系恰好是正程扫描，无逆程。为了降低功率管的结温，必须减少脉冲的持续时间，这时屏幕上只显示出特

性曲线簇的一部分。调节脉冲的宽度，可改变这部分显示线段的长度。还可以根据测试需要，调节扫描波和脉冲之间的相位关系，可选择所要观测曲线簇的某个部位，因而观测十分方便、灵活。

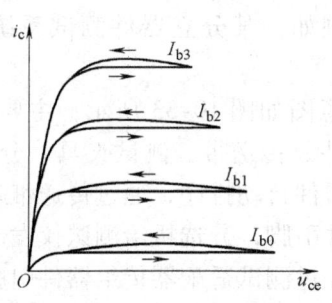

图 10-31　有热回线的输出特性

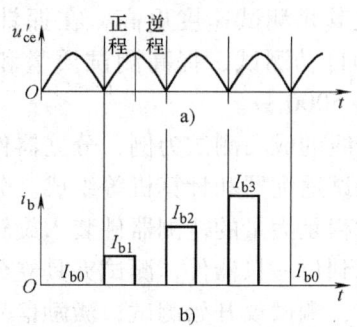

图 10-32　基极阶梯脉冲方法
a) 集电极扫描电压　b) 基极阶梯脉冲电流

6. 图示仪的典型技术指标

国内外晶体管特性图示仪的产品甚多，具有代表性的产品主要技术指标见表 10-8。

表 10-8　晶体管特性图示仪的主要性能指标

型　号	主要技术指标及性能
XJ4810 型晶体管特性图示仪 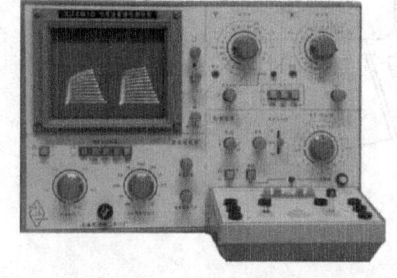	集电极电流范围：$10\mu A/div \sim 500mA/div$，分 15 挡，误差小于 $\pm 3\%$ 集电极电压范围：$0.05V/div \sim 50V/div$，分 10 挡，误差小于 $\pm 3\%$ 阶梯电压范围：$0.05V/$级 $\sim 1V/$级，分 5 挡，误差小于 $\pm 5\%$ 阶梯电流范围：$0.2\mu A/$级 $\sim 50mA/$级，分 17 挡，误差小于 $\pm 5\%$ 集电极扫描信号范围及容量：$0 \sim 10V/5A$，$0 \sim 50V/1A$，$0 \sim 100V/0.5A$，$0 \sim 500V/0.1A$
XJ4830 型晶体管特性图示仪 	提供光标测量方式，具有 CRT 读出、显示测试挡级 集电极电流范围：$1\mu A/div \sim 5A/div$，分 21 挡，误差小于 $\pm 3\%$ 集电极电压范围：$50mV/div \sim 200V/div$，分 12 挡，误差小于 $\pm 3\%$ 阶梯电压范围：$0.1V/$级 $\sim 2V/$级，分 5 挡，误差小于 $\pm 5\%$ 阶梯电流范围：$0.1\mu A/$级 $\sim 0.5A/$级，分 18 挡，误差小于 $\pm 5\%$ 集电极扫描信号范围及容量：$0 \sim 10V/50A$，$0 \sim 60V/5A$，$0 \sim 350V/1A$，$0 \sim 2000V/0.1A$

10.5.2　分立器件综合测试仪

1. 分立器件自动测试系统

分立器件种类繁多、使用灵活、应用广泛、成本低廉，相比集成电路器件具有大功率、高耐压、高频、高灵敏度与低噪声等优势，在很多应用领域中具有不可替代性。在整个半导体分立器件产品生产过程中，测试是重要和必要的生产工序。分立器件综合测试系统相比于传统的单参数或单类型器件的测试仪器，能测试的参数与器件种类更多、功能更强大，尤其是测试速度更高，在探针台和分选机的协同工作下，完成大规模生产线上分立器件的自动测试，提高测试质量和生产效率。例如，某分立器件测试系统每小时可以测试器件 5000 只。

以生产线的成品测试为例，分立器件自动测试示意图如图 10-33 所示，主要由分选机、测试仪、测试适配器和计算机等组成。分选机包括料斗、传送带、测试夹具、分选装置等。自动测试过程是大量的待测器件装入旋转的料斗，对器件自动排序，通过传送带顺序送到测试位置。每到位一只器件，测试夹具立刻夹紧分立器件引脚，分选机给测试仪发出可以测试的启动信号，测试仪开始测试，激励信号和被测信号经过测试适配器传给器件引脚，进行各项参数的测试。测试完毕，测试仪保存测试结果，同时给分选机发送测试结束命令和测试结果数据（包括是否合格、错误代码、分料盒号），分选机收到信号后，测试夹具首先松开器件引脚，把刚才测试的器件通过分选装置送入指定的分料盒，同时运送下一只待测器件到测试位置，再启动一次新的测试。如此循环，完成分立器件的自动测试和分选。分料盒按照不合格品、合格品进行分类，合格品还可根据参数的测试结果再分等级。

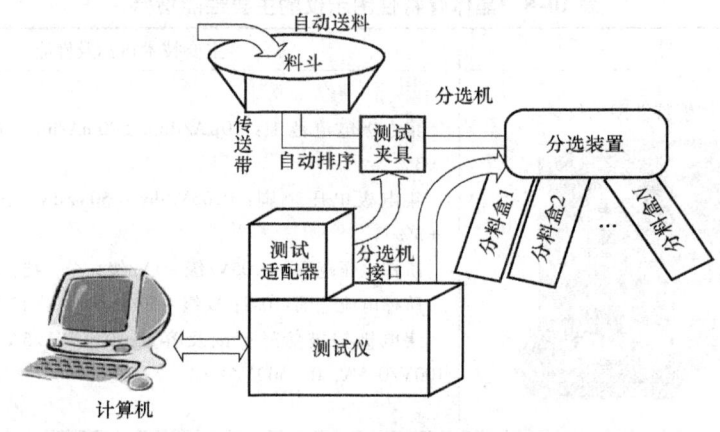

图 10-33　分立器件自动测试示意图

2. 分立器件综合测试仪功能

分立器件综合测试仪可以完成多种半导体分立器件如二极管、晶体管、MOS 场效应晶体管、结型场效应晶体管、晶闸管、光耦合器等器件的大部分参数的测试。测试仪硬件总体组成框图如图 10-34 所示。测试仪的硬件系统主要由 CPU 板、低压恒压源/恒流源板、高压板/小电流板、脉冲大电流板、测试适配器、交流参数/时间参数测试板、分选机或探针台接口板及系统电源组成。测试仪的各个功能板均插在系统背板的插槽上，通过自定义的系统总线进行信号和数据交换。主要功能板简介如下：

1）CPU 板：执行测试程序完成分立器件的自动化测试，通过统一的系统内部并行总线对其他功能板进行控制，完成与上位计算机的通信。此外 CPU 板直接通过总线产生控制信号来配置测试适配器的测试网络。

2）低压恒压源/恒流源板：提供多个通道的低压程控恒压源与恒流源，并且具有精

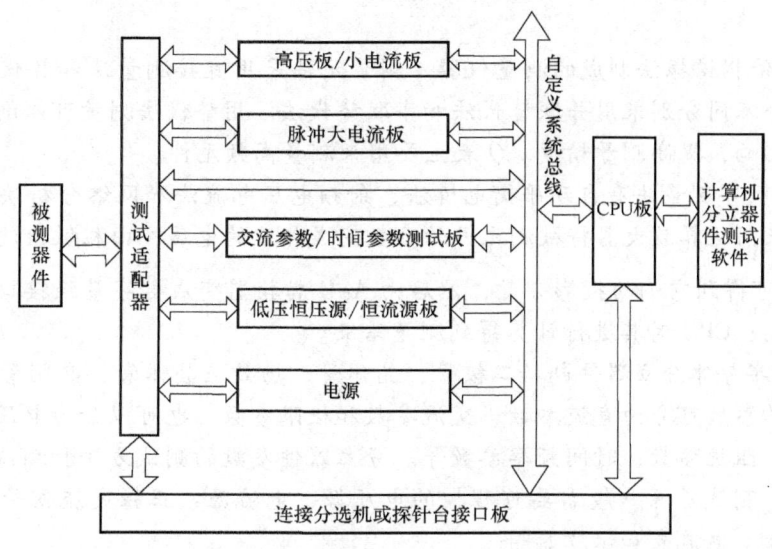

图 10-34　测试仪硬件总体组成框图

确测量电压和电流的功能，可以完成导通电压、饱和电压、导通电流、放大倍数等参数测试。

3）高压板/小电流测试板：为测试系统提供上千伏的高压程控恒压源，进行低至皮安级甚至纳安级的小电流精确测量，完成多种器件的反向击穿电压及漏电流参数等的测试。

4）脉冲大电流板：提供可程控的大功率脉冲恒压源及恒流源，一般为几十安培甚至上百安培，同时具有脉冲电压和脉冲电流测量功能，主要完成大功率器件的指标测试。

5）交流参数/时间参数测试板：提供正弦交流信号源和快速脉冲信号源，能够测量正弦交流信号的电压和电流幅值，并且能够测量频率和时间间隔，主要完成半导体分立器件的交流放大倍数、阻抗、时间参数等测试，如开启上升时间、延时时间、下降时间。

6）测试适配板：板上配置不同的器件的参数测量电路和继电器网络，通过导通或断开不同的继电器，连接其他功能板上的测试资源，组成各个参数测试需要的测试电路，完成器件的自动测试。

本 章 小 结

1）由于电阻器、电感器和电容器受到所加的电压、电流、频率、温度及其他物理和电气环境的影响会改变阻抗值，因此在不同的条件下其电路模型不同。阻抗测量有多种方法，必须首先考虑测量的要求和条件，然后选择最合适的方法，需要考虑的因素包括频率覆盖范围、测量量程、测量精度和操作的方便性。没有一种方法能包括所有的测量能力，因此在选择测量方法时需折中考虑。

2）集总参数元件的测量主要采用电压-电流法、电桥法和谐振法。依据电桥法制成的测量仪总称为电桥，同时具有测量 L、R、C 功能的电桥称为万用电桥。电桥主要用来测量低频元件。

3) Q 表是依据谐振法制成的测量仪器。测量元件采用直接测量法和替代法，替代法又因被测阻抗大小不同分别采用并联替代法和串联替代法。用替代法测量可以削弱甚至消除某些分布参数的影响，提高测量精度。Q 表主要用来测量高频元件。

4) 阻抗的数字测量法有自动平衡电桥法、射频电压电流法和网络分析法等。在智能化 LCR 测量仪中采用运算放大器将被测元件的参数变成相应的电压，由相敏检波器通过开关选择 $\dot{U}_x$ 和 $\dot{U}_s$，便可得到它们的投影分量，然后由 A-D 转换器变成数字量经接口电路送到微处理器系统中存储；CPU 对其进行计算得到测量结果。

5) 常见的半导体分立器件包括二极管、晶体管、场效应晶体管、晶闸管及光电子器件等。分立器件的参数可分为直流参数、交流参数和极限参数；也可以分为电压参数、电流参数、放大倍数、阻抗参数、时间频率参数等。分立器件参数的测试方法和测试电路由器件和参数类型而定。测试资源一般需要可程控的电压源、电流源、正弦交流信号源和脉冲信号源，需要电压表、电流表和示波器等。

6) 晶体管特性图示仪是一种采用图示法在荧光屏上直接显示各种晶体管、场效应晶体管等的特性曲线，并据此测算器件各项参数的器件测试仪器。例如，测量 PNP 和 NPN 型晶体管的输入特性、输出特性、电流放大特性、反向饱和电流、击穿电压；各类晶体二极管的正反向特性；场效应晶体管的漏极特性、转移特性、夹断电压和跨导等参数。晶体管特性曲线的测试有两种方法：点测法和图示法。

思考与练习

10-1 测量电阻、电容、电感的主要方法有哪些？它们各有什么特点？

10-2 图 10-35 所示的直流电桥测量电阻为 R_x，当电桥平衡时，三个桥臂电阻分别为 $R_1 = 100\Omega$，$R_2 = 50\Omega$，$R_3 = 25\Omega$。求电阻 R_x 等于多少？

10-3 图 10-36 所示的交流电桥平衡时有下列参数：Z_1 为 $R_1 = 2000\Omega$ 与 $C_1 = 0.5\mu F$ 相串联，Z_2 为 $R_2 = 1000\Omega$ 与 $C_2 = 1\mu F$ 相串联，Z_4 为电容 $C_4 = 0.5\mu F$，信号源角频率 $\omega = 10^2 \text{rad/s}$，求阻抗 Z_3 的元件值。

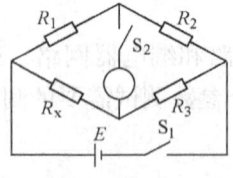

图 10-35　题 10-2 图

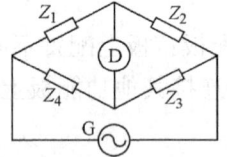

图 10-36　题 10-3 图

10-4 判断图 10-37 所示交流电桥中哪些接法是正确的？哪些是错误的？并说明理由。

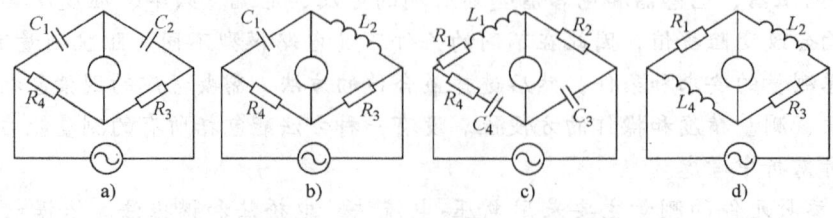

图 10-37　题 10-4 图

10-5 试推导图 10-38 所示的交流电桥平衡时计算 R_x 和 L_x 的公式。

10-6 判断图 10-39 所示的连接头的接法正确与否？并说明理由。

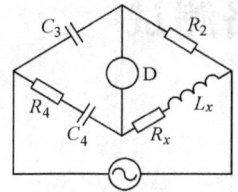
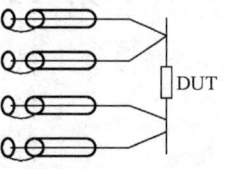

图 10-38 题 10-5 图　　　　　　　图 10-39 题 10-6 图

10-7 简述 Q 表测量 L、C、Q 的原理。

10-8 简述自动平衡电桥测量阻抗的原理。

10-9 简述分立器件的测试参数分类，各有什么特点？

10-10 简述晶体管特性图示仪的工作原理。

10-11 为什么分立器件自动测试系统能够完成对分立器件的快速自动测试和分选？

第 11 章 集成电路测试

11.1 概述

11.1.1 集成电路测试的意义

集成电路由于集成度高、功能强、体积小、成本低等优点，可简化电子电路的设计、装配、调试和维修，提高了电子设备的工作效率和可靠性，使电子产品的小型化、微型化和低价格成为可能。今天，集成电路已成为信息产业的基础。集成电路的设计和制造技术水平及其产业规模决定着一个国家现代工农业、国防装备和家庭电子类消费品的发展水平，是现代经济发展的原动力。集成电路产业是衡量国家综合实力的重要支柱性产业。

庞大的集成电路产业主要由集成电路设计、芯片制造、封装和测试为主体构成。在这个产业链条中，集成电路测试是唯一贯穿集成电路设计、生产和应用全过程的产业。如果集成电路设计没有通过原型的验证测试，就不可能投入量产；量产中，晶圆片如果没有通过探针测试台的中测，就无法在下一个工序中进行封装；而封装后的成品测试（成测）又是集成电路产品的最后工序，只有测试合格的电路才可能作为正式的集成电路产品出厂。而在随后的市场流通和工程应用中，集成电路还必须经过多种不同应用目标和不同使用条件的综合性或特殊性测试。

集成电路测试技术伴随着集成电路的飞速发展而发展，对促进集成电路的进步和广泛应用作出了巨大的贡献。在集成电路研制、生产、应用等各个阶段都要进行反复多次的检验、测试来确保产品质量。各个集成电路应用行业都有自己的元器件检测中心，负责集成电路在应用中的质量把关。集成电路测试技术是验证设计、监控生产、保证质量、分析失效以及指导应用的重要技术支撑，是所有这些工作的技术基础。

11.1.2 集成电路测试的基本原理

集成电路测试是给集成电路输入激励信号，检查集成电路的输出响应，并和预期输出比较，以确定或评估集成电路元器件功能和性能的过程。集成电路测试的基本模型如图 11-1 所示。

图 11-1 集成电路测试的基本模型

被测器件 DUT（Device Under Test）可作为一个已知功能的实体，测试依据原始输入 X 和网络功能集 $F(X)$，确定原始输出响应 Y，并分析 Y 是否表达了电路网络的实际输出。因此，测试的基本任务是生成测试输入，将测试输入施加于被测器件，检测并分析其输出的正确性。

11.1.3 集成电路测试的分类

1. 按测试器件的类型分类

电路类型不同,测试原理方法也不同,因此划分为模拟电路测试、数字电路测试和混合电路测试三大类,见表 11-1。

表 11-1 集成电路测试按器件类型分类

测 试 类 型	被测试的电路
模拟电路测试	运算放大器、滤波器,集成稳压器、DC-DC 电源,锁相环(PLL)、采样保持
数字电路测试	各类 SI、MSI、LSI、VLSI 数字逻辑,半导体存储器 RAM、CPU、数字 I/O、DSP、数字图像处理、数字合成器
混合电路测试	模拟开关、电压比较器、DAC、ADC、DDS(合成信号源)、SOC(片上系统)

2. 按测试内容分类

按测试所涉及的内容,测试分为参数测试、功能测试、结构测试。

(1) 参数测试

参数测试包括直流 DC(电压、电流)测试、交流 AC(时延、频响)测试、I_{DDQ} 测试、三态测试等。

(2) 结构测试

结构测试是从芯片内部的逻辑结构出发,根据故障发生的原因,分成不同的故障模型,然后针对这些特定的故障生成测试码,并通过故障模型计算每个测试码的故障覆盖范围,直到所考虑的故障都被覆盖为止。目前,结构测试在数字集成电路测试中的理论研究较多,在测试生成算法、可测性设计等方面有许多研究成果。

(3) 功能测试

功能测试法又称为功能验证,是指不检测集成电路内部每个门、每条信号线的故障,只验证总体功能,因而比较容易实现。它的优点是无需知道被测电路的具体实现,而只需知道它的状态转换关系。它特别适用于在电路结构不清楚,或电路太复杂,故障的模式不甚清楚的场合。目前,LSI、VLSI 电路的测试大都采用功能测试法,对微处理器、存储器等的测试也采用功能测试法。

结构测试,是集成电路设计和研制过程中常用的方法之一,而参数测试和功能测试则是整个集成电路从设计、研制到批量生产、甚至用户使用过程中都必须进行的。限于篇幅,本书仅针对数字、模拟和混合集成电路的参数测试和功能测试原理和测试技术分别进行讨论。而结构测试的内容请读者参看有关数据域测试、数字系统故障诊断等书籍。

3. 按测试目的分类

根据对集成电路测试所要达到的目的,可将集成电路测试分为 4 类,即验证测试、生产测试、验收测试和使用测试。

(1) 验证测试

验证 IC 功能的正确性,这类测试是在器件进入量产阶段之前进行的,其目的是验证这个设计是否正确,是否满足了规范中所有的要求。验证测试的测试项目非常全面,包括功能测试、交流(AC)和直流(DC)参数测试等,也可能会探测芯片的内部结构,主要针对系

(2) 生产测试

IC 的生产测试，包括晶片（Wefer）测试（中间测试）和封装芯片测试（成品测试和老化测试）。对产品进行筛选和分级测试，针对制造过程中产生的故障，生产出来的每一片 IC 芯片都要接受生产测试。从降低测试成本的角度出发，生产测试在保证故障覆盖率的前提下，通常使用尽可能小的测试向量集合，从而缩短测试时间。

(3) 验收测试

系统制造商在进行系统集成之前，需要对所购买的电路器件进行入厂测试。这一类测试最主要的目的是避免在系统组装的时候使用有缺陷的器件，那种情况一旦出现，其诊断费用远高于入厂测试的费用。在不同的情况下，此类测试的内容不同，可能比产品测试更全面，也可能为了特定的系统应用而调整测试项目。另外，根据器件质量和系统要求，可能进行随机抽样，只针对样品做入厂测试。

(4) 使用测试

使用测试是在器件使用期间进行的测试，包括对器件进行各类可靠性试验后的评价测试，系统使用过程出现故障进行故障芯片检测和定位所进行的测试等。

4. 集成电路寿命全过程中的分类测试

集成电路寿命全过程中的分类测试框图如图 11-2 所示。

集成电路测试贯穿于集成电路设计、制造、封装，以及到集成电路应用的全过程。集成电路测试按生产过程的先后可分为：集成电路设计时的验证测试；芯片制造过程的工艺监控测试；封装前的圆片测试（中测）中的芯片电路的性能参数测试，以及作为芯片制造质量监控、设计模型参数提取和内建可靠性的微电子结构的测试；封装后的成品测试（成测）中的直流参数（DC）、交流参数（AC）、极限参数和电路功能的测试；IC 可靠性保证测试（例如，耐久性老化试验、筛选试验、例行试验、寿命试验、定级试验、验收试验和失效分析试验等）；集成电路应用时的用户测试（例如，入库检验、现场测试和失效分析）等。另外，应用中的测试可以是器件级的、板级的或系统级的，不同级别的测试所用的测试原理和测试设备是不同的。

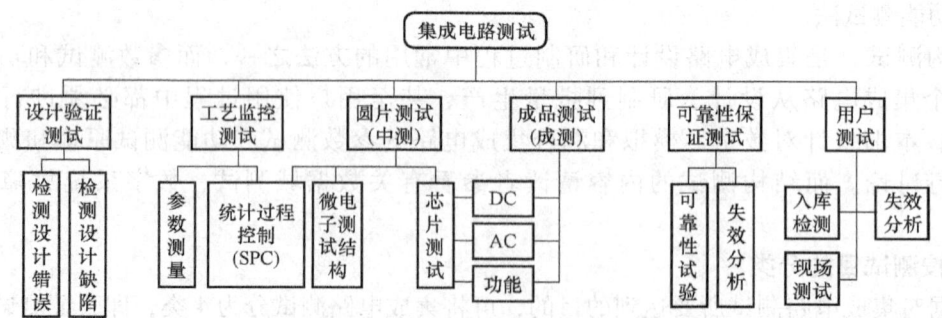

图 11-2 集成电路寿命全过程中的分类测试框图

11.1.4 测试的主要环节

集成电路测试过程中的主要环节如下。

1. 测试规范（test specification）和测试计划（test plan）的制订

1）器件规范是开发和测试的依据，应该包含以下内容。

① 功能、参数——参数特性和测试条件、功能特性、输入/输出信号的特征和时钟频率等。

② 器件的类型——逻辑电路、微处理器、存储器、模拟电路、模数混合信号电路等。

③ 物理特性——封装、引脚分布等。

④ 工艺——门电路、定制电路、标准单元等。

⑤ 环境特性——工作的温度范围、供电电压、湿度等。

⑥ 可靠性——质量等级（每百万个器件的缺陷比例）、每1000h（小时）的失效率等。

2）在测试规范的基础上，可以制订测试计划。在测试计划中，确定测试的种类和测试仪的种类。

测试的种类包括参数测试、功能测试、老化测试、速度分选等。测试仪的选择要考虑到很多因素，例如吞吐量、时钟频率、定时的准确度、测试序列的深度、测试仪所含各种仪器模块的性能、指标以及费用等。

2. 测试仪（tester）的选用

测试仪的基本功能是向被测器件（DUT）施加输入，并观察其输出。测试仪通常也被称为自动测试设备（Automatic Test Equipment，ATE）。选择 ATE 时必须考虑被测器件的规范，主要包括速度（该器件的时钟频率）、定时准确度、输入、输出引脚的数目、模拟信号和数模混合信号测试要求等。此外，还有费用、可靠性、编程难易程度等。

3. 测试程序（test program）的生成

一旦器件被安放在测试仪上，需要有测试程序来控制测试过程。测试程序包含着控制测试过程的指令序列。例如，简单的序列就是上电及初始化，向输入引脚施加时钟和向量，探测输出引脚，将输出信号与预先存储好的预期响应进行比较。更完善的测试程序还可以提供输入信号的波形选择、屏蔽输出信号、感知高阻状态以及多种复杂的功能。

测试程序生成（Test Program Generation，TPG）需要3种信息：

1）测试的规范以及测试的种类等信息，这些可以从测试计划中得到。

2）器件的物理特性数据（引脚分布、晶圆图等），这些可以从版图中得到。

3）信号、测试向量（输入以及预期响应）及定时信息，这些可以从模拟器中得到。

4. 测试器件分类

集成电路测试的目的之一是对每个被测器件分类，分类的依据是各种测试结果。最简单的分类是"通过"和"失效"，把合格品和不合格品进行分离，分开来存放。但分类并不仅是通过/失效操作。有时还对"通过"的器件再进行分级，按某些指标将其归类为几个等级。还可按检测出故障的类型来区分失效器件。

通过使用自动分选机或探针测试台，让测试仪与分选机联合工作来实现自动测试和分类。下面以分选机与测试仪连接完成集成电路的成品测试为例，说明其工作过程：①自动分选机自动上料，把被测器件自动传送到测试位置，与测试仪的 DUT 连接。②分选机向测试仪发出一个可以测试的启动信号。③测试仪收到启动信号后，立即对一个器件进行测试。测试顺序一般是接触测试、功能测试、直流参数测试、交流参数测试。④测试仪测试完毕，由测试结果产生分类信号，传送分类信号和测试完成信号给分选机。⑤分选机根据分类信号，自动运送该器件到对应的分类盒，同时开始下一个器件的自动上料，即重复第一步。

测试仪要求具有快速响应和快速测试能力,一个器件的测试时间通常要求在几百毫秒完成,分选机应具有快速上料、快速分类能力,上料及分类时间通常也只需几百毫秒,所以完成一个器件的自动测试和分类的时间在 1s 左右,即 1h 可测试 3000～4000 只集成电路。

5. 测试数据的分析（test data analysis）

从测试仪得到的数据有 3 个用途:判断被测器件是否合格并分类;提供关于制造过程的有用信息,如总产量、合格率、被测参数的平均值、标准偏差等;提供有关设计方案薄弱环节的信息。

如果器件没有通过测试,当然可以立即指出该器件有问题。但是,即使器件通过了测试,也不能说该器件就是合格的,除非测试的故障覆盖率达到了 100%。对测试数据的分析可以提供有关器件质量的信息。对失效芯片进行失效模式分析（failure mode analysis）,可以为提高集成电路工艺进一步提供信息。这些信息对于逻辑设计以及版图设计都是十分有用的。

11.1.5 集成电路测试系统

1. 集成电路测试系统的发展历程

集成电路测试系统从最初测试小规模集成电路发展到测试中规模、大规模和超大规模集成电路,到了 20 世纪 80 年代,超大规模集成电路测试系统进入全盛时期。当前,集成电路测试系统已经进入 SOC 测试系统时代。

集成电路测试系统的发展过程可以粗略地分为 4 个时代。第一代始于 1965 年,测试对象是小规模集成电路,可测引脚数达 16 只。用导线连接、拨动开关、按钮插件、数字开关或二极管矩阵等方法,编制自动测试序列,仅仅测量 IC 外部引脚的直流参数。第二代始于 1969 年,此时计算机已开始用于测试系统,测试对象扩展到中规模集成电路,可测引脚数 24 个,不但能测试 IC 的直流参数,还可用低速图形测试 IC 的逻辑功能。第三代始于 1972 年,这时的测量对象扩展到大规模集成电路（LSI）,可测引脚数达 60 个,功能测试图形速率提高到 10MHz。从 1975 年开始,测试对象为大规模、超大规模集成电路（LSI/VLSI）,可测引脚增到 128 个,功能测试图形速率提高到 20MHz。不但能有效地测量 CMOS 电路,也能有效地测量 TTL、ECL 电路。第四代始于 1980 年,测量对象为 VLSI,可测引脚数高达 256 个,功能测试图形速率高达 100MHz,测试图形深度可达 256kbit 以上。测试系统的智能化水平也进一步提高,具备与计算机辅助设计（CAD）连接能力,利用自动生成测试图形向量,并加强了数字系统与模拟系统的融合。随着集成电路器件的发展,在测试功能、引脚数、时钟频率、测试速率等方面,对集成电路测试仪又提出了越来越高的要求。当前,高端 SOC 测试系统可测引脚已达 2048 个,测试速率高达 GHz。

2. 集成电路测试系统的基本组成

集成电路测试系统是一类用于测试集成电路直流参数、交流参数和功能的一种测试设备。基本功能是检测被测集成电路电气性能的完整性,具体来说就是检测被测集成电路的参数指标和性能是否满足规范。现代集成电路测试系统集电子测量技术、计算机技术、自动化技术、通信技术和微电子技术于一身,形成了技术密集、知识密集的高科技集成电路自动测试系统。

集成电路测试系统的组成原理是,计算机通过数字总线接口与诸多的激励源单元和测试单元相连接,并按测试需求通过激励源单元和测试单元与被测集成电路相接,在计算机的控制下实施测试。激励源用于驱动被测器件（DUT），测试单元用于检测 DUT 输出信号。由于 DUT 的复杂性、对测试的高性能、高指标要求和测试内容的多元化需求，现代集成电路测试系统在激励源单元、测试单元与 DUT 之间，构造一个具有系统适配性质的引脚电子模块，以更好地与 DUT 匹配。图 11-3 为自动测试系统的基本组成框图。图中，计算机作为系统控制器；激励源单元包括了 Per Pin（按引脚分配）信号源、波形发生器和数字图形发生器；测试单元有 Per Pin 测量模块、波形数字化仪和数字比较器；激励源单元和测试单元通过引脚电子中的不同通道电路与被测器件相连接。

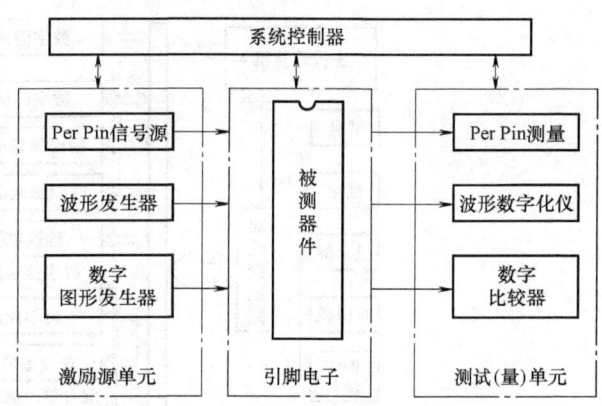

图 11-3　自动测试系统的基本组成框图

3. 集成电路测试系统的分类

目前集成电路测试系统主要是按不同测试对象分类的，主要分为数字集成电路测试系统、模拟集成电路测试系统和数模混合信号集成电路测试系统。从测试和测试系统的角度，这里所说的不同对象是指该集成电路的引脚性质。如果该集成电路的输入引脚、输出引脚、控制引脚和其他引脚均为数字信号引脚，则称该集成电路为数字集成电路；如果该集成电路的全部引脚均为模拟信号引脚，即该引脚信号的幅度或数值上具有连续变化的特征时，该电路即称为模拟集成电路。如果该集成电路的全部引脚中既有数字信号引脚，又有模拟信号引脚，该电路即称为数模混合信号集成电路。

图 11-3 是集成电路测试系统结构的全集。如果一个测试系统激励源单元只配置数字 Per Pin 信号源、数字图形发生器，测试单元仅配置数字 Per Pin 测量和数字比较器，该系统只能驱动和测试具有全数字引脚的集成电路，这就构成了数字集成电路测试系统。如果一个测试系统激励源单元仅配置模拟 Per Pin 信号源和波形发生器，测试单元仅配置模拟 Per Pin 测量和波形数字化仪，该系统只能驱动和测量具有全模拟引脚的集成电路，这就构成了模拟集成电路测试系统。如果系统配置了图 11-3 的全集，则它既能驱动和检测集成电路的数字引脚部分，又能驱动和测量该集成电路的模拟引脚部分，具有测试数模混合信号集成电路的能力。因此构成了数模混合信号集成电路测试系统。

4. 通用集成电路测试系统的组成结构

现代的集成电路测试系统具有代表性的是混合信号集成电路测试系统，其体系结构绝大多数是基于模块化的总线结构。通用测试系统内部结构如图 11-4 所示。

测试系统包括硬件和软件两大部分，硬件由电路和机械两部分组成，它们由主控计算机及其外围设备、电源、测量仪器、信号发生器、图形（pattern）生成器和其他硬件模块的集合体等组成。

（1）系统硬件

1）主控计算机及总线控制器

① 系统主控计算机由标准配置的计算机或工作站构成，是作为整个测试系统的控制中心。对主控计算机的要求是速度较高、内存要足够大和读写速度快等。基本外设包括鼠标/键盘、显示器、软盘、硬盘、光盘驱动器、串/并接口及 USB 接口，此外还可配接打印

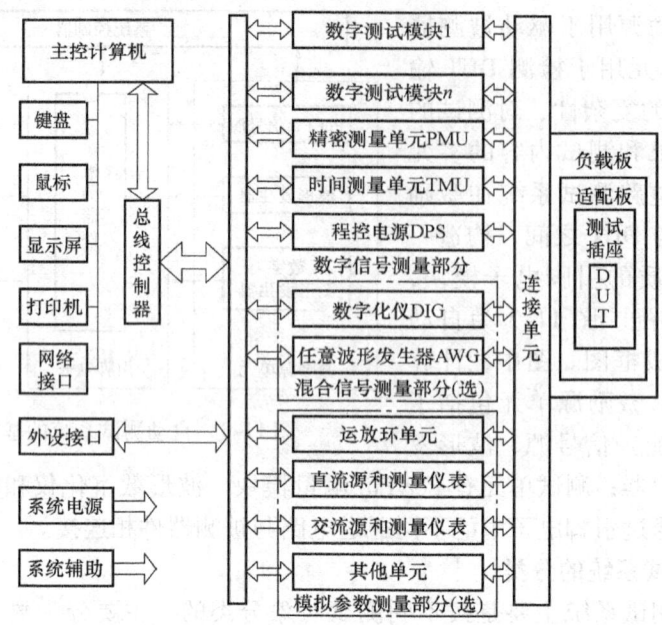

图 11-4 通用测试系统内部结构

机等其他外设选件。同时要能够与探针测试台、自动分选机等其他设备进行接口。

② 总线控制器完成主控计算机与测试系统之间的通信和控制，完成测试系统内部所有资源模块与主控计算机之间的通信和模块之间的信息传递。目前主流的集成电路测试系统仍然采用自定义的总线，采用标准总线的还不多。

2) 数字参数测量部分

① 数字测试模块，主要用于数字集成电路的功能测试，它由 DUT 的测试信号波形产生（图形发生器）和 DUT 输出响应检测两部分组成，它是数字集成电路测试的核心模块。

② 精密测量单元（PMU）模块，用于模拟、数字集成电路引脚参数的电压、电流的施加和测量模块，它是集成电路直流参数测试不可缺少的专用模块。

③ 时间测量单元（TMU），用于器件交流参数的时域测量，对输出信号进行时间测量和分析，如周期、脉宽、上升/下降时间、传输延时、频率等。

④ 器件程控电源（DPS）模块，为被测集成电路的电源引脚提供可编程控制的电源。

3) 模拟参数测量部分

① 运放测试环模块，用于集成运放参数测量的模块。

② DC 源模块系列（通用 DC 源、高压 DC 源），DC 测量仪模块（DVM）。

③ AC 源模块系列（各式信号发生器、脉冲高压大电流源）、AC 测量仪模块（峰值、有效值测量），用于器件交流参数的频域测量，如频率特性、截止频率等。

④ 其他单元，射频测量仪器（网络分析仪、矢量电压表、选频电压表等），用于交流高频参数的频域测量。还可能包括数字存储示波器，用于器件交流参数的时域测量。

4) 混合电路测量部分

混合信号测量的基本仪器模块是 DDS 波形发生器和波形数字化仪。

(2) 测试程序

测试系统软件是由计算机运行的一组指令（测试程序），在测试时控制各硬件模块，为

DUT 提供合适的电压、电流、时序和功能状态，并监测 DUT 的响应，每次测试的结果和预先设定的界限对比，做出通过（pass）或失效（fail）的判断。

1）测试程序的结构。测试程序的构成一般包括测试的流程，采用的测试方法（直流参数、交流参数测试，功能测试，结构测试等），结果分类要求（分类控制），器件参数设置，测试仪（ATE）初始化、校准和连接性，资源设置（测试时序、测试限值），测试图形文件（波形创建）获取等部分。实际过程中，根据测试仪资源、被测器件特性、测试内容等不同条件，测试程序的各部分内容也会有相应的调整。编写测试程序，首先应该编写测试计划，然后转为测试程序。

2）测试控制代码和测试图形。测试程序包括测试控制代码和测试图形两个部分。

测试控制代码具有实时控制设备的能力，包含测试设备操作、测试信号生成和测量。

模拟部分的测试图形可以通过已验证过的数学函数作为模拟代码，例如，通过函数计算生成 DAC 理想的输出仿真波形，也可以通过对模拟信号进行采样转换为数字波形。数字部分的测试图形又称为测试向量，由一系列比特单元组成，它不仅包含 0/1 驱动和预期数据，而且还包含向量的时序信号。混合信号测试必须在十分精确的时序下进行，测试仪程序中的数字图形部分和代码控制部分必须协同工作。

11.2 数字集成电路测试技术

11.2.1 概述

1. 数字集成电路概述

数字集成电路是指那些基于布尔代数的公式及规则，能对二进制数进行布尔运算的集成电路。数字集成电路是输入和输出满足一定的逻辑关系，且能实现一定逻辑功能的集成电路，这些逻辑功能包括数字逻辑运算、存储、传输及转换等。数字集成电路是所有数字电子系统的硬件基础。

数字集成电路由最基本的门电路组成，因此可以按每个芯片上集成的门电路个数或元器件个数表征该集成电路的集成度。目前普遍按集成度把数字集成电路分为 6 类，见表 11-2。从 1958 年出现第 1 只集成电路芯片到现在，数字集成电路已进入了 $3G(1G = 10^9)$ 时代，即单片集成度达到 1G 个晶体管，工作速度达到 1×10^9 MHz，最高数据传输速率达到 1Gbit/s，并且正在迈向 $3T(1T = 10^{12})$ 时代。

表 11-2 数字集成电路的集成度分类

时间/年	1966	1971	1980	1990	1998	2000
类别	SSI（小规模）	MSI（中规模）	LSI（大规模）	VLSI（超大规模）	ULSI（特大规模）	GLSI（巨大规模）
芯片所含等效电路个数	<10	$10 \sim 10^2$	$10^2 \sim 10^4$	$10^4 \sim 10^6$	$10^6 \sim 10^8$	$>10^8$
芯片所含元器件个数	$<10^2$	$10^2 \sim 10^3$	$10^3 \sim 10^5$	$10^5 \sim 10^7$	$10^7 \sim 10^9$	$>10^9$
代表产品	门电路、触发器	计数器、加法器	8 位微处理器	16 位、32 位微处理器	图像处理器、SOC 高档微处理器	

按照集成电路的逻辑功能，数字集成电路可分为组合（逻辑）电路和时序（逻辑）电路。按照芯片的用途，数字集成电路可分为通用集成电路（如市售的各种通用小、中、大、超大规模集成电路产品）、可编程逻辑器件（如 PROM、EPROM、PAL、CPLD、FPGA 等）、半定制集成电路（如门阵列、标准单元等构成的集成电路）和全定制专用集成电路（ASIC）。

2. 数字集成电路测试原理

数字集成电路测试原理如图 11-5 所示，其基本方法是根据输入激励量和输出响应量来判断集成电路的故障情况。输入激励是对电路所施加的一组输入信号值（测试集），是为了确定电路中有无故障。

故障检测和故障诊断的首要问题是测试图形的生成。测试生成过程要能迅速准确地得到测试码，并且能判断测试码的有效性，还要保证测试码尽量简单，必须讨论测试码与测试图形的各种生成方法和集成电路的各类故障模型。

首先介绍测试向量、测试图形、测试集等几个术语的定义。

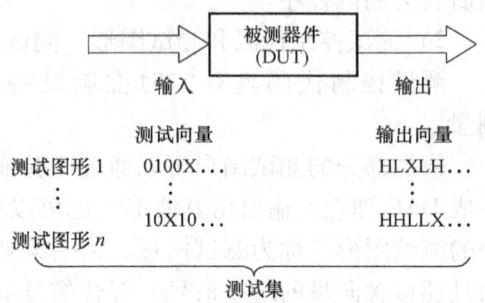

图 11-5　数字集成电路测试原理

1）测试向量（vector）（或输入测试向量、输入向量）：这是指以并行方式施加于被测器件初始输入端的逻辑 0 和 1 信号的组合，组合逻辑电路中，若输入变量数为 n，则最多应有 2^n 个测试向量。

测试码（code）：能够检测出电路中某个故障的输入激励（测试向量），被称为该故障的测试码。

2）测试图形（pattern）：输入测试向量和集成电路对输入测试向量的无故障输出响应合在一起称为测试图形。测试图形与测试向量一样，只是测量向量必须附加上该电路对输入测试向量的无故障输出响应。

3）测试集（set）：故障测试集（简称测试集）是指一组测试向量或测试图形的集合。一般地讲，集合的原则是，一个测试集将确定被测电路是否有故障。一个测试集可以是穷举的、小于穷举的，或者是一个最小数，这要取决于测试图形产生算法。

3. 故障及故障模型

对数字集成电路来说，最主要是测试其功能、时序关系和逻辑关系等。如果仅是测试一个集成电路是否存在故障，则称之为故障检测（fault detection）。不仅要检测集成电路中是否存在故障，而且要指出故障位置，进行故障定位（fault location），则称之为故障诊断（fault diagnosis）。故障检测和故障诊断统称为测试。

集成电路的不正常状态有：缺陷（defect）、故障（fault）和失效（failure）等。由于设计考虑不周全或制造过程中的一些物理、化学因素，使集成电路不符合技术条件而不能正常工作，称为集成电路存在缺陷。集成电路的缺陷导致它的功能发生变化，称为故障。故障可能使集成电路失效，也可能不失效；集成电路丧失了实施其特定规范要求的功能，称为集成电路失效。缺陷会引发故障，故障是表象，相对稳定，并且易于测试；缺陷相对隐蔽和微观，缺陷的查找与定位较难。

集成电路使用者一般不直接研究缺陷，仅研究故障。集成电路的开发和生产者肯定不能满足只研究故障,还需要找到具体的缺陷(设计或制造、物理或化学等)。

故障可以分为逻辑故障与非逻辑故障、永久性故障与间歇性故障、固定值故障与可变化值故障、硬故障与软故障等。

数字集成电路的故障模型可以分为逻辑门层次的故障模型、晶体管层次的故障模型和功能模块层次的故障模型。逻辑门层次的故障模型不能描述电路在晶体管层次的全部故障;晶体管层次的故障模型更能准确描述各种物理缺陷的电路行为和故障特征,但增加了测试的复杂性;功能模块层次的故障模型描述它是否能实施规范要求功能,适用于大规模集成电路的测试。

故障模型有两个基本要求:首先,模型必须精确,即电路中实际可能出现的物理缺陷应该尽可能被模型表述;其次,模型应尽可能简单,以便各种运算和处理较容易,能方便地用于大规模复杂集成电路系统。

4. 数字集成电路测试的基本方法

作为一个实例,首先考虑图 11-6 所示 64 位加法器的测试,它是只包含组合逻辑的简单网络(没有锁存器或其他双稳电路)。n 位二进制输入,穷举测试时需 2^n 个测试向量,即 2^n 个穷举输入测试集,其输出响应必须依这 2^n 个输入向量逐个进行检测,并需并行地检测与该测试向量对应的 m 个输出响应。

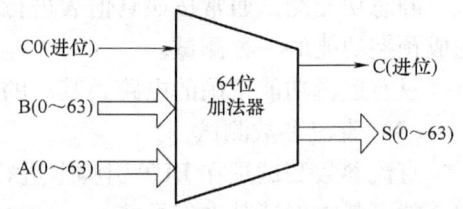

图 11-6 只包含逻辑门的简单组合电路测试(64 位加法器)

一般说来,数字集成电路采用穷举测试是不现实的,若对图 11-6 的 64 位加法器进行穷举功能测试,全部输入/输出测试集共有 129 位输入,65 位输出,穷举法将产生 $2^{129} \approx 6.8 \times 10^{38}$ 个测试向量,若用测试速率为 1GHz 的 ATE 进行测试,则需要 2.15×10^{22} 年测试时间。所以,实际进行测试时只能用有限的功能测试集(典型最多覆盖 70%~75% 的故障)。

数字集成电路测试输出响应的检测有两种方法:①比较法,将被测器件与一个已知的好器件(称为"金器件")进行比较的办法,称为比较法,如图 11-7a 所示。这种方法一般适用于比较简单的标准中、小规模集成电路等。②存储法,通过程序生成所需的测试集并存储于高速缓冲存储器(称图形发生器)。测试时,随测试主频率逐条读出,将该测试集的测试向量施加于输入端,并以测试集的输出图形部分(称预期图形)为标准,逐拍与被测器件输出的响应进行比较。由于这个方法涉及大量测试数据的存储和读出,常称为存储法,如图 11-7b 所示。该方法的优点是不需要标准器件,适用于复杂的器件及专用器件。

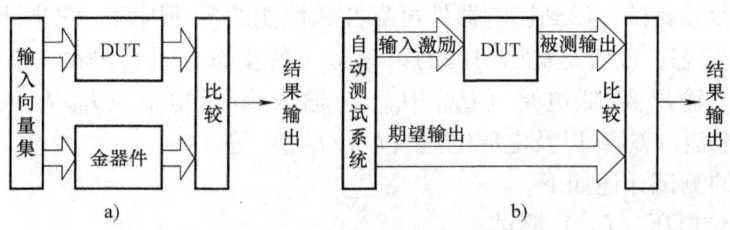

图 11-7 输出响应的检测方法

a)被测器件与金器件比较 b)被测器件与预期输出图形比较

5. 数字集成电路的测试内容

典型数字集成电路测试项目及其顺序如图 11-8 所示。

（1）接触测试（Contact Test）

接触测试又称开路/短路（O/S）测试，是指将 DUT 的电源和地接地，然后在 DUT 的每一个引脚上都施加一电流，测量其相应电压，如果所测得电压值超出了特定的电压值（如输入钳位电压等），则可认为引脚与测试仪的接触是断开的，即开路。如果所测得电压值小于特定的电压值，则可认为引脚与地存在短路故障。

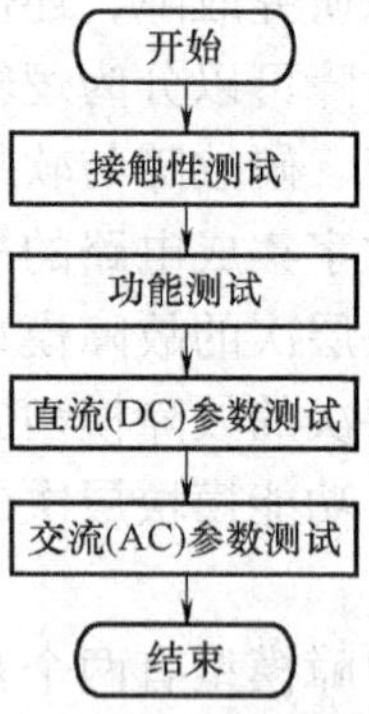

接触测试可保证所测参数的正确性，消除由于内部引脚断线、接触不良、短路等造成的影响。

图 11-8 典型数字集成电路测试项目及其顺序

（2）功能测试

功能测试用于验证器件是否能完成设计所预期的功能。功能测试包括静态测试和动态测试。静态功能测试通常按照真值表进行测试，动态功能测试是检测器件在高速工作时是否能完成预期功能的一种测试。

只有逻辑功能正确的电路，其后的参数测试才有意义。

（3）直流参数测试

直流参数测试是在 DUT 引脚上进行静态下的电压和电流测试。器件通过了直流参数测试，就可基本保证其电气性能。

（4）交流参数测试

数字 IC 的交流参数主要是与时间有关的参数，包括建立时间、传输延迟及上升时间、下降时间等。数字集成电路测试系统的时间测量单元 TMU 提供可选择的数字测时分辨力（从数 ns 到 10ps），可测出数字 IC 的交流参数。

11.2.2 数字集成电路的参数测试

1. 直流（DC）参数的测试

集成电路直流参数测试是通过在 DUT 引脚上进行电压或电流的测量来验证电气参数。常用的测试方法有施加电流测量结果电压（简称加流测压 FIMV）和施加电压测量结果电流（简称加压测流 FVMI）。所测的直流参数通常有连接性、泄漏、功耗、高/低电平电压、驱动能力、噪声干扰等。直流参数测量不一定要求有很快的速度，直流参数测试主要考虑测试准确度和测试效率（每个器件引脚的每个参数的测试时间）。

对于 SSI 和简单的 MSI，通过直流参数测试通常即可判明其质量，即在输入、输出和电源引脚进行直流参数测试，得到影响器件可靠性和性能的各项因素。它是针对每个引脚的逻辑"0"或"1"状态，或者是输出引脚的第三态（禁止态）进行测试。所测参数有：输入钳位电压（U_{IK}）、输出高/低电平（U_{OH}/U_{OL}）、输入高/低电流（I_{IH}/I_{IL}）、输入泄漏电流（I_L）、输出短路电流（I_{OS}）以及电源电流（I_{CCH}/I_{CCL}）等。

各直流参数的测试详述如下。

（1）输入钳位电压（U_{IK}）测试

U_{IK} 是在器件输入端抽出规定的电流 I_{IK} 时的电压，此参数检查输入钳位二极管是否正常。测试原理图如图 11-9 所示。通常 U_{CC} 加规范的最小值，使用 FIMV 方式，在被测输入端抽取规范规定的电流 I_{IK}，其他输入端和输出端开路，在被测输入端检测 U_{IK}。如果 U_{IK} 值在规范值之内，说明钳位二极管正常。

（2）输入高/低电平（U_{OH}/U_{OL}）测试

U_{OH}（U_{OL}）是输入端在施加规定的电平下，使输出端为逻辑高电平 H（低电平 L）时的电压。测试原理图如图 11-10 所示。U_{CC} 通常为规范的最小

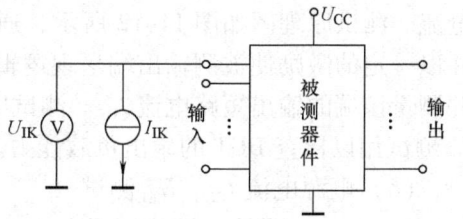

图 11-9　U_{IK} 测试原理图

值，在进行 U_{OH}、U_{OL} 测试时，首先要对被测器件加预置条件。测试使用 FIMV 方式：对于 U_{OH} 测试，在被测输出端抽取规范规定的负载电流 I_{OH}，其余输出端开路，同时测量该端输出电压 U_{OH}；对于 U_{OL} 测试，在被测输出端注入规范规定的负载电流 I_{OL}，其余输出端开路，同时测量该端输出电压 U_{OL}。U_{OH}、U_{OL} 测试主要检查抗干扰能力。

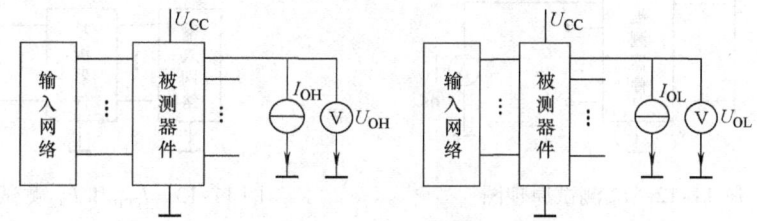

图 11-10　U_{OH} 和 U_{OL} 测试原理图

（3）输入高/低电流（I_{IH}/I_{IL}）测试

I_{IH}（I_{IL}）是输入端在施加规范规定的高电平电压 U_{IH}（低电平电压 U_{IL}）时流入（流出）被测器件的电流。测试原理图如图 11-11 所示。在 I_{IH}、I_{IL} 的测试中，U_{CC} 往往被置于规范的最大值。测试使用 FVMI 方式，在被测输入端施加规范规定的输入高电平电压 U_{IH}（低电平电压 U_{IL}），其余输入端施加规定电平，输出端开路，测量输入高电平电流 I_{IH}（低电平电流 I_{IL}）。I_{IH} 和 I_{IL} 验证 DUT 接受逻辑"1"和"0"电平的能力，目的是检查 DUT 的负载特性。

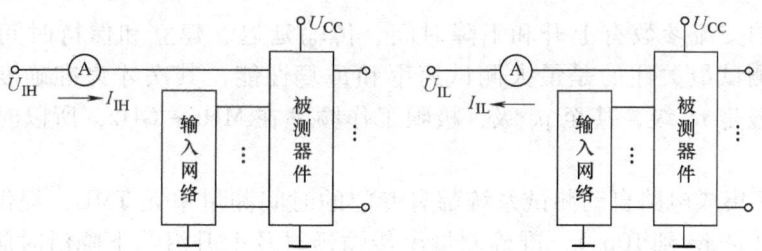

图 11-11　I_{IH}、I_{IL} 测试原理图

（4）输入泄漏电流（I_L）测试

I_L 是输入端在施加规范规定的最大输入电压 U_L 时流入被测器件的电流。测试原理与图 11-11 相同，U_{CC} 一般也是加规范规定的最大值，只是加压和测流值不同。在 I_L 测试中，被测输入端施加最大输入电压，其余输入端加规定电平，输出端开路。I_L 测试用以检查 DUT 的扇入负载特性。

（5）输出短路电流（I_{OS}）测试

I_{OS} 是输入端在施加规范规定的电平下、输出为逻辑高电平、输出端对地短路时的输出

电流。测试原理图如图 11-12 所示，通常 U_{CC} 加规范的最大值。DUT 输入端施加规定的电平并以一定的激励使被测输出端呈现逻辑高电平，然后将该输出端对地短路，其余输出开路，并测量该端的输出短路电流 I_{OS}。测试中也是加压测流方式，但所加电压是特殊的零电压值。I_{OS} 测试用以检查 DUT 的扇出负载能力。

（6）电源电流 I_{CCH}/I_{CCL} 测试

$I_{CCH}(I_{CCL})$ 是输入端施加规定的电平，使输出端为逻辑高电平（低电平）时，经电源端流入被测器件的电流。测试原理图如图 11-13 所示。测试时，在输入端加入特定的激励使输出端为高（低）电平，输出端开路，电源电压通常使用规范的最大值，在电源端测量 I_{CCH} 或 I_{CCL}。这是加压测流方式，检测被测器件功耗。

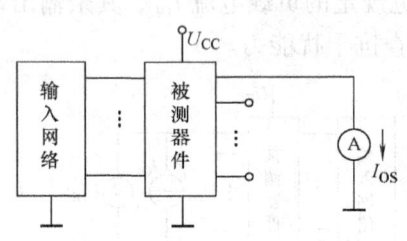
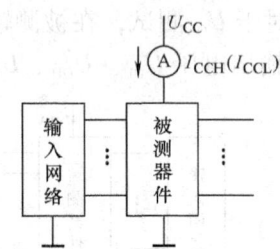

图 11-12　I_{OS} 测试原理图　　　　图 11-13　I_{CCH} 和 I_{CCL} 测试原理图

数字集成电路的直流参数测试主要使用集成电路测试系统中必备的精密测量单元 PMU 实现，关于 PMU 将在本章的 11.4 节专门讲述。

2. 交流（AC）参数的测试

集成电路交流参数测试是验证与时间相关的参数，对电路工作时的时间关系进行测量，测量输入信号后电路随时间的响应、电路内部逻辑状态的变化时间、输入和输出信号之间的时间关系、电路的极限工作频率等。测量的方法是确定输入信号和输出信号的两个不同（或相同）电压电平之间的时间间隔，所取电压电平值通常是信号脉冲幅度的 50%、10% 或 90%。

最常测量的交流参数有上升和下降时间、传输延迟、建立和保持时间以及存取时间等。交流参数测试最关注的是最大测试速率和重复性能，其次才为准确度。集成电路的时间参数值一般是 ns 级，甚至 ps 级，极限工作频率在 MHz~GHz，所以时间测试分辨率要求很高。

大多数数字集成电路自动测试系统都有专门的时间测量单元 TMU，提供可选择的高时间测量分辨力（从 ns 到 10ps），准确测量出传输延时及上升沿、下降沿时间等，而不再需要其他昂贵的精密测量仪器。TMU 的组成和基本原理在本书的第 3 章 3.5 节中有关高分辨力的时间间隔测量技术中有详细讨论，此处不再赘述。

数字集成电路交流参数（动态参数）项目较多，各参数测试方法不同，但其基本测试原理均可归结为在时域内进行测量，即在规定的条件下，对 DUT 被测输入端施加脉冲信号，用 TMU 或高档示波器，测量由参数定义规定的信号边沿参考电平处的时间间隔。规定条件有环境温度、电源电压 $U_{CC}(U_{DD})$、输入端施加电平、输出负载、参考电平 U_{REF} 和输入端施加的脉冲电压幅度 U_m、频率 f、上升时间 t_r、下降时间 t_f 等，它们应符合产品规范的规定。常见的交流参数测量方法如下。

（1）输入脉冲上升/下降时间 t_r/t_f 的测量

时序逻辑器件中输出逻辑电平按规定临界转换前,在触发输入端施加的输入脉冲上升/沿上两个规定参考电平间的最大时间间隔,定义为输入脉冲上升/下降时间 t_r/t_f。输入脉冲上升/下降时间 t_r/t_f 测量原理图如图 11-14 所示。输入脉冲上升/下降时间 t_r/t_f 波形图如图 11-15 所示。

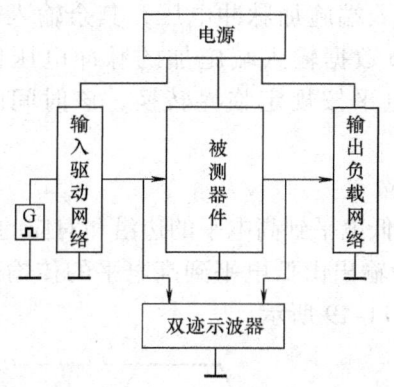

图 11-14　t_r/t_f、t_{PLH} 与 t_{PHL} 测量原理图

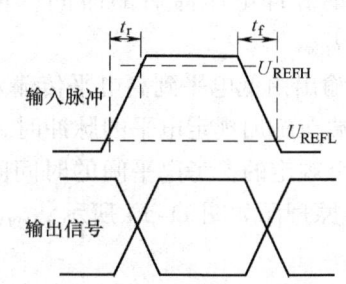

图 11-15　输入脉冲上升/下降时间 t_r/t_f 波形图

测试方法:在被测器件触发输入端施加输入脉冲,其余输入端施加电平,输出端接负载。调节输入脉冲上升/下降沿时间,使输出逻辑电平按规定临界转换,测量输入脉冲电压上升/下降沿上两个规定的参考电平(U_{REFL}、U_{REFH})间的最大时间,该时间间隔即为输入脉冲上升/下降时间 t_r/t_f。

(2) 建立时间 t_{set} 的测量

时序逻辑器件输出逻辑电平按规定临界转换时,数据输入脉冲电压应比触发输入脉冲电压提前施加于被测器件的最小时间间隔,定义为建立时间 t_{set}。建立时间 t_{set} 的测量原理图如图 11-16 所示。建立时间 t_{set} 波形图如图 11-17 所示。

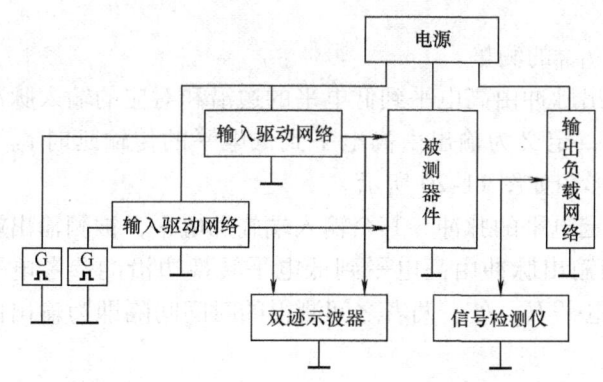

图 11-16　t_{set}、t_H 测量原理图

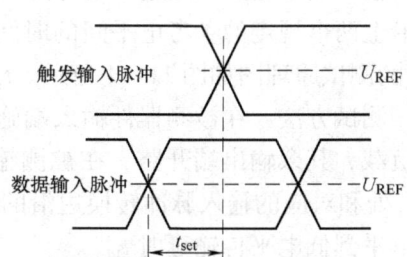

图 11-17　建立时间 t_{set} 波形图

测试方法:在被测器件数据输入端和触发输入端加脉冲电压,其余输入端施加电平,被测输出端接负载,其余输出端开路。调节被测数据输入端的脉冲电压比触发输入端施加的脉冲电压超前的时间,使输出逻辑电平按规定临界转换,该时间间隔即为建立时间 t_{set}。

(3) 保持时间 t_H 的测量

时序逻辑器件输出逻辑电平按规定临界转换时,数据输入脉冲电压在触发输入脉冲电压过后应保持的最小时间间隔,定义为保持时间 t_H。

保持时间 t_H 的测试原理图如图 11-16 所示。保持时间 t_H 波形图如图 11-18 所示。

测试方法:在被测器件数据输入端和触发输入端施加脉冲电压,其余输入端施加电平,被测输出端接负载,其余输出端开路。调节数据输入端施加的脉冲电压比触发输入端施加的脉冲电压滞后的时间,使输出逻辑电平按规定临界转换,该时间间隔即为保持时间 t_H。

(4) 输出由低电平到高电平传输延时 t_{PLH} 的测量

输入端在施加规定电平的脉冲时,输出脉冲由低电平到高电平的边沿和对应的输入脉冲边沿上两个规定的参考电平间的时间间隔,定义为输出由低电平到高电平的传输延时 t_{PLH}。t_{PLH} 的测试原理图如图 11-14 所示。t_{PLH} 波形图如图 11-19 所示。

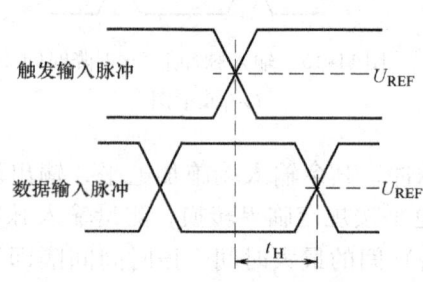

图 11-18 保持时间 t_H 波形图

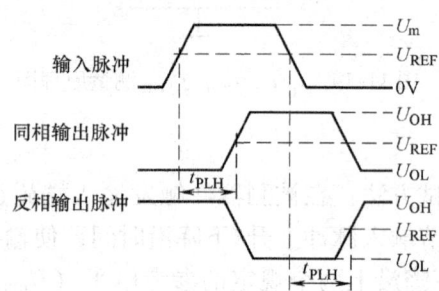

图 11-19 传输延时 t_{PLH} 波形图

测试方法:在被测器件输入端施加规定电平的脉冲,其余输入端施加电平,被测输出端接负载,其余输出端开路。在被测输出端输出脉冲由低电平到高电平转换边沿的参考电平 U_{REF} 处和对应的输出脉冲转换边沿的参考电平 U_{REF} 处,两者之间测得的时间间隔即为输出由低电平到高电平的传输延时 t_{PLH}。

(5) 输出由高电平到低电平传输延时 t_{PHL} 的测量

输入端在施加规定电平的脉冲时,输出脉冲由高电平到低电平的边沿和对应的输入脉冲边沿上两个规定的参考电平间的时间间隔,定义为输出由高电平到低电平的传输延时 t_{PHL}。t_{PHL} 的测试原理图如图 11-14 所示。t_{PHL} 波形图如图 11-20 所示。

测试方法:在被测器件输入端施加规定电平的脉冲,其余输入端施加电平,被测输出端接负载,其余输出端开路。在被测输出端输出脉冲由高电平到低电平转换边沿的参考电平 U_{REF} 处和对应的输入脉冲转换边沿的参考电平 U_{REF} 处,两者之间测得的时间间隔即为输出由高电平到低电平传输延时 t_{PHL}。

(6) 最高时钟频率 f_{max} 的测量

时序逻辑器件,输出逻辑电平按规定临界转换前,在时钟输入端施加的输入脉冲的最高频率定义为最高时钟频率 f_{max}。它的测试原理图如图 11-21 所示。

测试方法:在时钟输入端施加脉冲电压,其余输入端施加规定电平,被测输出端接规定负载,其余输出端开路。调节输入脉冲电压频率,使输出逻辑电平按规定临界转换,该频率即为最高时钟频率 f_{max}。

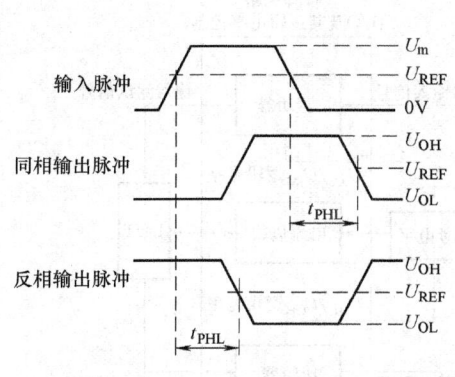
图 11-20 传输延时 t_{PHL} 波形图

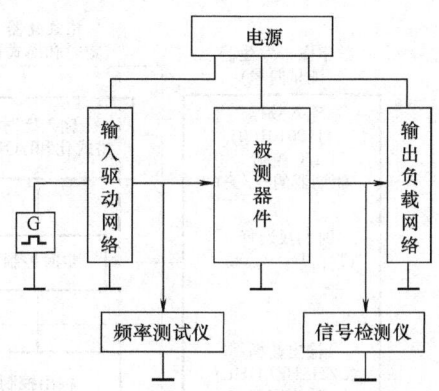
图 11-21 最高时钟频率 f_{max} 测试原理图

11.2.3 功能测试

1. 功能测试概述

功能测试是验证器件是否能完成设计所预期的功能。对于复杂的数字集成电路,由于电路功能复杂,其性能不可能直接反映在引脚上,器件质量也不能由输入、输出参数完全反映出来,需要对这些嵌入片内的逻辑电路进行功能测试。

功能测试的基本过程是应用一有序的或随机的数据组合测试图形,以器件规定的速率作用于 DUT(被测器件),并将器件的输出与预期数据图形比较,以此判别器件功能是否正常。

为了验证被测器件是否能正确实现所设计的逻辑功能,检测出被测器件中的故障,需生成测试向量或真值表。测试向量和测试时序组成功能测试的核心。执行功能测试时,测试系统给 DUT 提供输入数据并逐个周期、逐个引脚监测 DUT 的输出,如果任何引脚输出逻辑状态、电平、时序与期望的不符,则功能测试不通过。

功能测试有静态功能测试和动态功能测试之分。所谓静态功能测试,其测试速率比器件正常工作速度慢得多,主要用于验证真值表功能,发现固定型故障。动态功能测试则以接近或高于器件的工作频率进行测试,其目的是在接近或高于器件实际工作频率的情况下,验证器件的功能和性能,以充分保证器件的质量。两者所采用的测试图形相同,但因工作频率要求不同,所采用的测试仪就不尽相同。显然动态功能测试是一种更全面、更严格的测试。

2. 功能测试的原理

典型的功能测试原理框图如图 11-22 所示,它包括了三大功能模块:测试向量生成、定时和格式化、输入/输出及其逻辑电平控制等。三大功能模块构成了两个信号通道:DUT 的输入(激励)信号产生通道和 DUT 的输出(响应)信号检测通道。

下面分别介绍三大功能模块和两种信号通道的组成原理。

3. 测试向量

测试向量包含的信息如下:

1)测试向量文件包含 DUT 运行一系列功能的真值表,即包括必须施加到 DUT 输入端的逻辑状态和期望在输出端出现的逻辑状态。向量数据通常包含如下逻辑状态的字符:

0——驱动输入低电平(逻辑 0);   1——驱动输入高电平(逻辑 1);

L——输出比较低电平;   H——输出比较高电平;

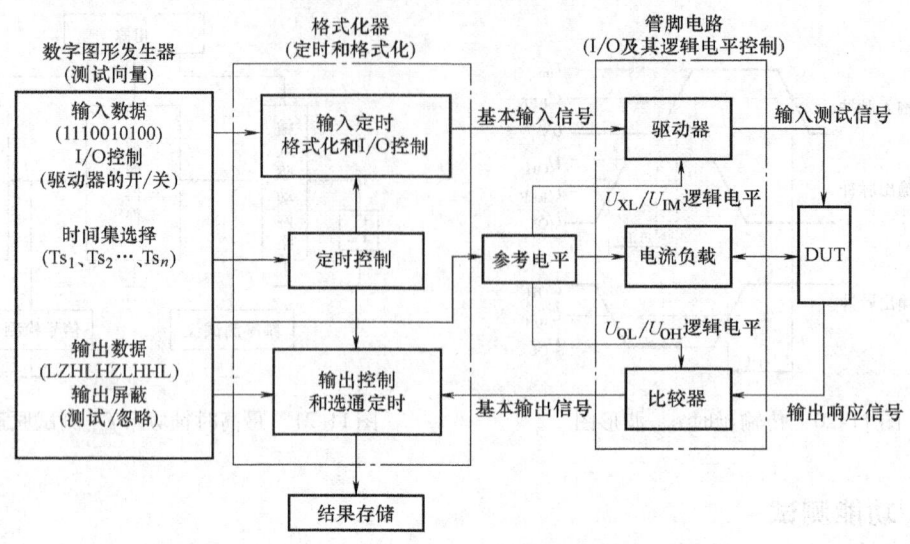

图 11-22 功能测试原理框图

Z——输出高阻状态比较电平； X——不关心状态（忽略电平）。

2) 向量文件还可能包含一些供测试系统识别的标志。如果 DUT 拥有双向 I/O 引脚，向量文件就需要提供 I/O 切换，一方面需要控制测试系统的输入驱动电路何时打开和关闭；另一方面 I/O 切换将 DUT 的某个 I/O 引脚从输入状态变为输出状态或反之，I/O 切换可以发生在任何需要的周期。

3) 测试向量可能还含有部分输出引脚的屏蔽信息。屏蔽用于控制一个输出引脚的测试与否：当输出引脚处于已知的逻辑状态时，输出可以被测试；而当输出处于未知的逻辑状态或者在某个条件下不理会它的状态时，它就可以不被测试，这时就可以用"X"来忽略输出引脚上的状态，屏蔽可以对独立的引脚和在独立的周期进行。

4) 如果测试系统支持复合时序设置，则向量还可能含有时序设置方面的信息，用于在向量运行时间改变测试时序，举例来说，测试一款典型的 RAM 时，数据写入和读出的时间不同时，这种情况下，就可能有一套包含写入数据时序的时序设置和另一套包含读出数据时序的时序设置。时序设置可以控制周期的长短、输入信号的时序和格式以及输出采样的时序。

测试向量（测试控制代码和测试图形）存储在向量存储器中，在测试系统的初始化阶段（程序装载），测试控制的计算机将编写好的测试向量写入向量存储器。开始测试时，将向量存储器对应的存储单元中的向量数据输出到格式化器。

4. 测试信号波形的格式化

从基于周期的测试原理来看，构成一个测试波形需要 4 方面的信息：测试周期，根据测试速率要求而定；格式化方式，有 NRZ、RO、RZ、SBC 等；定时信息，包括输入驱动沿和输出选通沿；状态信号，各类引脚的测试数据。

格式化是将向量存储器送来的数据，按照设定的调制方式，在可编程时钟信号的触发下，转换成对应的已调制波形的基本数字信号。这里将之称为基本数字信号是因为这里仅对数字信号波形的相位（定时时序）进行了调制，而它的幅度未经调节，也未经驱动器驱动，所以还不能直接输出到被测器件的引脚。

图 11-23 表示了格式化的工作波形，假定测试周期为 100ns，设向量存储器输出数据为 101，其中 "1"、"0" 分别代表逻辑高和低。可编程时钟发生器在每个标准周期中产生两个时钟信号，测试向量存储器送来的逻辑数据流 "101"，经格式化器按某种调制方式调制出了相应的波形。图中表示分别按归零调制方式与不归零调制方式调制出的两种不同的基本数字信号波形。

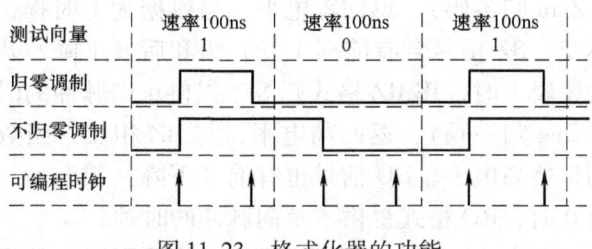

图 11-23 格式化器的功能

测试向量的定时和格式化的三个要素是：测试周期、调制方式（信号格式）和可编程时钟。

（1）测试周期

测试周期（test cycle 或 test period）$T=1/f$，是根据器件测试的工作频率 f 而定义的测试向量每一位所持续的时间。测试周期由可编程的时钟信号决定。每个周期的起始点为时间零点（time zero）或 T_0，为功能测试建立时序的第一步是定义测试周期的时序关系。

（2）输入信号格式

信号的格式对动态功能和 AC 参数测试是很重要的。信号格式与向量数据、时沿设定及输入电平组合，构成 DUT 测试的输入信号波形。信号格式的几种形式如图 11-24 所示。

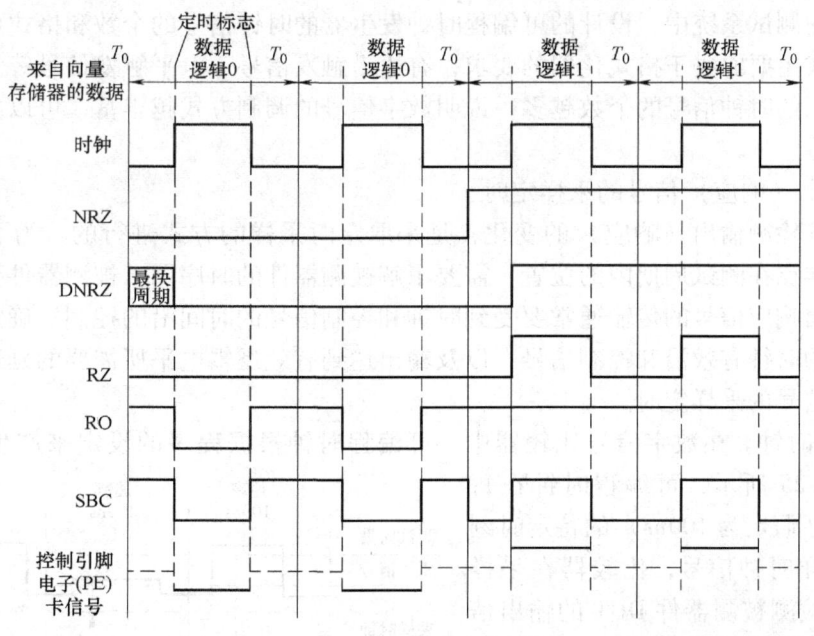

图 11-24 信号格式

1) NRZ（Non Return to Zero 非归零码）：不返回零电平，代表存储于向量存储器的实际数据，它不含有时钟沿信息，当前周期与前一周期的数据不同时，只在每个周期的起始（T_0）发生变化。

2）DNRZ（Delayed Non Return to Zero 延迟非归零码）：延迟不返回零电平，顾名思义，它和 NRZ 一样代表存储于向量存储器的数据，只是周期中数据的转变点不在 T_0。如果当前周期和前一周期的数据不同，DNRZ 会在预先定义的延时点上发生跳变。

3）RZ（Return to Zero 归零码）：返回零电平，当数据为 1 时提供一个正向脉冲，数据为 0 时则保持低电平不变。RZ 信号含有前（上升）沿和后（下降）沿这两个时间沿。当相应引脚的所有向量都为逻辑 1 时，用 RZ 格式则等于提供正向脉冲的时钟。

4）RO（Return to One 归一码）：返回高电平，与 RZ 相反，当数据为 0 时提供一个负向脉冲，数据为 1 时则保持高电平。RO 信号也有前（下降）沿和后（上升）沿。当相应引脚的所有向量都为逻辑 0 时，RO 格式提供了负向脉冲的时钟。

5）SBC（Surround By Complement 补码环绕）：当前后周期的数据不同时，它可以在一个周期内提供 3 个跳变沿，信号更为复杂：首先在 T_0 翻转电平，等待预定的延迟后，在定义的脉冲宽度内表现真实的向量数据，最后再次翻转电平并在周期内剩下的时间保持。SBC 是运行测试向量时唯一能同时保证信号建立（setup）和保持（hold）时间的信号格式，也被称为 XOR 格式，它可由数据与时钟异或得到。

6）ZD（High Impedance Drive 高阻驱动）：该信号格式允许输入驱动在同一周期内打开和关闭。当驱动关闭时，测试通道处于高阻态；当驱动打开时，则根据向量给 DUT 送出逻辑 0 或 1。

（3）可编程时钟

输入信号格式化中，作为时间基准的可编程时钟极为重要，数字信号的逻辑电平的每一个变化时刻（跳变沿）都是由可编程时钟发生器的信号来定时的。

在不同的测试系统中，设计的可编程时钟发生器的时钟信号的个数和格式可能不同，时钟信号的格式主要取决于格式化器的要求，有边沿触发信号、电平触发信号等。而可编程信号发生器产生的时钟信号的个数越多，说明数字信号的调制方式越丰富，可以方便地产生复杂的数字信号。

（4）输出（响应）信号的采样定时

测试系统检测输出（响应）的变化，是采取定时采样的方式进行的。为了正确地确定输出信号采样点在测试周期内的位置，需要了解被测器件的时序图。被测器件受到输入信号激励后，输出响应信号的传输通常要受到时钟和控制信号的时间沿的控制。确定引起输出信号发生变化的时钟有效沿和控制信号，以及输出达到有效逻辑电平所需要的延迟时间等，才能确定输出信号的采样定时。

1）采样时钟。在数字信号比较器中，可编程时钟根据程序的设定来产生采样时钟信号。如图 11-25 所示，可编程时钟在每个标准周期（假定为 100ns）的特定时刻产生一个采样时钟信号，比较器在采样时钟触发时检测被测器件 DUT 的输出信号。在许多高档的测试系统中，可编程时钟可以产生不止一个的采样时钟信号。在实际的逻辑测试单元中，控制 DUT 的

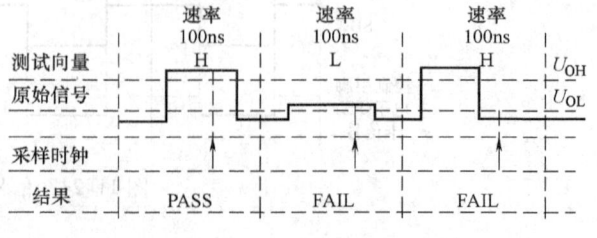

图 11-25　比较器工作原理

输入数字信号发生与控制 DUT 的输出数字信号检测的时钟信号都是由一个可编程时钟发生器提供的。

2) 输出信号选通方式。功能测试取决于输出选通的方式和它相对于时间 T_0 的位置。目前测试系统中输出响应有两种比较选通方式：有窗口比较选通（Window Comparison Strobe）和边沿比较选通（edge comparison strobe），窗口模式是在测试周期内特定的一段时间都对输出进行采样和比较，而边沿模式只在测试周期内特定的时间点上采集并比较一次数据，如图 11-26 所示。图中，假定在时间 A 至 B 的区间，DUT 输出为低电平信号，逻辑比较阈值电平为 S。

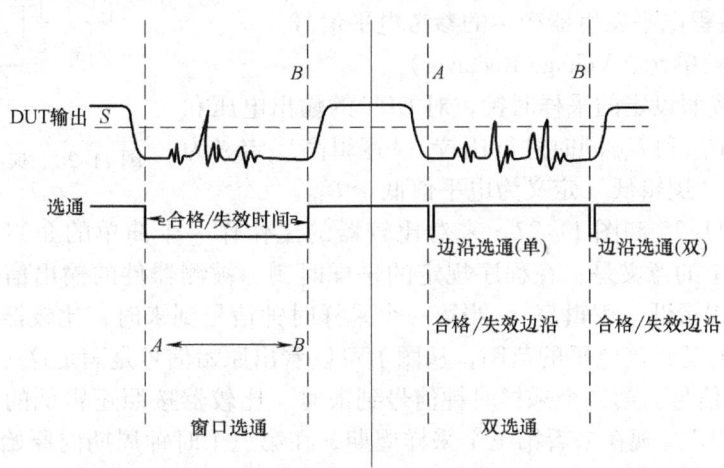

图 11-26　测试输出选通

如果选通是边沿比较型，并采用单选通模式，由于 DUT 输出脉冲信号在时刻 A 低于比较阈值 S，所以测试结果将是合格，但是在窗口比较选通时，由于 DUT 的输出脉冲信号在时间 A 到时间 B 的时间间隔内出现了高于比较阈值 S 的情况，测试结果将是失效。如果考虑到失效是噪声引起的而实际 DUT 输出脉冲信号在开始点 A 和结束点 B 都低于比较阈值 S，则可采取双选通模式，即在同一个周期内对 DUT 引脚使用双重选通采样，测试结果将是合格。在交流参数测试中，双选通也是经常采用的。

5. 引脚电路

引脚电路（Pin Electronics，PE），是测试系统内部资源和待测器件之间的接口电路，它给待测器件提供输入信号并接收待测器件的输出信号。图 11-27 表示了数字测试通道的典型 PE 的 I/O 电路结构。通常 PE 电路包括：提供输入信号的驱动电路；可编程的电流负载；驱动转换及电流负载的 I/O 切换开关电路；检验输出电平的电压比较电路；与 PMU 的连接电路（端点）。

（1）驱动单元（The Driver）

驱动器的功能是对基本数字信号进行幅度调整，并向 DUT 提供足够的驱动能力，驱动器还能根据测试向量数据在

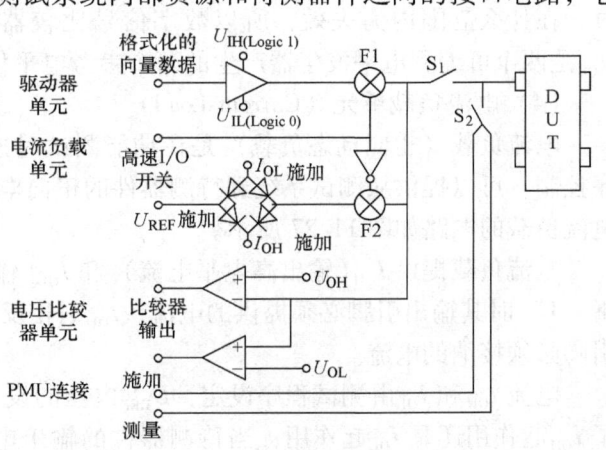

图 11-27　典型的引脚电路单元

必要时变成高阻状态，以便对 DUT 的双向端口引脚进行测试。图 11-27 中 F1 开关具有输出驱动与 DUT 之间的隔离作用（高阻状态）。

图 11-28 是一个典型的驱动器结构，由缓冲器、模拟开关及二极管桥构成。当向量为'1'时，S_1 与 S_4 接通，输出 U_{IH}。当向量为'0'时，S_3 与 S_2 接通，输出 U_{IL}。当 S_5、S_6 接通，其他 4 个模拟开关断开时，输出端呈现高阻态。图中 U_{IH}、U_{IL} 是由可编程电平发生器产生的参考电平信号。

(2) 电压比较单元 (Voltage Receiver)

电压比较器按照设定的采样时钟，对 DUT 的输出电压和定义的参考电压 U_{OH} 和 U_{OL} 同时进行比较。'逻辑高'定义为电平值高于 U_{OH}，'逻辑低'定义为电平值低于 U_{OL}。

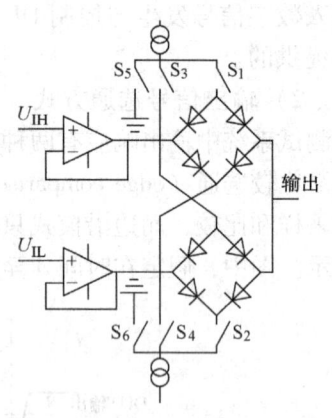

图 11-28 典型的驱动器结构

这里参照图 11-25 和图 11-27，来对比较器的工作作一个简单的介绍。图中的向量为'HLH'，在程序中的意义是：在程序规定的采样时刻，被测器件的输出信号的原始信号应该是'逻辑高—逻辑低—逻辑高'。当第一个采样时钟信号到来时，比较器判断原始信号是否满足程序设定的逻辑高电平的范围，从图上可以看出原始信号是满足这一条件的，结果得到一个'PASS'信号。第二个采样时钟信号到来时，比较器按照逻辑低的要求比较原始信号，结果是'FAIL'。现在来看第三个采样周期，在第三个时钟周期内原始信号确实有一个逻辑高信号，幅度也满足输出高电平的要求。但经过比较器出来的仍然是一个'FAIL'，这其中的原因就在于比较器只在采样时钟信号到来时才对原始信号进行比较，这个周期内原始信号虽然包含一个高电平信号，但在比较器对它进行检测时却已回到了低电平，结果自然是'FAIL'了。

(3) 可编程电平

经格式化后的基本数字信号不能直接输出到被测器件，其原因之一是信号的幅度未经调整，还不满足测试要求。为了使基本数字信号的幅度满足测试要求，必须先按照程序设定参考电平信号，驱动器用参考电平信号对基本数字信号进行幅度调节，得到时序、幅度均满足要求的数字信号。

对于比较器，不仅要知道在什么时间去检测，还必须知道比较器在什么电平范围内为通过、在什么范围内为失效，所以数字信号比较器也必须有参考电平。图 11-27 中的 U_{OH}、U_{OL} 是两个可编程电平发生器产生的两个参考电平信号。

(4) 电流负载单元 (Current Load)

电流负载（也叫动态负载）是在功能测试时连接到待测器件的输出端作为负载，由程序控制，可以提供从测试系统到待测器件的正向电流或从待测器件到测试系统的负向电流。电流负载的电路如图 11-27 所示。

电流负载提供 I_{OH}（输出高电平电流）和 I_{OL}（输出低电平电流）。I_{OH} 指当待测器件输出逻辑"1"时其输出引脚必须提供的电流；I_{OL} 则相反，指当待测器件输出逻辑"0"时其输出引脚必须接纳的电流。

电流 I_{OH} 和 I_{OL} 由测试程序设定，U_{REF} 电压的设置决定了 I_{OH} 和 I_{OL} 的转换点。转换点决定了 I_{OH} 起作用还是 I_{OL} 起作用；当待测器件的输出电压高于转换点电压时，I_{OH} 提供电流；当待测器件的输出电压低于转换点时，I_{OL} 提供电流。

F2 和 F1 一样，具有电流负载电路和待测器件的隔离功能，并且作为进行输入-输出切换时的开关。当程序定义测试信道为输出时，则 F2 接通，允许输出正向电流或抽取反向电流；当定义测试通道为输入时，则 F2 断开，将负载电路和待测器件隔离。

（5）PMU 连接点（PMU Connection）

当要把 PMU 连接到器件引脚时，S_1 先断开，将 PMU 和 Pin Electrics 卡的 I/O 电路隔离开来。然后再把 S_2 闭合。

6. 输入通道和输出通道的工作原理

（1）输入通道

1）输入数据。输入数据由以下因素的组合构成：①测试向量数据（给 DUT 的指令或激励）；②输入信号时序（信号传输点）；③输入信号格式（信号波形）；④输入信号电平（U_{IH}/U_{IL}）；⑤时序设置选择（如果程序中有不止一套时序）。

首先，最简单的输入信号是以测试向量数据形式存储的一个 0 和 1 的二进制码，而代表逻辑 0 或逻辑 1 的电平则由测试头中的 U_{IH}/U_{IL} 参考电平产生。大部分输入信号是包含唯一格式（波形）和时序（时沿设定）的更为复杂的数据形式。

2）输入通道时序。决定测试周期，以及周期内各控制信号的布局及时钟沿位置。通常来说，输入信号有两类：控制信号和数据信号。数据信号在控制信号决定的时间点提供数据到被测器件。

① 首先要决定的是控制信号的有效时沿和数据信号的建立和保持时间，这些信息将决定周期内各输入信号时间沿的位置。②决定各输入信号的格式。时钟信号通常使用 RZ（正脉冲）或 RO（负脉冲）格式；上升沿有效的信号如片选（CS）或读（READ）常使用 RZ 格式；下降沿有效的信号如输出使能（OE）常使用 RO 格式；如有建立和保持时间要求的数据信号常使用 SBC 格式；其他的输入信号则可以使用 NRZ 或 DNRZ 格式。③从测试头输出的信号波形是测试向量、时沿设置、信号格式及 U_{IH}/U_{IL} 设置共同作用的结果，如图 11-29 所示。

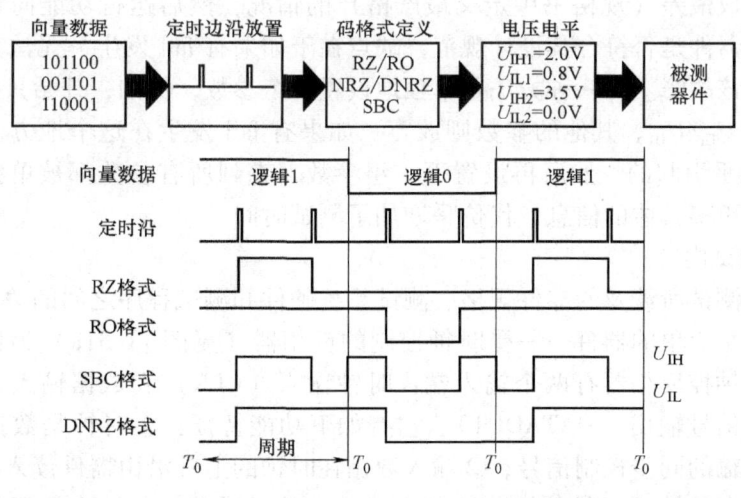

图 11-29 输入信号的产生及时序波形

（2）输出通道

1）输出数据。输出部分的测试由以下组合构成：①测试向量数据（期望的逻辑状态）；

②采样时序（周期内何时对输出进行采样）；③U_{OL}/U_{OH}（期望的逻辑电平）；④I_{OL}/I_{OH}（输出电流负载）。

2）输出通道时序。测试数据的输出如图11-30所示，它包括以下各个环节：向量数据决定期望的逻辑状态；U_{OL}/U_{OH}参考电平决定期望的输出电压；输出采样时序决定着周期内输出信号的测试点；输出比较屏蔽（mask）控制输出结果是否进行pass/fail判断。

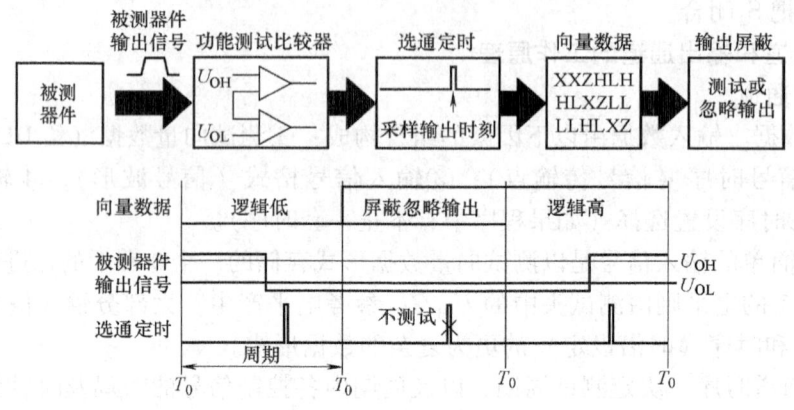

图11-30　输出信号的测试及时序波形

7. 功能测试的实例

（1）功能测试参数定义

功能测试可按以下步骤进行：①定义电源U_{DD}电压；②定义输入、输出电平（$U_{IL}/U_{IH}/U_{OL}/U_{OH}$）；③定义输出电流负载（$I_{OL}/I_{OH}/U_{REF}$）；④定义测试周期；⑤为所有输入信号定义输入时序和信号格式；⑥为所有输出信号定义输出采样时序；⑦为向量存储器定义向量的起始和终止点；⑧运行测试。

验证器件的功能是否符合规范，通常有两种方法。第一种方法是将所有的输入、输出和时序参数都设置成最差（规格书中定义最严格）的情况，然后运行功能向量序列。这种方式能最快地判断器件是否符合其设计规范，缺点在于如果有fail发生，无法直观地知道是由什么参数引起的该故障。另一种方法是单独地设置各个参数，例如，开始只按照规格书定义的最差情形设置U_{IL}/U_{IH}，其他的参数则放宽。如果有fail发生在这个地方，则马上可以判断是U_{IL}或U_{IH}电平引起的。然后再设置下一组参数，直到所有参数都被单独验证。此方式可以直观地获取更多具体的信息，代价是增加了测试时间。

（2）功能测试内容

为了对功能测试所涉及的器件规格、测试系统硬件和测试程序之间的关系做一个整体的了解，这里以一个简单的器件——受时钟控制的反相器（见图11-31a）为例，来说明相关功能测试内容。钟控反相器有两个输入端：时钟输入（CLK）和数据输入（DATAIN）；一个输出端：反向信号输出（DATAOUT）。它有如下功能特征：①时钟是数据由输入到输出经过器件进行传输的同步控制信号；②输入数据在时钟的上升沿由器件读入；③输入数据在时钟的下降沿从器件输出；④数据传输仅在时钟有效时进行；⑤输出数据与输入数据逻辑相反。

1）器件规范。规范中给出了器件需要满足的最差情况，测试时可根据它去制订测试计划（Test Plan）、选择合适的测试系统来实施其测试。下面以测试某型号的钟控反相器为例进行阐述。

该钟控反相器规范中需要控制的电平及时序参数（见图11-31b）如下：
$U_{DD} = 5.0V$；$U_{IH} = 2.0V$，$U_{IL} = 0.8V$，$U_{OH} = 2.4V$，$U_{OL} = 0.4V$；工作频率 = 10MHz，时钟占空比50%；输入数据建立时间为15ns；输入数据保持时间为5ns；输出传输最大延时为8ns。

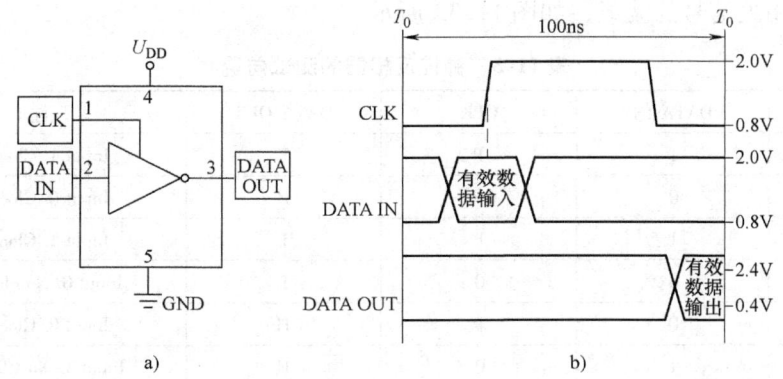

图11-31 钟控反相器
a) 反相器电路 b) 工作时序图

2) 测试所需资源及参数设定
① 测试硬件及设备——负载板（Loadboard）、测试座（Socket）、相关阻容元件。
② 器件电源，U_{DD}和GND。
③ 输入电平，U_{IL}（逻辑0）和U_{IH}（逻辑1）。
④ 输出参考电平，U_{OL}（逻辑0）和U_{OH}（逻辑1）。
⑤ 信号时序和格式配置，包括输入信号的生成和输出信号的比较。
⑥ 测试向量。

测试系统内的资源较多，要针对测试需求选取并配置相关的资源。首先，需要DPS单元对器件供电，提供U_{DD}为5V的直流电压。其次，由RVS（参考电压单元）提供输入电平和输出比较的参考电平。这里U_{IL}设定为0.8V，U_{IH}设定为2.0V；U_{OL}设定为0.4V，U_{OH}设定为2.4V。

测试系统的时序单元设定输入信号的周期、信号格式及输出信号的比较沿位置，如图11-32所示。对于时钟信号，器件规范书给出的频率是10MHz，则时钟周期为100ns；占空比要求是50%，即一个周期内时钟信号一半为高电平一半为低电平，时钟信号格式选用RZ格式。这里将时钟的上升沿设定在25ns时刻，下降沿设定在75ns时刻。

为了能正确地验证建立时间和保持时间，选用SBC格式作为DATAIN的信号格式。DATAIN的时序设置则需要参考时钟信号。它的建立时间是15ns，即在时钟的上升沿之前15ns，它的状态必须是有效的；保持时间是5ns，即上升沿之后的5ns它必须保持相同的状态。这样就知道周期内数据信号的脉宽最小是20ns，即图11-31b中的"1"或"0"的有效数据宽度均为20ns。

最后一步是确定输出信号的相关时序。规范书给出的信号传输延迟为8ns，以及时钟的下降沿在75ns时刻，则可以确定输出信号比较沿的位置：75ns + 8ns = 83ns，测试系统在此位置上对输出采样并将电平值与 U_{OL}/U_{OH} 相比较，判断状态为 L、M 还是 H，再与测试图形中的期望值比较以判断此周期的输出正确与否。

3）测试向量。功能测试必须有测试向量，也就是反映器件真值表的图形化文件，见表 11-3，钟控反相器的向量文件中有 7 条测试矢量，能够验证该钟控反相器的逻辑功能。表中还包含几种向量字符，每个字符都代表一个周期数据状态，它们与时序、电平和格式等信息共同构成相关信号的波形，如图 11-32 所示。

表 11-3 钟控反相器的测试向量

向量序号	DATA IN	CLK	DATA OUT	注　释
1	1	P	L	Input 1/Clock/Output 0
2	0	P	H	Input 0/Clock/Output 1
3	1	P	L	Input 1/Clock/Output 0
4	0	0	L	Input 0/No clock/Output 0
5	0	P	H	Input 0/Clock/Output 1
6	1	0	H	Input 1/No Clock/Output 1
7	1	P	L	Input 1/Clock/Output 0

注：P——Drive input with a positive clock pulse（上升沿脉冲输入）；
　　1——Drive input high(to logic 1)（输入高电平）；H——Compare output to a high(输出高电平)；
　　0——Drive input low(to logic 0)（输入低电平）；L——Compare output to a low(输出低电平)。

4）功能测试时序。图 11-32 显示的是运行功能测试期间钟控反相器各信号的时序图，可以看到由信号时序、信号格式及信号电平组合而成的七个周期的向量数据，这和之前规格书中定义的情形一致。测试周期设定为 100ns；时钟信号则是 RZ 信号格式，占空比为 50%；DATAIN 采用 SBC 格式，设置了正确的建立时间和保持时间；输入和输出的电平值也按照器件规范进行了设定。

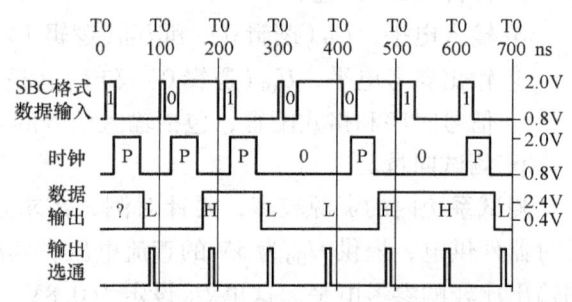

图 11-32　钟控反相器指标功能测试定时图

5）总功能测试。总功能测试是在使用最宽松的条件下，即不用精确参数设置的情况下，基本判断器件是"好"还是"故障"的一种基本的功能测试。总功能测试能最快地检测出半导体内部的物理损伤或制造过程中的错误。总功能测试可以作为检验器件是否要进行功能测试的前提测试。

图 11-33 的波形显示的是总功能测试用到的时序及电平条件。输入和输出电平较功能测试条件有所放宽，测试速度由原来的 100ns 放宽至 500ns；DATAIN 信号则改为在每个周期的开始启动的 NRZ 格式，放弃了对建立和保持时间的测试；输出传输延迟也适当增加，让输出有更多时间去改变状态并稳定。这使得器件更容易正确运行其功能。

如果器件在图 11-32 的测试条件下测试判为失效（fail），而在图 11-33 的测试条件下重新测试判为通过（pass），则之前的失效不是由硅缺陷引起的。这时则需要对每个具体的参数单独测试，以找出失效的真正原因。总功能测试条件常被用于测试向量的调试阶段，它可以在排除其他因素干扰的情况下轻易判断测试向量是否正确。

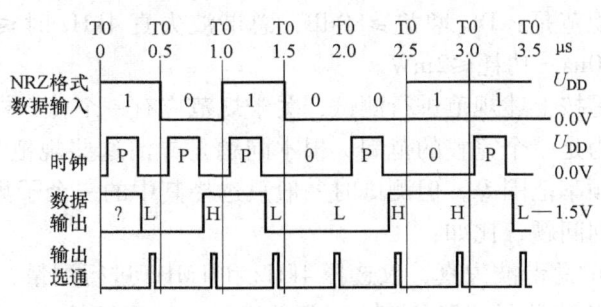

图 11-33　钟控反相器总功能测试定时图

11.3　模拟集成电路测试技术

11.3.1　概述

1. 模拟集成电路的测试需求

就测试需求来说，模拟集成电路与数字集成电路不同的是，它在设计和生产中有一个特别强化的诊断过程。以芯片成品测试为例，当第一个原型（Prototype）完成后，若电路的总体性能尚未达到预期要求，常常需要辅助进行一个既复杂又费时的诊断过程，修改电路设计或参数并与生产工艺配合以满足设计要求。经过几次反复后，设计被认可并开始试生产。在生产活动前期，仍需通过持续的诊断过程修改参数以尽量提高产品合格率，一直持续到生产已经稳定并开始大批量投产。这时，诊断过程让位给常规的产品测试。

产品测试是通过测量独立地判断该电路是不是合格。诊断着眼点是将每一个故障从其他可能故障及无故障状态区分开来，而测试则仅需将合格电路从故障电路区分开。换句话说测试只是诊断的一种简化，其目标是只诊断合格电路。

诊断的重点是生产过程，在大批量投产中，当生产环节出现问题，产品合格率下降时，需迅速地插入诊断。当然，诊断的基础仍是对电路的测量以及测量结果数据的详细分析，但由于诊断的目标是生产过程而不是电路，所以诊断使用的技术也不是常规的电路诊断技术。

模拟集成电路产品测试分别在生产中的两个阶段进行，即在芯片封装前（称中测）和封装后（称成测），中测的目标是挑选出合格芯片，送去封装。封装后的成测是必需的，因为在封装过程中还将有可能导入新的故障。

2. 模拟集成电路的测试方法

数字集成电路是由故障模型驱动的（Fault-Model-Driven），而模拟集成电路测试则基本上是规范驱动的（Specification-Driven），这是两种电路测试方法学上的重要区别。

数字集成电路测试方法是基于故障模型，最简单的是固定"0"和固定"1"故障，其失效机理是一个电路的端点固定为逻辑 0 和 1。根据这个故障假设，通过模拟产生测试输入向量集和输出响应向量集，并给出故障覆盖率。如果一个测试向量集能使故障电路的模拟输出与无故障电路的输出不同，则认为该测试向量集能检测该故障。总之，数字集成电路测试技术是一个开发较好、较系统的、技术较成熟的技术。

而模拟集成电路是尚没有被普遍接受的故障模型，因此到目前为止，模拟集成电路测试仍是规范驱动的,即在产品的中测和成测阶段,测试依据的是电路规范。以某型号运算放大器为例,比如其主要规范是:DC 增益≥80dB;总谐波失真 4kHz 时≤0.002%,1MHz 时≤0.1%;建立时间≤200ns;功耗≤2mW。

最一般的方法就是按上述规范进行测试,关于规范应有一个什么样的认识呢?模拟集成电路规范所规定的行为是一个完整的范围。根本问题是弄清这些规范是必要的还是充分的,比如输入电压范围、频率范围等,但测试时一般只选择其中的一个子集。以前述运算放大器为例,可以提出一系列问题,比如:

① 为了测量电路的总谐波失真,仅选择 4kHz 和 1MHz 进行测量,是不是足够充分?
② 用阶跃输入响应来测量电路的建立时间能否正确地表征其响应特性?
③ 当电路工作电压或环境温度发生变化时,能否确保正常的工作?

结论很可能是相反的,即不一定全部规范都是必要的。进行这样的探索是重要的,因为复杂的测量需要昂贵的测试系统,并增加总的测试开销。一般地说,对上述问题的确切回答还有一定困难,其原因之一就是模拟集成电路与最终应用目标有更为紧密的关系,而最终用户又往往必须通过实际应用来最后确定。基于此,有的专家明确提出,规范是电路设计师和最终用户之间的一份协议,"规范取决于市场"。

11.3.2 模拟集成电路的测试系统

模拟集成电路包括运算放大器、稳压器、比较器、滤波器及各种专用模拟电路等。模拟集成电路测试包括直流参数测试和交流参数测试。

1. 模拟直流参数测量仪

为了能快速测定模拟集成电路的性能,模拟 DC 测试仪应满足下列要求:①能在宽范围、高精度下进行电压和电流的测量;②能测试多引脚 IC,并具有引脚扩充功能;③测试速度快。

图 11-34 表示模拟 DC 测试仪的组成。各部分功能如下:

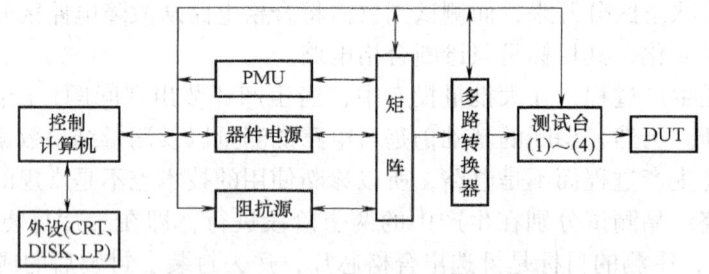

图 11-34 模拟集成电路 DC 测试仪原理框图

(1) 精密测量单元 PMU

此模块能够在 DUT 的任意引脚上施加电压或电流,并能精确地测量电压或电流值。

(2) 器件电源

器件程控电源(Device Power Supplies,DPS)能对 DUT 的任意引脚施加电压,其电压范围比较宽,如±100V、1A。该电源一般不具备测量功能。

(3) 阻抗源(电阻箱)

模拟 IC 必须有外接阻抗,因而模拟 IC 测试仪必须具有可程控的阻抗源,其阻值一般为 10Ω~几兆欧,且可与 DUT 的任意引脚相连接。

（4）引脚矩阵与多路转换器

在 DUT 的各引脚与测试电源及器件电源之间设置有引脚继电器矩阵和多路转换器。在测试时，由控制电路驱动继电器选择指定的 DUT 引脚进行测试或施加测试条件。

（5）运放测试环模块

为实现运算放大器更高效、准确的测量，在模拟信号测试仪中将运算放大器测量环路集成为一个单元和模块，实现对运算放大器参数的准确测量，并可简化相应的控制电路。

（6）测试台

大型测试仪一般都带有多个测试台，在测试台之间实行串行控制。测试台与测试插座、测试探针等都是配套的。

（7）测试控制计算机

该计算机不仅对测试仪进行控制，还能对测试的结果和数据进行分析处理。

2. 模拟交流参数测试仪

（1）对模拟 AC 测试仪的要求

对模拟 AC 测试仪的要求如下：

1）要有较强的通用性和扩展性。模拟 IC 的种类繁多，因而要求模拟 AC 测试仪能测试尽可能多的模拟 IC。

2）应有足够宽的频率范围。交流信号的频率范围包括超低频、低频、音频、高频、射频，能覆盖几十赫兹到几百兆赫兹甚至到几千兆赫兹的频率范围。

3）应有足够宽的电压测量范围。要求电压测量仪器有尽可能高的灵敏度，同时要求有尽可能高的电压测量范围，通常待测电压的最小值可以是几十微伏或几毫伏，最高值可以是几百伏或几千伏甚至几十千伏。

4）应有足够高的测量准确度。数字电压表直流电压测量的误差达 10^{-6}，交流电压的测量只能达到 $10^{-2} \sim 10^{-4}$，因此必须关注交流电压测量准确度。

（2）测试仪各部分功能

图 11-35 表示模拟 AC 测试仪的典型组成。各部分功能如下：

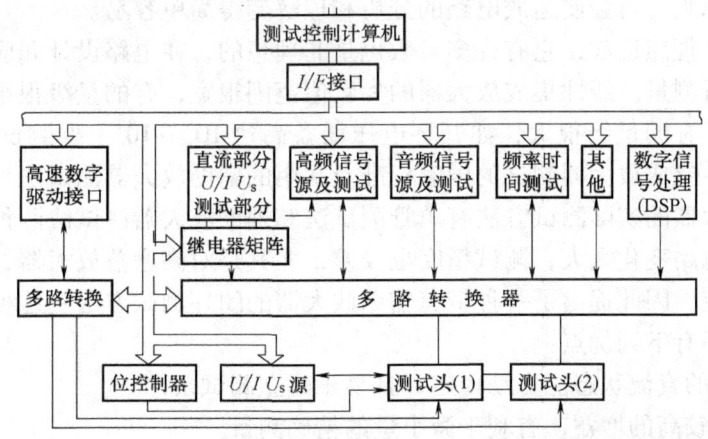

图 11-35　模拟集成电路 AC 测试仪原理框图

1）测试控制计算机，它将由高级语言编写的程序编译为测试执行程序，进行参数的测试及结果的处理。

2) 直流测试单元，这是 AC 测试仪的基础部分，包括测试电源、器件电源及继电器矩阵等部件，其功能与 DC 测试仪中的测试电源和器件电源的功能基本相同，为 DUT 提供标准电压 U_s 及偏压，并测定 DUT 各主要引脚在实际工作状态下的直流电压和电流（U/I）。

3) 模拟测试仪组件，模拟测试仪组件亦称测试模块，包括：音频信号源及音频信号测试模块；视频信号源及视频信号测试模块；高频信号源及高频信号测试模拟；时间及频率测试模块；其他任意信号源及测试模块等。用户可根据 DUT 要求进行选择和组装。

4) 数字信号处理部分，这一部分能对随时间变化的模拟量和数字量进行采样、检测和处理，可对 D-A、A-D 转换器、函数发生器及其他调制与解调用的 LSI 电路进行测试。

5) 高速数字驱动接口，该部件实现数字信号的高速传送、驱动。

6) 位控制器，对 DUT 的引脚及测试条件的设置进行控制。

7) 精密测量单元（Precision Measurement Unit，PMU），在集成电路测试系统中的作用极其重要，它将激励源和测量仪有机结合在一起，为一个程控的精密电压/电流的施加/测量部件。在程序控制下，通过继电器将 PMU 依次切换到所要测量的各个 DUT 引脚上，进行各种直流参数的电压/电流测量。

PMU 的数量与测试系统的规模有关，低端的测试系统往往只有一个 PMU，通过共享的方式让多个测试通道（test channel）逐次使用；中端的则一个通道组内有一个 PMU，通常为 8 个或 16 个通道构成一组，这样可以在一个组内分时共用；而高端的测试系统内则会采用 per pin 分配的结构，每个通道配置一个 PMU。

11.3.3 线性集成运算放大器的测试

1. 集成运放的测试方法

集成电路运算放大器作为通用单元电路，应用非常广泛，例如，用它实现信号的放大、变换、运算及产生，构成精确的测量电路等。运放集成块的使用很方便，用它进行电路的设计相当简单。为了使设计和分析变得容易而有效，又不会有明显误差，通常把运放视为理想运放。在线性工作状态，它的正反相两个输入端子间是虚短路，输入端子与运放内部虚开路。运用这两个原则，将会使运放电路的分析和理解变得简单容易。

实际运放并非理想运放，它有许多参数也是非理想的，在电路设计和应用时，常需要对它的实际参数进行测量。线性集成放大器的参数值范围很宽，有的量级很小，例如失调电流 I_{OS} 小于 pA 量级；有的量级很大，如开环电压增益高达 $10^6 \sim 10^7$。要测试这些参数困难较大。本节介绍线性集成放大器测试的国家标准及常用的辅助放大器测试法。

线性集成放大器的实际测试方法有单管测试法和辅助放大器测试法两种。由于单管测试法测试各参数的电路变化太大，测试精度也较差，尤其是对高增益放大器，在单管开环状态下测试时极不稳定，因此提出了一种带有辅助放大器的闭环测试方法。这种方法不仅提高了测试精度，而且还有下列优点：

1) 被测器件的直流状态能自动稳定，且易于建立测试条件。
2) 环路具有较高的增益，有利于微小量的精确测量。
3) 可在闭环条件下实现开环测试。
4) 易于实现不同参数测试的转换，有利于实现自动测试。

因此，利用辅助放大器测试线性集成放大器是一种比较完美而成熟的方法，已为国际电工委员会（IEC）通过，作为国际上通用的测试方法。

这种方法的电路图如图 11-36 所示，其中 A 是辅助运算放大器。环路元件及辅助放大器应分别满足下列条件。

1) 环路元件应满足的要求

$$\frac{R_1}{1+\dfrac{R_1}{R_F}} \times I_{OS} \ll U_{OS} \quad (11\text{-}1)$$

$$R_{OS} \ll R_F \ll R_{ID} \quad (11\text{-}2)$$

式中，U_{OS} 为 DUT 的输入失调电压；I_{OS} 为 DUT 的输入失调电流；R_{OS} 为辅助放大器的开环输出电阻；R_{ID} 为 DUT 的开环差模输入电阻。

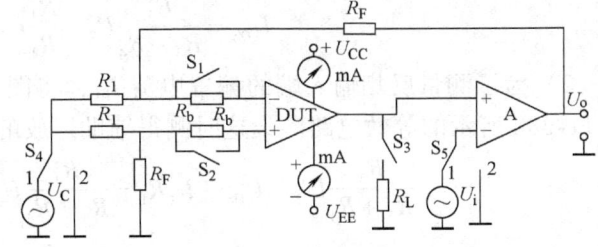

图 11-36　辅助放大器测试法电路图

2) 辅助放大器应满足的要求：开环增益大于 60dB，输入失调电流和输入偏置电流应足够小，动态范围足够大。

下面讨论集成运算放大器的几个主要参数的测试。

2. 集成运算放大器的直流参数测试

(1) 输入失调电压、偏置电流、失调电流的测量

失调 (offset) 电压和失调电流都是由于运放的差分输入级不对称造成的。输入失调电压 U_{OS} 是指当运放输入为 0 时，输出不为 0，有一直流电压，而把该电压折算到输入端的电压值，是为使运放输出电压为零，必须在输入端施加的偏置（补偿）电压值，一般运放 U_{OS} 为 0.5 ~ 5mV。输入失调电流 I_{OS} 是指当运放输入为 0 时，差分输入级两基极（偏置）电流不等之差值，即 $I_{OS} = I_{b1} - I_{b2}$。一般 I_{OS} 为 1 ~ 10nA。输入偏置电流 I_b 定义为两个输入端子的偏置电流之平均值，即 $I_b = (I_{b1} + I_{b2})/2$。

按定义，运放的输入误差参数基本都是为使运放输出电压为零，必须在输入端施加的偏置（补偿）电压/电流值。图 11-37 所示电路是利用辅助运放的"虚地"，把被测运放的输出自动钳位于近似零电位。该辅助运放用结型高阻场效应晶体管作输入级，输入电阻约为 $10^{12}\Omega$，故 R_5、R_6 中电流相等；R_6 被"虚地"钳位而电流近似为零，R_5 电流也近似为零，U_1 近似虚地。

1) 为了测量输入失调电压 U_{OS}，将图 11-37 中的 S_1 和 S_2 闭合，短路大电阻 R_1 和 R_2，故可忽略失调电流的影响。这时 U_2 经 R_4 和 R_3 负反馈到输入端，此反馈电压可完全补偿失调电压 U_{OS}，等效电路如图 11-38a 所示。所

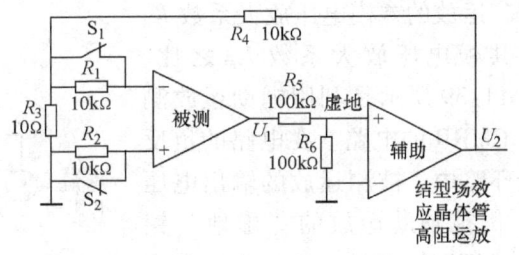

图 11-37　输入误差的测量电路

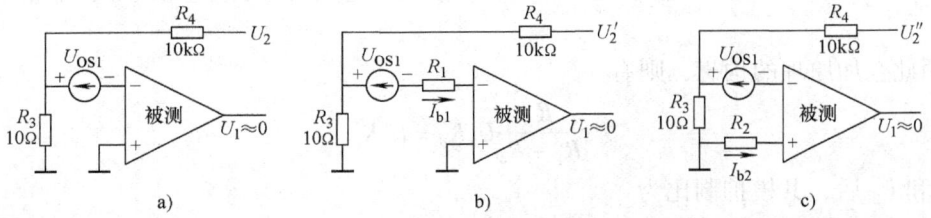

图 11-38　说明测量原理的等效电路

a) 测量 U_{OS1}　b) 测量 I_{b1}　c) 测量 I_{b2}

以，测出 U_2 后有

$$U_{\text{OS}} = \frac{R_3}{R_3 + R_4}U_2 \approx \frac{R_3}{R_4}U_2 = U_2 \times 10^{-3} \tag{11-3}$$

2) 为了测量反相输入端的偏置电流 I_{b1}，将图 11-37 中的 S_1 打开，S_2 闭合，就可得如图 11-38b 所示的等效电路。设这时测得辅助运放的输出电压是 U'_2，于是有

$$\frac{R_3}{R_3 + R_4}U'_2 - U_{\text{OS}} - I_{b1}R_1 = \frac{R_3}{R_3 + R_4}U'_2 - \frac{R_3}{R_3 + R_4}U_2 - I_{b1}R_1 = 0$$

从而解出

$$I_{b1} = \frac{R_3}{R_3 + R_4}(U'_2 - U_2)\frac{1}{R_1} \approx (U'_2 - U_2) \times 10^{-7} \tag{11-4}$$

3) 为了测量同相输入端的偏置电流 I_{b2}，将图 11-37 中的 S_1 闭合，S_2 打开，就可得如图 11-38c 所示的等效电路。设这时测得辅助运放的输出电压是 U''_2，于是有

$$\frac{R_3}{R_3 + R_4}U''_2 - U_{\text{OS}} + I_{b2}R_2 = \frac{R_3}{R_3 + R_4}U''_2 - \frac{R_3}{R_3 + R_4}U_2 + I_{b2}R_2 = 0$$

从而解出

$$I_{b2} = \frac{R_3}{R_3 + R_4}(U_2 - U''_2)\frac{1}{R_1} \approx (U_2 - U''_2) \times 10^{-7} \tag{11-5}$$

4) 按定义，输入偏置电流和输入失调电流分别为

$$I_b = \left|\frac{I_{b1} + I_{b2}}{2}\right| \text{ 和 } I_{\text{OS}} = |I_{b1} - I_{b2}| \tag{11-6}$$

(2) 共模抑制比（CMRR）的测量

理想的运算放大器输入共模信号时，输出为零，但在实际的运放中，共模信号输出不为零。输出共模信号越小，说明电路对称性越好，运放对共模干扰信号抑制能力越强。

共模抑制比（Common-Mode Rejection Ration，CMRR）的定义是：当运放工作于线性区时，运放的差模电压放大系数 K_d 与共模电压放大系数 K_c 之比。图 11-39 所示是利用辅助运放测量 CMRR 的电路。在电路的负反馈环路中，被测运放的输出电压 U_1 仍被辅助运放的"虚地"钳位（短路）至地，交流电压和直流电压都近似为零。实际上，

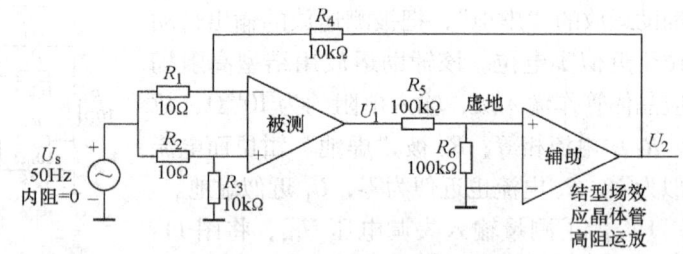

图 11-39 测量共模抑制比的电路

U_1 输出为零的情况是两个输出电压叠加、互相抵消的结果，一个是 U_s 经运放共模放大 K_c 倍后的输出电压，另一个是 U_2 反馈电压 $[U_2R_1/(R_1 + R_4)]$ 经运放差模放大 K_d 倍后的输出电压。

按照此叠加原理的构想，则有

$$\frac{R_1}{R_1 + R_4}U_2K_d = U_sK_c \tag{11-7}$$

测出 U_s 和 U_2 后，共模抑制比为

$$\text{CMRR} = K_d/K_c = \frac{R_1 + R_4}{R_1}\frac{U_s}{U_2} \approx \frac{R_4}{R_1}\frac{U_s}{U_2} \tag{11-8}$$

其用分贝表示为

$$\text{CMRR}(\text{dB}) = 20\lg\left(\frac{R_4}{R_1}\frac{U_s}{U_2}\right) \tag{11-9}$$

（3）开环差模电压放大倍数的测量

开环差模电压放大倍数 K_d 是运放在无任何反馈连接、在线性放大工作状态下，输出电压与差模输入电压之比。K_d 是信号频率 f 的函数，随频率 f 升高而逐渐减小，所以一般给出的 K_d 值都是低频（例如50Hz）或直流时的数值。由于运放的开环差模电压放大倍数很大，一般是 10^4，测量时要保证开环运放无自激振荡，在不失真输出情况下稳定工作。图11-40 利用辅助运放的测量电路能很好地满足 K_d 测量的要求。

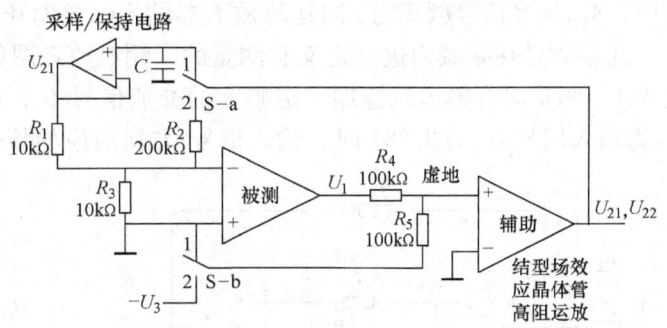

图 11-40　开环差模电压放大倍数 K_d 的测量

首先把开关 S-a、S-b 连接 1 位，使图 11-40 成为失调电压补偿电路。这时，R_5 下端接地，U_1 被"虚地"钳位为零；辅助运放的输出电压 U_{21} 经采样/保持电路和 R_1、R_2 负反馈至被测运放输入端，以补偿失调电压 U_{OS1}。

把开关 S-a 放置 2 位，而后再把 S-b 放置 2 位。这时 R_5 下端连接负压 $-U_3$，由于 $R_4 = R_5$，显然 $U_1 = U_3$。采样/保持电路的电容 C 储存着电压 U_{21}，在 S-a 的 1 点断开之后，仍能输出 U_{21} 电压，继续实现失调电压的补偿。现在辅助运放的输出电压是 U_{22}。U_{22} 经 R_2、R_3 的反馈电压就是被测运放的输入（直流）测试信号。

应当说明，这里 R_1 和 R_2 的阻值都非常大，大于 R_3，可认为 R_3 中的电流是 U_{21} 经 R_1 电流和 U_{22} 经 R_2 电流的线性叠加；R_3 上的电压是 U_{21} 和 U_{22} 单独产生的反馈电压的线性叠加。U_{21} 的反馈电压平衡了失调电压 U_{OS1}，运放输入端就只剩有 U_{22} 反馈的直流测试信号。于是，当 S-ab 放置 2 位时，有

$$\frac{R_3}{R_3 + R_2}U_{22}K_d = U_1 = U_3$$

从而得被测运放的开环差模电压放大倍数 K_d 的计算式为（U_3、U_{22} 是已测知量）

$$K_d = \frac{R_3 + R_2}{R_3}\frac{U_3}{U_{22}} \tag{11-10}$$

3. 集成运算放大器的交流参数测试

集成运放的交流参数有开环宽带 BW、单位增益带宽 GB、转换速率 S_R、建立时间 t_{set}、响应时间 t_r、t_f 等。

（1）开环带宽 BW

运算放大器的开环电压增益从直流增益下降到 3dB（或直流增益的 0.707）所对应的信号频率称为开环带宽。开环带宽的测量原理图如图 11-41 所示，它与开环电压增益的测量原理图相同，此参数是在频域内进行定义和测量的。首先测出运算放大器的直流开环电压增益，然后加一幅度为 U_s 的交流信号，改变信号频率，当 A_{VD} 下降为原来的 0.707 时，此时对应的 U_s 信号频率即为运算放大器的开环带宽。

（2）单位增益带宽 GB

它是指运算放大器在闭环增益为 1 倍状态下,当用正弦小信号驱动时,其闭环增益下降至原来的 0.707 时的频率。

当运算放大器的频率特性具有单极点响应时,其单位增益带宽可表示为

$$GB = A_{VD} \cdot f \quad (11\text{-}11)$$

式中,A_{VD} 是当信号频率为 f 时运算放大器的实际差模开环电压增益值。

此参数是在频域内进行定义和测量的,测试原理图如图 11-42 所示,运放的闭环放大倍数为 1。测量时在输入端施加一定幅度的交流信号 U_i,改变 U_i 的频率,当放大器输出信号 U_o 为输入信号 U_i 的 0.707 时,输入信号 U_i 所对应的频率即为运算放大器的单位增益带宽。

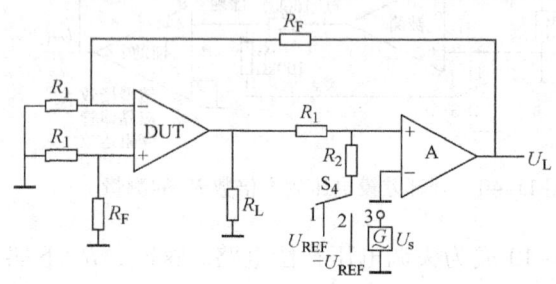

图 11-41 开环带宽的测量原理图 ($R_1 = R_2$)

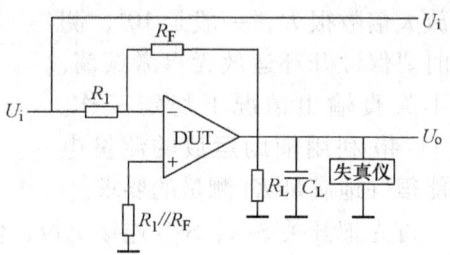

图 11-42 运算放大器单位增益带宽的测量原理图 ($R_F = R_1$)

(3) 转换速率 S_R

转换速率又称为压摆率 (slew rate),在额定的负载条件下,当输入阶跃信号时,运算放大器输出电压的最大变化率称为转换速率。此参数是在时域内进行定义和测量的。

图 11-43 是反相器和跟随器的转换速率测试原理图及输入、输出信号波形。从输出端测得的输出波形中,使用式 (11-12) 可以计算出运算放大器的转换速率,单位通常有 V/ms 和 V/μs。

$$S_R = \Delta U_o / \Delta t \quad (11\text{-}12)$$

通常,产品手册中给出的转换速率均指闭环增益为 1 倍时的值。实际上,在转换期内,运算放大器的输入级处于开关工作状态,反馈回路不起作用,即运算放大器的转换速率与其闭环增益无关。运算放大器反相接法与同相接法的转换速率是不一样的,其输出波形的前沿及后沿的转换速率也不相同。

(4) 建立时间 t_{set}

运算放大器闭环增益为 1 时,在一定负载条件下当输入大的阶跃信号后,运算放大器输出电压达到某一特定值的范围时所需要

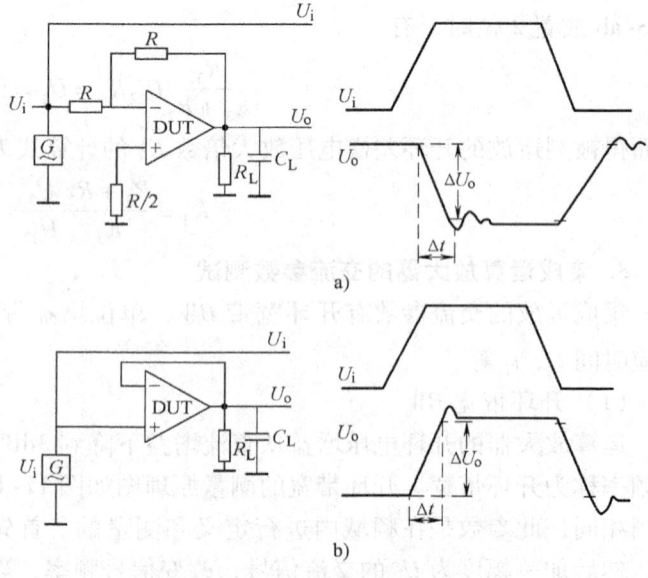

图 11-43 转换速率测试原理图及波形图
a) 反相器 b) 跟随器

的时间称为建立时间。图 11-44 是运算放大器建立时间测量原理图及波形，它也是采用时域测量的方法。

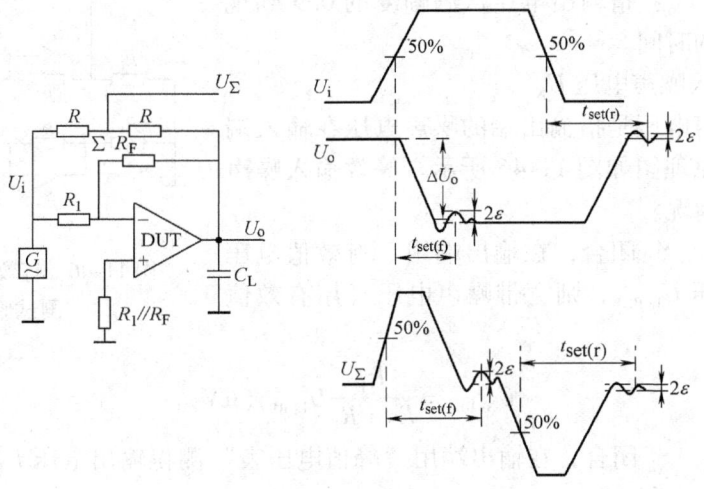

图 11-44 建立时间测量原理图及波形

电路中，$R_1 = R = R_F$，其中 R_1、R_F 与待测运算放大器构成倒相器。两个 R 将信号 U_i 与 U_o 在 Σ 点相加，由于 $U_o = -U_i$，故 Σ 点输出信号为它们的差值。当阶跃信号输入时，由于输出波形中存在振铃，Σ 点输出的是 U_o 与 U_i 之间的误差信号。由此信号的起始点到其振铃衰减至规定的误差范围 2ε 时的时间间隔，即为建立时间。建立时间的长短与幅值的精度要求直接有关，精度要求越高，建立时间越长。

（5）响应时间 t_{tot}、t_d、t_r、t_f、t_{rip}

各参数的测试原理图及波形如图 11-45 所示。这些参数是在时域内进行定义和测量的。

1）全响应时间 t_{tot}：指从输入端施加规定的小信号阶跃脉冲电压至输出电压达到规定精度的数值所需的时间。

2）延迟时间 t_d：指从输入端施加规定的小信号阶跃脉冲电压至输出电压达到满幅度的 0.1 时所需的时间。

3）上升时间 t_r：指输出电压从满幅度的 0.1 上升到 0.9 时所需的时间。

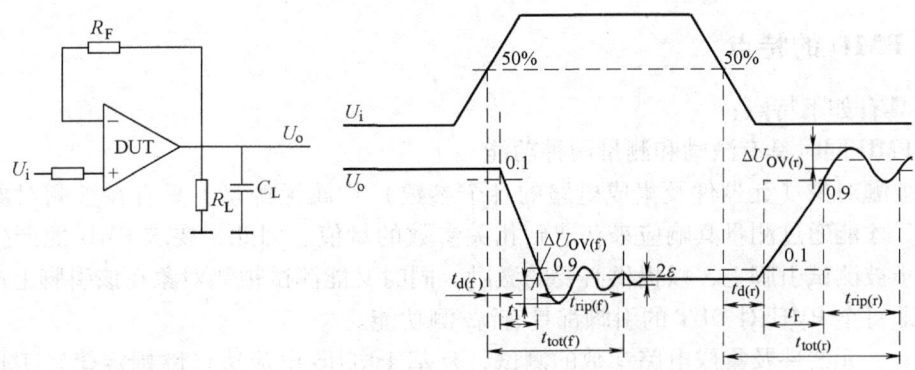

图 11-45 响应时间测试原理图及波形

4）下降时间 t_f：指输出电压从满幅度的 0.9 下降到 0.1 时所需的时间。

5）脉动时间 t_{rip}：指输出电压从满幅度的 0.9 到规定幅度比时所需的时间。

（6）等效输入噪声电压 U_N

等效输入噪声电压是指输出端的噪声电压在输入端的等效值，测试原理图如图 11-46 所示。等效输入噪声电压有如下三种情况。

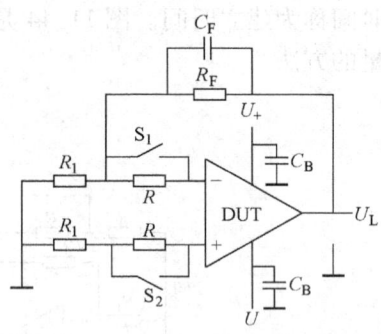

图 11-46 等效输入噪声电压测试原理图

1）将开关 S_1、S_2 闭合，在输出端用"有效值电压表"测得输出电压 $U_{L(BB)}$，则宽带噪声电压（用有效值表示）为

$$U_{N(BB)} = \frac{R_1}{R_1 + R_F} U_{L(BB)} (\mu V) \tag{11-13}$$

2）将开关 S_1、S_2 闭合，在输出端用"峰值电压表"测得输出电压 $U_{L(PC)}$，则宽带噪声电压（用峰-峰值表示）为

$$U_{N(PC)} = \frac{R_1}{R_1 + R_F} U_{L(PC)} (\mu V) \tag{11-14}$$

3）将开关 S_1、S_2 闭合，在输出端用"选频放大器"测得输出电压均方值 $U_{L(\Delta f)}$，则宽带带内平均噪声电压（用方均根值表示单位为 $\mu V/\sqrt{Hz}$）为

$$U_{N(\Delta f)} = \frac{U_{L(\Delta f)}}{\sqrt{\Delta f}} \frac{R_1}{R_1 + R_F} \tag{11-15}$$

式中，Δf 为选频放大器的带宽。

11.4 精密测量单元 PMU

PMU 在集成电路测试中的作用极其重要，它将激励信号源和测量仪的功能有机结合在一起，提供了一个可程控的精密电压/电流的施加/测量的专用集成电路测试模块，能灵活方便地对 DUT 各引脚的直流参数进行测量。PMU 不仅用于模拟集成电路测试，也用于数字集成电路和混合集成电路测试的直流参数测试。

11.4.1 PMU 的特点

PMU 具有如下特点：

（1）PMU 同时具有激励和测量两种功能

由于被测对象（元器件及集成电路的各个参数）均属无源量，只有在被测对象受到适当激励时，才能通过测量其响应来获取到相关参数的量值。因此，要求 PMU 能产生测量信号，施加于被测试引脚上，以提供必要的激励，同时又能测试被测对象在该引脚上产生的相应响应，即每个 PMU 对 DUT 的引脚都具有源/测功能。

事实上，元器件及集成电路参数的测试，是基于电压-电流法（欧姆定律）工作的，即根据"加压测流"或"加流测压"的原理，从而确定被测对象的参数值（电压、电流及阻抗等）。所以，作为每个测试通道的引脚，必须具有源的施加和量值的测量两种功能。

（2）PMU 可根据负载情况来提供电压源的激励或者电流源的激励

PMU 既能提供恒压源，也能提供恒流源，并且可根据设定的限定条件（限流值）和被测对象状况，可以在电压源和电流源的两种角色之间自动转换。例如，当 PMU 工作于将电压施加到它的负载（被测件 DUT）上，而同时监测其输出电流 I_{out} 的方式时，只要 I_{out} 尚未达到设定的电流限值 I_{out}，PMU 就起恒定电压源的作用，但是，当负载电阻减小，I_{out} 随之增加，I_{out} 达到限定电流 I_{limit} 时，PMU 便将根据负载情况来降低它的输出电压（不再维持电压恒定），使输出电流 I_{out} 维持在 I_{limit} 上，即 PMU 转换成了恒流源的工作方式。然后，若负载阻抗增加，使电流 I_{out} 减小到 I_{limit} 以下，则 PMU 又返回到电压源工作方式，其工作方式转换如图 11-47 所示。

图 11-47 表示当一个 PMU 连接一个可变电阻负载 R_L 的所有可能的工作点。若施加电压设定为 10V，I_{limit} = 10mA。在 R_L 降低（R_L = 10kΩ→0）的过程中，PMU 从工作点①到达工作点②之前，它是一个恒压源；而随着负载电阻减小和负载电流的增加，达到设置的限定电流值 10mA 时，即到达工作点②之后，在工作点②和工作点③之间，它又成了恒流源。反之，在 R_L 增加（0→10kΩ）的过程中，PMU 又可跨过工作点②，从恒流源变成恒压源。这种既能作为恒压源又能作为恒流源的特性，是 PMU 成为通用测试模块的关键。

PMU 这种"加压限流"或"加流限压"的功能，在测试中既能保护被测对象，又能保护 PMU 本身不遭损坏。

（3）PMU 具有电压/电流四象限施加/测量能力

PMU 主要有如图 11-48 所示的 4 种工作模式。

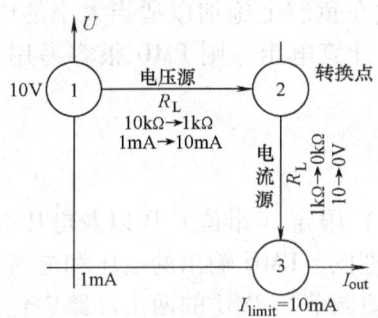

图 11-47 PMU 工作点的变化轨迹

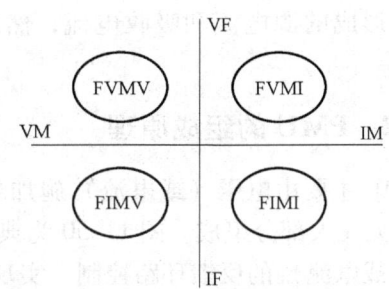

图 11-48 PMU 电压/电流，四象限施加/测量

1）加压/测流（FVMI）：对 DUT 被测引脚施加规定的电压，同时测量流经该引脚的电流。

2）加压/测压（FVMV）：对 DUT 被测引脚施加规定的电压，同时测量引脚对地的电压。

3）加流/测压（FIMV）：对 DUT 被测引脚施加规定的电流，同时测量引脚对地的电压。

4）加流/测流（FIMI）：对 DUT 被测引脚施加规定的电流，同时测量流经该引脚的电流。

（4）PMU 的电压、电流激励源均为双向输出和四象限驱动方式

PMU 的激励源能输出正负电压和正负电流。在 U-I 的直角坐标系中，根据 U-I 的方向，可处于四个象限内，如图 11-49 所示。这里引用的四象限是指 PMU 具有施加正电压和负电压，以及具有供给电流或吸收电流的能力，电流的正负规定为 PMU 供给电流为正，吸收电流为负。

（5）在 PMU 内部还设计了程控输出电压/电流钳位电路、过载和过量程检测及保护电路（Clamp Settings），以防止造成 DUT 或 PMU 本身的损坏。在编写测试程序时，当设置 PMU 为输出电压时，必须同时设定最大输出钳位电流，以防止引脚对地短路（或者对其他源短路）时输出电流过大而烧毁 PMU。同样，当设置 PMU 为输出电流时，则相应地需要钳位电压，以保护 DUT。

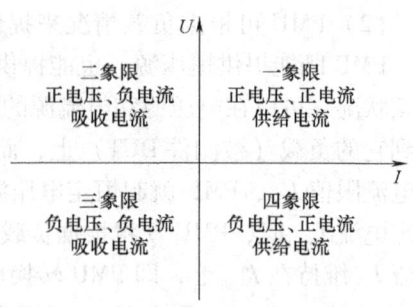

图 11-49　PMU 的四象限工作区

（6）PMU 的各项工作参数均可程控设定

PMU 的工作模式，电压、电流的量程和施加值，以及电流、电压的限定值，均可在计算机程序控制下进行设置。

（7）PMU 也能作为电压表、电流表、欧姆表使用

1）作为电压表：PMU 工作在 FIMV 模式，通过将它的激励电流设置到它的最低电流量程上的小数值来实现。于是，当 PMU 与任何工作中的信号源相连接时，它总是工作在电流源工作方式，但处于不会对待测节点显著"加载"的小电流下。测量这时的 PMU 输出电压，实质上给出的电压读数就如同将电压表接到信号源时测量得到的一样。

2）作为电流表：PMU 工作在 FVMI 模式，通过将它的激励电压设置到 0.0V，然后测量流入或流出的电流。

3）作为欧姆表使用：PMU 工作在 FVMI 模式，通过在负载上施加以适当大小的电压，测量所形成的源电流和吸收电流，然后按公式 $R = U/I$ 计算电阻，则 PMU 很容易用作欧姆表。

11.4.2　PMU 的组成原理

PMU 主要由电压（或电流）施加环、电流（或电压）限定（钳位）环以及电压/电流测试单元三大部分组成。图 11-50 为典型 PMU 的组成原理图。PMU 输出的电压和电流通过电压（或电流）的反馈环路控制，实现恒压或恒流的自动调节。PMU 的两个环路中包括激励 DAC、限定 DAC、电压量程控制和电流量程检测等电路。这些功能电路的参数通常在每次测量之前设定，然后再启动 PMU 进行测量。

下面以施加电压测量电流（限定电流）FVMI 模式为例，讲述 PMU 的工作原理，在图 11-50 所示的框图中，开关 S_1 接"电压"，开关 S_2、S_3 接"电流"。

（1）电压施加环路

电压施加环路由施加电压 DAC、电压控制放大器 A_1、功率缓冲器 A_2、电压检测放大器 A_3、电压量程控制器 K_V 等组成，它是一个电压反馈调节环，在功能上类似于一个可程控的稳压电源。

施加电压 DAC 的输出 U_R 和电压量程控制器 K_V 的反馈 U_M 的共同作用，确定 PMU 的输出电压值 U_o。电压量程控制器确定 PMU 工作的满度范围，而施加电压 DAC 则确定该量程内的激励电压值。电压量程控制器 K_V 由电阻分压器构成，不同的分压比实现了不同量程的划分，它改变加到电压合成节点 $\Sigma 1$ 上的电压 U_M 的加权因数。

电压控制放大器 A1 是一个加法放大器，它对 DAC 激励电压 U_R 和来自电压量程控制器的反馈电压 U_M 相加，按照 $\Sigma 1 = U_R + U_M = 0$ 的原理，即 $|U_M| = |U_R|$ 的原则去控制着输出控

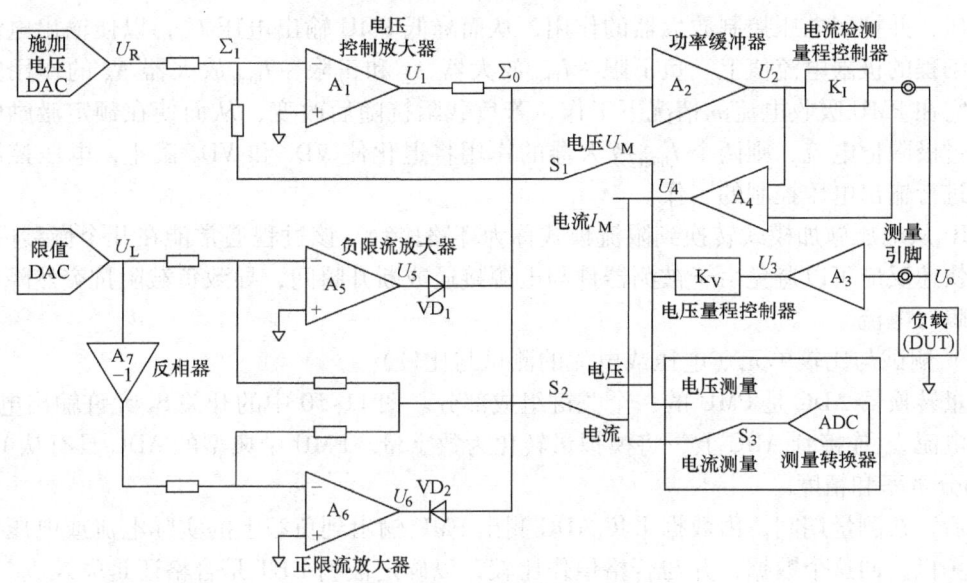

图 11-50　PMU 的组成原理图

制节点 $\Sigma 0$ 上的电压。功率缓冲器的输出与电流检测量程控制器 K_I 相连，PMU 的输出电流 I_M 经过电流量程检测的采样电阻器和负载电阻，与 I_M 成正比的电压经电流检测放大器 A_4 输出，一方面用于控制钳位电流，另一方面可由 ADC 测量输出电流 I_M。

由于输出电流流向负载要经过电流检测量程控制器 K_I、继电器和电缆而产生电压降，故为了实现精确的电压激励，必须检测负载上的实际电压。将电压检测放大器 A_3 经电压检测输入端与负载相连，直接检测负载两端的电压。电压检测放大器的输出由电压量程控制器 K_V 定标之后，向电压施加的控制放大器提供反馈电压 U_M，同时也与测量用 ADC 相连，使之能测量实际输出电压。

（2）电流限定（钳位）环路

限流环路是由限值 DAC、负限流放大器（A_5）、正限流放大器（A_6）、电流检测量程控制器（K_I）和电流检测放大器（A_4）组成的。

电压施加功能设定之后，根据测量的电流要求，进行限定电流设置。限流环路连续监测 PMU 的输出电流，当输出电流达到设定的限流值时，其输出电流被恒定在限制值上。限定电流值的设置由限值 DAC 来完成。电流检测放大器 A_4 检测量程电阻器两端的电压，并输出与流过电阻器的电流 I_M 成正比的电压 U_4，如果达到编程的极限电流 I_{limit}，电流控制环便接管了对 PMU 输出电压的控制，以便限制其输出电流值。表征 I_M 的电压 U_4 还送至测量转换器 ADC，可测出实际 PMU 的输出电流。

K_I 也划分了几个电流量程，可以施加或测量从几纳安（nA）到 1 安（或更大）的电流。

如果负载电流急剧增大，I_{limit} 限流放大器（A_5 或 A_6）将实施限制 PMU 输出电流的作用。在测量期间，上限 $+I_{\text{limit}}$ 放大器 A_6 不断地将 I_M 信号电压 U_4 与限值 DAC 的电压 U_L 相比较，若 $|U_4| < |U_L|$，则限流放大器 U_6 输出正电压，U_5 输出负电压，使 VD_1 和 VD_2 截止，限流环断开而不起作用。然而，若输出电流达到或超过限定值，$|U_4| > |U_L|$，则正限 $+I_{\text{limit}}$ 放大器 A_6 输出 U_6 为负电压，使 VD_2 导通，电流限制环开始起作用，降低电流控制节点 $\Sigma 0$

上的电压,并抑制电压控制放大器的作用,从而降低 PMU 输出电压 U_o,以便输出电流精确稳定在编程的极限电流值上。负下限 $-I_{\text{limit}}$ 放大器 A_5 和正限 $+I_{\text{limit}}$ 放大器 A_6 的作用完全相同,但它在 PMU 吸收电流的情况下工作,若负载阻抗随后改变,从而使在额定激励电压下也不超过极限值电流,则两个 I_{limit} 放大器的作用将退化使 VD_1 和 VD_2 截止,电压控制放大器重新进行输出电压控制的工作。

PMU 从电压施加模式转换到限流模式称为环路接管。该过程通常能在几个微秒内完成,这样的快速反应可以避免由于被测器件与电源接通或断开瞬间,导致负载阻抗突然降低而产生大的瞬时电流。

（3）测试与比较单元（电压或电流的测试与比较）

测量转换器 ADC 是 PMU 的一个关键组成部分。图 11-50 中的开关 S_3 允许输出电压 U_{out} 或输出电流 I_{out} 连接到 ADC 上,将模拟量转化为数字量。PMU 中典型的 ADC 具有从 12 位到 18 位的分辨率和精度。

最后,在测量期间,由数据采集 ADC 测出 PMU 输出到负载上的实际电流或电压。测试控制计算机读回这个数据,并与合格值作比较,以确定被测 DUT 是合格还是失效。

以上是 FVMI 模式的工作原理,其余 3 种模式的工作原理类似,这里不再赘述。概括 4 种模式的工作原理见表 11-4。

表 11-4　PMU 的 4 种模式的工作原理

工作模式	$S_1/S_2/S_3$ 开关状态	施加反馈环	钳　位	测量 ADC
FVMI	电压/电流/电流	通过 A_3、K_V 反馈电压	电流限定	测量经过 A_4 的 K_I 电流
FVMV	电压/电流/电压	通过 A_3、K_V 反馈电压	电流限定	测量经过 A_3、K_V 的电压
FIMV	电流/电压/电压	通过 A_4、K_I 反馈电流	电压限定	测量经过 A_3、K_V 的电压
FIMI	电流/电压/电流	通过 A_4、K_I 反馈电流	电压限定	测量经过 A_4 的 K_I 电流

11.4.3　PMU 的技术指标

由于 PMU 可以对几乎所有类型的半导体器件进行测试,所以当应用 PMU 进行一项特定的测试时,需要考虑下列几项最主要的技术指标:

（1）工作电流范围

PMU 覆盖了多个数量级的电流范围。通用小信号器件的测量需要从几个纳安到几百个毫安。然而,某些器件的测试可能需要 PMU 的电流范围位于亚皮安区,而功率器件的测试则要求有 100A 或更高的电流输出。

（2）工作电压范围

通常电压范围是从 $\pm1 \sim \pm50\text{V}$,能够满足大多数小信号半导体测试应用的需要。许多分立元件或高压集成电路需要电压范围达到 1kV 或更高。

（3）施加精度和测试精度

当用于测试精度为 $\pm1\%$ 的电压调节器时,PMU 可能仅需要 0.1% 的电压测试精度,但对高精度参考电压源或高分辨率转换器进行测试时,则需要 0.01% 的电压或电流精度。

（4）测试速度

在半导体生产中,测试效率高就能降低生产成本。因此,PMU 的编程时间、稳定时间、测试时间、测试值返回时间都是非常重要的指标。许多半导体测试系统采用快速总线接口,能在几毫秒内完成参数测试。

（5）交流及瞬态性能参数

PMU 将交流信号加到被测器件，由于大多数测试需要精确的电压或电流波形，所以应特别关注 3dB 带宽等交流性能指标。每种 PMU 在不同的动态负载条件下的动态性能都会有所不同。例如，在负载阻抗突然降低时将产生一个大到数安培的瞬态输出电流，超调量和负载阶跃的恢复期等参数在一些测试应用中也必须加以考虑。因此，也要关注 PMU 的瞬态与动态参数。

（6）浮置特性

大多数 PMU 都是以地电平为参考，其低端实质上是与测试地线相连。因此，在测试的 1V 电压若有很大共模电压时（例如，有 90V 的共模电压），由于必须将该仪器置于 100V 的大量程上，而感兴趣的部分只不过是该量程的 1%，所以 1V 电压的测试比较困难。若 PMU 的输入端能浮置起来的话，那么它的施加和检测端低端就可以接到 90V 的电源上，并且仪器可以直接在它的 1V 量程内进行测试，从而实现高精度的测试。

11.4.4 PMU 的应用实例

下面以 1 个具体的数字集成电路的直流参数的典型测试为例，讲述 PMU 的应用。

测试时使用的 CEF—100 集成电路测试仪的 PMU 具有如前所述的 4 种工作模式，其电压/电流激励和测量的量程划分和精度见表 11-5。表 11-6 是集成电路 74LS164 进行成品直流参数测试的项目、测试条件及合格品判定要求。测试项目的定义和测试方法见本章 11.2 节。

表 11-5 PMU 电压/电流量程划分及精度

	量 程	最 小 值	最 大 值	施加精度（FS）	测试精度（FS）
电压施加和测量	16V	-16V	16V	0.1%	0.1%
	8V	-8V	8V	0.1%	0.1%
	4V	-4V	4V	0.1%	0.1%
	2V	-2V	2V	0.1%	0.1%
电流施加和测量	400mA	-400mA	400mA	0.5%	0.5%
	100mA	-100mA	100mA	0.5%	0.5%
	20mA	-20mA	20mA	0.5%	0.5%
	2mA	-2mA	2mA	0.5%	0.5%
	200μA	-200μA	200μA	0.5%	0.5%
	20μA	-20uA	20μA	0.5%	0.5%
	2μA	-2μA	2μA	0.5%	0.5%

表 11-6 74LS164 直流参数测试的项目和要求

测 试 项 目	测 试 条 件	合格判定条件 最小值	合格判定条件 最大值	需测试引脚
接触测试（开短路 O/S）	施加 0.1mA 电流，测电压	0.3V	1.2V	所有引脚（除地引脚外）
电源电流 I_{CC}	U_{CC} = MAX[(1)]		27mA	电源引脚
输入高电平电流 I_{IH}	U_{CC} = MAX，U_{IN} = 3.5V		0.04mA	所有输入引脚

(续)

测试项目	测试条件	合格判定条件		需测试引脚
		最小值	最大值	
输入低电平电流 I_{IL}	U_{CC} = MAX, U_{IN} = 0.4V		-0.4mA	所有输入引脚
输出高电平 U_{OH}	U_{CC} = MIN①, I_{OH} = -0.4mA, U_{IN} = U_{IH} or U_{IL}②	2.7V		所有输出引脚
输出低电平 U_{OL}	I_{OL} = 4.0mA, U_{CC} = MIN, U_{IN} = U_{IH} or U_{IL}③		0.4V	所有输出引脚

① U_{CC} = MAX = 5.5V, U_{CC} = MIN = 4.5V, 此处电流的正负号以 PMU 为参考, 即从 PMU 流出为正, 流入 PMU 为负。
② 此处 U_{IN} 为使被测试引脚输出为高电平的测试向量规定的电平。
③ 此处 U_{IN} 为使被测试引脚输出为低电平的测试向量规定的电平。

在测试前，首先根据各个测试项目的测试方法，确定 PMU 的工作模式，然后根据测试条件中的施加值选择施加量程，根据合格判定条件选择测量量程，再确定限定（钳位）值，见表 11-7。注意限定值的选取不是唯一的，一般应满足大于该参数的合格极限值的 1.2~2 倍，而小于或等于该量程的最大值。

表 11-7 PMU 测试 74LS164 直流参数时，选择的模式、施加和测量量程、施加值和限定值

测试项目	PMU 模式	施加量程	测量量程	施加值	限定值	合格器件的典型实测值
接触测试（开短路 O/S）	FIMV	200μA	4V	100μA	3.000V	0.654V
电源电流 I_{CC}	FVMI	8V	100mA	5.500V	40mA	13.2mA
输入高电平电流 I_{IH}	FVMI	4V	200μA	3.500V	80.0μA	4.1μA
输入低电平电流 I_{IL}	FVMI	2V	400μA	0.400V	-300.0μA	-175.2μA
输出高电平 U_{OH}	FIMV	2mA	8V	-0.400mA	4.500V	3.356V
输出低电平 U_{OL}	FIMV	20mA	2V	4.00mA	1.000V	0.219V

11.5 混合集成电路测试

11.5.1 对混合信号集成电路的测试要求和系统结构

混合信号电路特别是 SOC 系统级混合信号电路，通常是以数字电路为基础，把 CPU 及接口电路、存储器、DAC、ADC、运算放大器等集成在单芯片上，也即混合信号电路包含数字电路、模拟电路和数模及模数转换电路，例如数字语音芯片和视频图像信号处理芯片等。根据这一特点，对混合信号电路测试系统的要求如下。

1）需要具备测试数字系统的能力，混合信号电路需要有高数据速率、高定时准确度、高引脚数、高图形深度的数字测试能力。这样才有能力完成混合信号电路特别是 SOC 电路中 CPU（或 DSP）、接口、存储器等数字部分的测试。

2）需要具有模拟信号测试能力。由于混合信号电路中包含着模拟电路，需要通用的高精度的模拟测量仪器模块来形成适度的模拟测试能力。

3）具有高准确度任意波形产生能力，除了可以提供正弦波、三角波、锯齿波、方波、脉冲信号外，还可以提供包括音频、视频和射频的任意波形信号。采用 DDS 任意波形产生技术，解决了混合信号电路测试中对输入可以同步采样的问题。有关 DDS 技术在本书的第 9 章有详细讲述。

4）具有对模拟信号的高速采集和数字信号处理的能力。捕捉混合信号电路输出的模拟信号，经过高速 A-D 转换，变成数字信号，再由 DSP 对数字信号进行处理和频谱分析。这实际上是数字化仪的功能，有关模拟信号波形的高速采集在本书的第 5 章有详细讲述，关于数字信号的频谱分析参见本书第 6 章。

5）数字与模拟信号的精确同步与控制，包括数字信号和模拟信号的产生、采集、存储和处理等过程的控制。在这个过程中，应保证混合信号器件输入或输出的模拟信号，与输入或输出的数字信号之间有着严格的同步关系。

总之，混合集成电路比单独的数字或模拟集成电路的测试要求更高和更复杂。根据前面对混合信号集成电路测试需求分析，可以得到一个实现混合信号集成电路测试系统方案框图，如图 11-51 所示。

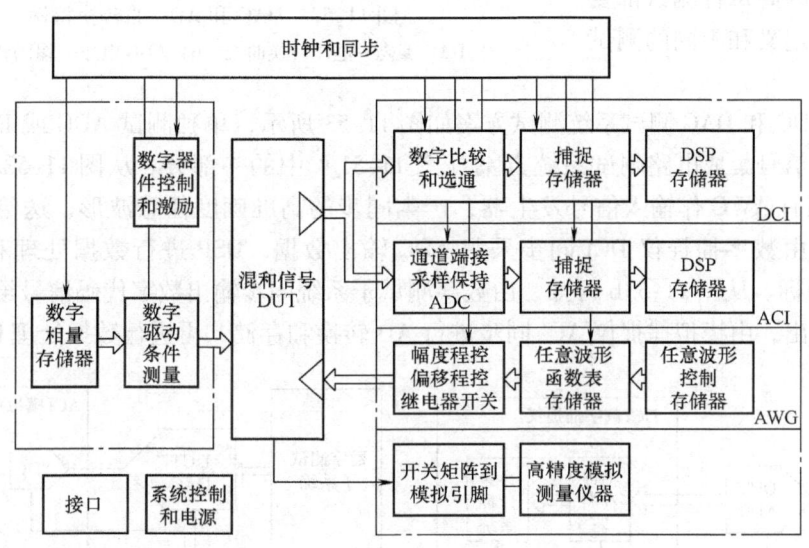

图 11-51　混合信号集成电路测试系统方案框图

混合集成电路的种类较多，测试要求也各异。下面仅对典型的混合集成电路——ADC 和 DAC 器件的测试进行简要讲述。

11.5.2　ADC、DAC 测试技术简介

把数字转换为模拟量的过程称为数-模转换，完成这种转换的电路称为数-模转换器（Digital to Analog Converter，DAC）。要实现这种转换，除了输入数字量 N 外，还必须有一个基准电源 U_{REF}，对于 n 位的二进制 DAC，它们之间的关系可描述为

$$A = U_{REF} \frac{N}{2^n - 1} \tag{11-16}$$

式中，A 为 DAC 输出的模拟信号（电压或电流）

把模拟量转换为数字量的过程称为模-数转换，完成这种转换的电路称为模-数转换器

(Analog to Digital Converter，ADC)。ADC 的转换过程通过采样、保持、量化和编码四个步骤完成。当输入量为模拟信号 A 和模拟基准量为 U_{REF} 时，要求输出量是数字信号 N，一个理想的 n 位二进制 ADC 的输出与输入及模拟基准量之间的关系为

$$N = \frac{A}{U_{REF}}(2^n - 1) \tag{11-17}$$

DAC 的"编码—电压"传输特性与 ADC 的"电压—编码"传输特性类似，只不过 DAC 代表的是一种"点对点"的映射，如图 11-52a 所示；而 ADC 代表的是一种"线对点"的映射，如图 11-52b 所示。图中可以看出，DAC 不是 ADC 的反向，两者之间的主要区别与它们的传输曲线不同有关，理想的 ADC 会丢失数据，而理想的 DAC 不会丢失信息。因此每种测试都要求不同的参数定义和不同的测试向量。

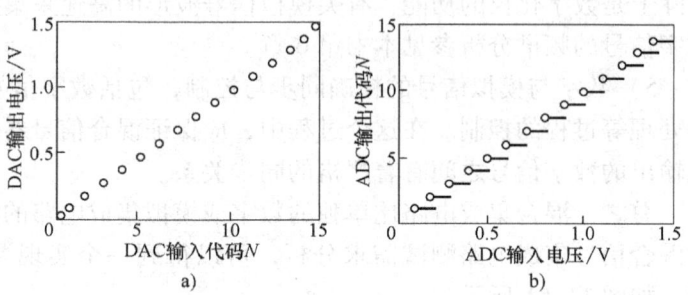

图 11-52 DAC 和 ADC 的转换特性
a) DAC 编码—电压转换曲线　b) ADC 电压—编码转换曲线

典型的 ADC 和 DAC 测试系统测试方案如图 11-53 所示，单独测试 ADC 或 DAC 的测试组成方案是混合信号集成电路测试系统方案（图 11-51）中的一部分。从图 11-53a 可知，完成 ADC 测试必须有 AWG 作输入信号发生器，产生同步的高准确度任意波形，送给被测 ADC 转换为数字量，由数字捕捉仪 DCI 同步采集 ADC 输出数据，DSP 进行数据处理和计算，得到 ADC 的性能指标。从图 11-53b 可知，由数字测试子系统同步输出数字代码信号给被测 DAC 转换为模拟量输出，由模拟捕捉仪 ACI 同步进行 AD 转换和存储，再进行数据处理和计算。

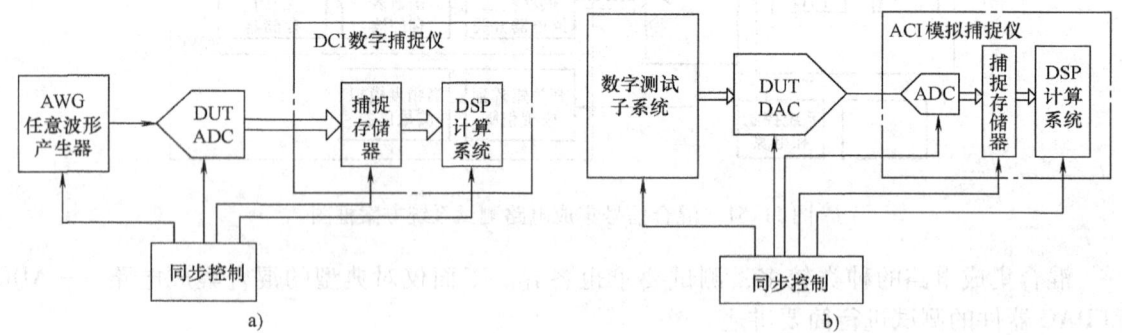

图 11-53 ADC 和 DAC 测试方案对比
a) ADC 测试方案　b) DAC 测试方案

由于篇幅所限，下面仅对 DAC 的静态、动态参数测试原理进行讲述。

11.5.3　DAC 测试技术

1. DAC 测试参数

DAC 的静态参数包括：分辨率、输出范围（FSR）、最低有效量值（LSB）、微分非线性

(DNL)、积分非线性(INL)、失调误差、增益误差、精度等。动态参数包括：信号噪声比(SNR)、噪声失真比(SNDR 或者 SINDR)、总谐波失真(THD)、互调失真(IM)。交流参数包括最大转换速率以及建立时间。表 11-8 为一个 12bit DAC 的参数表。

表 11-8 DAC 器件参数表

参　　数	测　试　条　件	最小值	典型值	最大值	单　　位
输　　入					
分辨率	—	—	12	—	bit
静　　态					
失调误差	输入为 0_X0	—	—	±0.2	%FSR
增益误差	输入为 $0_X FFF$	—	—	±0.4	%FSR
微分非线性	保证 12 位的单调性	—	—	±1	LSB
积分非线性	—	—	—	±1/2	LSB
输出范围	—	—	±2.5	—	V
动　　态					
信号噪声比	$f_{out}=1000$Hz，正弦波	68	70	—	dB
总谐波失真	$f_{out}=1000$Hz，正弦波 $f_{max}=20$kHz	—	−69	−67	dB
互调失真	$f_{out}=1000$Hz + 7000Hz	—	—	−65	dB
交　　流					
建立时间	最大输入改变 = 16LSBs	—	180	200	ns
转换速率	—	—	—	5	MHz

2. DAC 静态参数测试原理

图 11-54 为 DAC 静态参数测试图。从图中可以看出，波形数字化仪、波形发生器、波形数据捕获存储器、DSP 部分对于 DAC 的静态线性度测试可以省去。这些静态参数的测量通过数字 PMU 测试方法来完成。图 11-54 中数字子系统主要用来驱动 DAC 输出位数和其他数字引脚如写(WR)、片选(CS)或时钟等，要满足时序要求，转换曲线如图 11-55 所示。

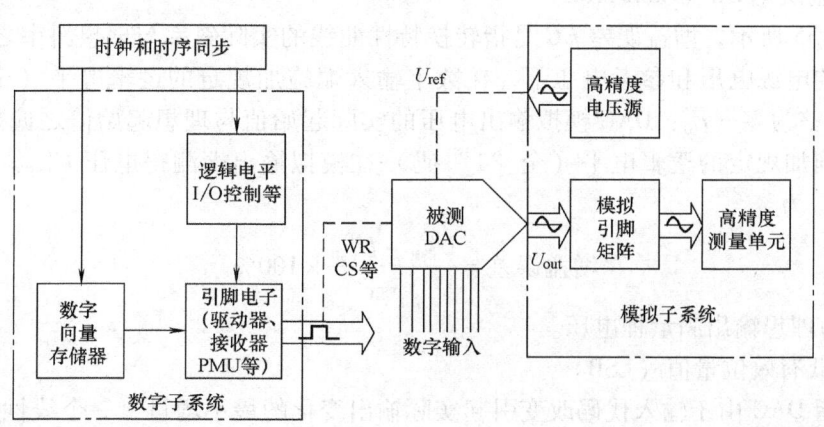

图 11-54　DAC 静态参数测试图

DAC 静态参数的测量是在较低的测试信号频率下进行的,通过设置一些数字输入码,将其输入芯片,然后测量输出值,通过实测的传输特性与理想传输特性的比较来确定 DAC 的静态参数。重要的 DAC 静态参数如下。

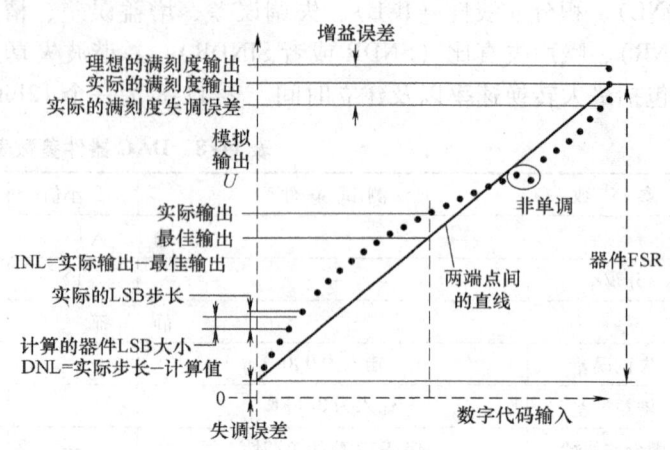

图 11-55 DAC 转换曲线

(1) 分辨率

分辨率（Resolution）是指 DAC 输出电压可分辨的最小范围。如果用比特来描述的话,应该是满量程输出电压值除以 2 的 n 次幂,n 为 DAC 的位数,该参数用来计算在相邻输入数字代码之间 DAC 的最小输出电压变化量。公式为

$$\text{分辨率} = U_{FSR}/(2^n - 1) \tag{11-18}$$

式中,U_{FSR} 为满刻度输出。

(2) 满刻度输出（Full scale range）

满刻度输出 U_{FSR} 是指 DAC 产生的最大输出电压与最小输出电压的差值,有时也写为 FSR。ADC 的输出可以描述为电流或电压,可以是正值、负值或正负值。只有正向或只有负向输出的器件称为单极性器件,正、负向均有输出的器件称为双极性器件。该参数的测量是通过先测量 DAC 的正向满刻度输出电压（U_{FS+}）,然后测量 DAC 的负向满刻度输出电压（U_{FS-}）,则 U_{FSR} 为

$$U_{FSR} = U_{FS+} - U_{FS-} \tag{11-19}$$

(3) 失调误差（Offset error）

对于实际的器件,当向被测器件输入数字量 00…00 或零电平数字信号时,理想输出电压应为零,但实际输出电压偏离 0V,理想输出与实际输出的偏差值称为失调误差。公式为

$$\text{失调误差} = U_{ZS} - U_{ZS\text{理想}} \tag{11-20}$$

(4) 增益误差 EG（Gain error）

如图 11-55 所示,增益误差 EG 是指转换特性曲线的实际斜率与理想斜率之偏差。测试时,在规定的电源电压和参考电压下,在数字输入端施加规定的逻辑电平（全"0"码）。将失调 E_0 调整为零（E_0：DAC 模拟输出电压的实际起始值与理想起始值之偏差）。然后在数字输入端施加规定的逻辑电平（全"1"码）在模拟输出端测得电压 U'_{FSR}。则增益误差 EG（%FSR）为

$$\text{增益误差} = \frac{U'_{FSR} - U_{FSR}}{U_{FSR}} \times 100\% \tag{11-21}$$

式中,U_{FSR} 为理想输出满量程电压。

(5) 最低有效位量值（LSB）

LSB 是指 DAC 由于输入代码改变引起实际输出变化的最小增量,一个线性 DAC 的传输特性表示为一系列沿 45°线的点,在图的左边是二进制输入代码每相邻代码增1,比如对于 8 位 DAC 从 0 到 255,则输出电压增量为

$$FSR \times \frac{1}{2^{bits}-1} \tag{11-22}$$

式中，FSR 为输出满量程电压；bits 为 DAC 的位数。

理想的 LSB 通过测量 FSR 来计算，LSB 是实际 DAC 转换曲线的平均步长，以每位多少伏形式表示 DAC 增益，故它取决于器件的失调误差和增益误差。

(6) 差分非线性 (DNL)

在器件工作时，理想条件下两相邻输入数字量所对应的模拟量差值应相等，实际上由于元器件参数不理想，使其相邻差值不同。差分非线性表示刻度间的量化误差，是指相邻两输入数码对应的模拟输出电压之差的实际值与理想 U_{LSB} 间的最大偏差，测量方法是首先计算两相邻数码对应的模拟输出电压之差，并与理想 U_{LSB} 相比较，取其偏差的绝对值的最大值 $|\Delta U_j|_{max}$，由下式计算求出 DNL，即

$$DNL = \frac{|\Delta U_j|_{max}}{U_{LSB}} \tag{11-23}$$

(7) 积分非线性 (INL)

与 DNL 相对应，INL 是实际输出的模拟电压与理想输出值的最大误差。对任意给定输入和所有差分非线性，它是一种积累误差。积分非线性是通过测量传输特性曲线中各点输出电压偏离线性的整体程度，取其最大误差。即

$$INL = \frac{|\Delta U|_{max}}{U_{LSB}} \tag{11-24}$$

(8) 单调性 (Monotonic)

单调性是衡量当输入数字量发生一个最低位 (LSB) 变化时，输出模拟电平应有相应增减变化的能力。简单讲就是，输出随输入的增加而同样增加。这对于 DAC 是一个很重要的参数，对于一个非单调性的 DAC，在完成循环时会锁在两个相邻的代码上。如果 DNL 小于 ±1LSB，则单调性就可以保证。通常定义单调性的比特数小于或等于器件的精度。如 14 位 DAC 的单调性定义为 12bit。

(9) 转换精度误差 EA

EA 表示 DAC 的模拟输出电平与其预定值偏离的程序，是指实际转换特性曲线与理想转换特性曲线间的最大偏差。测试时在数字输入端施加规定的逻辑电平（全"0"码），将失调 E_0 调整为零，然后在数字输入端施加规定的逻辑电平（全"1"码），将增益误差 EG 调整为零。最后在数字输入端施加规定的逻辑电平（所有数码），在模拟输出端分别测得每一数码对应的电压。将测得的每一数码对应的电压与理想的模拟输出电压相比较，取其偏差的绝对值的最大数 $|\Delta U_j|_{max}$。

$$EA = \frac{|\Delta U_j|_{max}}{U_{FSR}} \times 100\% \quad (\%FSR) \tag{11-25}$$

为了保证数据处理结果的准确性，DAC 必须有足够高的转换精度。同时，为了适应快速的过程控制和检测需要，DAC 还须有足够快的转换速度。因此，转换速度和转换精度是衡量 DAC 性能优劣的主要标志，通常用分辨率和转换误差来描述。

3. 动态参数测量

在器件以正常频率工作的情况下，通过测试系统的波形产生器生成不同的测试波形，将这些波形数据向量加到 DAC 输入端，在 DAC 输出端对模拟输出进行 A-D 转换，得到的数

据通过 DSP 进行 FFT 变换，再进行计算和处理。重要的 DAC 动态参数包括信噪比（SNR）、信号噪声和失真比（SNDR 或 SINAD）、全部谐波失真（THD）、互调失真（Intermodulation Distortion）、建立时间（Setting time）、无杂散动态范围（SFDR）。上述动态参数的测量，除建立时间外，其余属于频域测试，有关内容可参考本书第 6 章。

(1) 信噪比（SNR）

信噪比反映了器件在有噪声干扰或阻塞条件下检测小信号的能力。测试 SNR 时，需要将完整正弦波的波形数据的数字文件输入 DAC，在 DAC 的输出经防混叠滤波、数字化及频谱分析得到基波及谐波，去掉基波及谐波分量所剩的频谱成分即为 DAC 噪声。SNR 即基波幅度与所有噪声幅度的比值，一般用 dB 形式表示。计时包括噪声成分失真与全部谐波失真的组合，但不包括 $bin = kM$ 的谐波本身，公式为

$$\mathrm{SNR} = 20\lg \frac{U_{bin\mathrm{M}}}{\sqrt{\sum_{bin=1}^{N/2}(U_{bin})^2}, bin \neq kM, k = 1,2,3,\cdots} \tag{11-26}$$

式中，N 是 FFT 的采样数；M 是测试波形的周期数；$U_{bin\mathrm{M}}$ 是测试波形基波幅度；U_{bin} 是噪声和各次谐波幅度。

(2) 信号噪声和失真比（SNDR 或 SINAD）

SNDR 是基波与噪声和失真的比值。它表现了基波的幅度与所有其他频率幅值的比率，公式为

$$\mathrm{SINAD} = 20\lg \left[\frac{U_{bin\mathrm{M}}}{\sqrt{\sum_{bin=1}^{N/2}(U_{bin\mathrm{M}})^2}} \right] \tag{11-27}$$

式中，N 是 FFT 的采样数；M 是测试波形的周期数；$U_{bin\mathrm{M}}$ 是测试波形基波幅度；U_{bin} 是噪声和各次谐波失真幅度。

(3) 全部谐波失真（THD）

与运算放大器中 THD 参数的含义相同，但 DAC 中 THD 的测量方法不同，这是因为其输出的模拟信号是离散的。将正弦波的二进制代码送到 DAC 输入端，则在 DAC 输出端的模拟信号经防混滤波和波形数字化，得到输出波形采样值，再经 FFT 变换得到 DAC 输出波的频谱，在频域中进行分析，找出任意一个含有谐波的信号与基波的关系。THD 以 dB 来表示，计算公式为

$$\mathrm{THD} = 20\lg \frac{\sqrt{\sum_{bin=kM}^{N/2}(U_{bin})^2}, k = 2,3,4\cdots}{U_{bin\mathrm{M}}} \tag{11-28}$$

式中，N 是 FFT 的采样数；M 是测试波形的周期数；$U_{bin\mathrm{M}}$ 是测试波形基波幅度；U_{bin} 是噪声的各次谐波失真幅度。

(4) 互调失真（IM）

互调失真是测试出现在一个器件信号中的非谐波产生项，它是由一个信号中的两个频率成分的非期望调制引起的。此调制是被测器件的非线性特征产生的结果。此参数的测试是通过将两个不同频率的正弦曲线进行叠加后输入器件，并寻找频率成分之和及频率之差的 bin。互调失真测试波形如图 11-56 所示。

传输特性曲线的非线性产生的谐波称为 IM 乘积项，分别是二次谐波（比如 $f_{t1} + f_{t2}$，

$f_{t1}-f_{t2}$)、三次谐波（$2f_{t1}+f_{t2}$，$2f_{t1}-f_{t2}$，$f_{t1}+2f_{t2}$，$f_{t1}-2f_{t2}$）等的总和，通常到五次谐波可以忽略，一般通过计算低频的幅值除以二次谐波有效值的总和来计算 IM。

（5）建立时间（Setting time）

对于 DAC 器件，建立时间（t_{set}）是用来定量描述其转换速度的参数。t_{set} 的定义是：从输入数字量发生突变开始，直到输出电压进入与稳态值相差 ±1/(2LSB) 范围以内的这段时间。因为输入数字量的变化越大建立时间越长，所以一般器件给出的都是从全 0 跳变为全 1 时的建立时间。

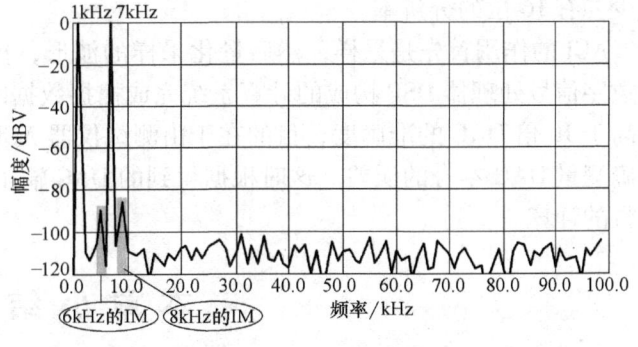

图 11-56　互调失真测试波形

（6）无杂散动态范围（SFDR）

SFDR 是指基波的幅值与非基波 *bin* 最高幅值之比。它表现的是器件工作的频谱下绝对噪声和无动态失真范围。同 SNR 相同，SFDR 也反映了器件在有噪声、干扰或阻塞条件下检测小信号的能力。

对于不同的 DAC 芯片，动态参数的范围也不尽相同，特别是 SNR、THD、SFDR 这几个参数的数值受芯片的采样频率、输入频率和分辨率的影响较大。

4. DAC 测试参数分析

（1）差分非线性和积分非线性

由 DAC 的差分非线性和积分非线性的定义可知，需测试 DAC 的以单位数 1 为增量的全部码所对应的电压量值和对应的增量值。而数字量总是以数字时钟为节拍进行工作的，因此测量每个码增量对应的电压增量或测量码增量后绝对码值所对应的 DAC 输出电压值，必须在增量码的时钟周期内采样才能正确测量其数值。这就是说，DAC 的电压测量必须与输入的数字量周期严格同步，也即是通过与数字周期同步采样的方法实现测试。

（2）信噪比、失真度、无杂散动态范围

由 DAC 的信噪比、失真度、无杂散动态范围等参数的定义知，要测量这些参数，必须对 DAC 的输出信号作频谱分析，有了频谱分析结果，则很容易从频谱分析结果数据中找出相关的频率成分而完成相应参数的计算。要实现对 DAC 输出信号的频谱分析，首先要在 DAC 输入端加纯正弦波的波形数字化数据，将这个正弦波数据输入 DAC，转换为正弦波形输出，再通过对 DAC 输出正弦波形的采样量化，得到 DAC 输出正弦波的波形数字的数据，利用快速傅里叶变换，从这个波形数据求得 DAC 输出正弦波的频谱。

DAC 输入的纯正弦波形数据的准确度必须远远高于 DAC 转换输出的正弦波的准确度，这是必需的。因为输入 DAC 的正弦波形数据是来源于一个很准确的正弦函数表，这个准确的正弦函数表被保存在一个 ROM 中，由数字子系统根据正弦函数表和产生波形的具体要求，生成要求波形的数字序列，通过驱动器加到 DAC 的输入。整个数字测试子系统成为 DAC 输入数字信号的产生仪器。

由于 DAC 内部电路的误差、失配和干扰，使 DAC 特性产生非线性变化，从而产生出许多谐波成分，出现在 DAC 输出波形中。因此，DAC 输出的正弦波存在各种误差和失真。为了能测出 DAC 输出正弦波存在的这些误差和失真，必须使用准确度至少比 DAC 准确度高 10

倍的测量仪器，测出的数据才能可信。假若被测 DAC 分辨率为 12 位，那么模拟捕捉仪 ACI 至少要有 16 位的分辨率。

ACI 的作用首先是采样，然后量化采样的波形，把波形数据存储在高速捕捉存储器中，以数字信号处理器 DSP 构成的计算系统完成捕捉数据的大量计算而求得频谱。这里要求 ACI 有高于 10 倍 DAC 的准确度，目的在于由测试仪器 ACI 引入的测量误差可以略而不计，从而准确测量 DAC 本身的误差。这时根据得到的 DAC 输出正弦波的频谱，就可进一步完成有关参数的计算。

本 章 小 结

本章首先简要讲述了集成电路测试的意义、测试的基本原理和测试分类，阐述了通用集成电路测试系统的组成。再根据模拟、数字和混合三类集成电路的特点、测试参数、测试原理和测试方法，分别进行了较深入的讨论和讲述。此外，还讲述了集成电路测试系统中的精密测量单元（PMU）的电路组成和工作原理。

1. 概述

1）集成电路测试的基本原理是给集成电路输入激励信号，检查集成电路的输出响应，并和预期输出比较，以确定或评估集成电路元器件的功能和性能。

2）集成电路测试的分类。按测试器件的类型分为数字、模拟和混合集成电路；按测试内容分为参数测试、功能测试、结构测试；按测试目的分为验证测试、生产测试、验收测试及使用测试。

3）测试的主要环节包括制订测试规范和测试计划、选用测试仪、生成测试程序、对测试器件分类、分析测试数据。

4）集成电路测试系统的基本功能和基本组成。测试系统的基本功能是检测被测集成电路电气性能的完整性，即检测参数指标和性能是否满足规范要求。集成电路测试系统的组成原理是，计算机通过总线接口与诸多的激励源单元和测试单元相连接，并按测试需求，使激励源单元和测试单元通过引脚电子模块与被测集成电路 DUT（被测器件）连接，在计算机的控制下实施测试。激励源用于驱动被测器件（DUT），测试单元用于检测 DUT 输出信号。

2. 数字集成电路测试技术

1）数字集成电路测试基本方法是根据输入激励量（测试矢量）和输出响应量来判断集成电路的故障情况。输出响应的检测方法有金器件法和存储响应法。

2）直流（DC）参数测试。集成电路直流参数测试是通过在 DUT 引脚上进行电压或电流的测量来验证电气参数，采用的是静态测试技术。常用的测试方法有加流测压 FIMV 和加压测流 FVMI。所测参数有：连接性（O/S）、输入钳位电压（U_{IK}）、输出高/低电平（U_{OH}/U_{OL}）、输入高/低电流（I_{IH}/I_{IL}）、输入泄漏电流（I_L）、输出短路电流（I_{OS}）以及电源电流（I_{CCH}/I_{CCL}）等。要求理解和掌握直流参数的定义和采用 PMU 模块进行测试的测试方法。

3）交流（AC）参数测试。集成电路交流参数测试是验证与时间相关的参数，测量输入信号后电路随时间的响应、电路内部逻辑状态的变化时间、输入和输出信号之间的时间关系、电路的极限工作频率等。最常测量的交流参数有上升和下降时间、传输延迟、建立和保持时间以及存取时间、最高工作频率等。基本测试原理均可归结为在时域内进行测量。

4）功能测试。功能测试的基本过程是应用有序的或随机的数据组合测试图形，以器件规定的速率作用于 DUT（被测器件），并将被测器件的输出与预期数据图形比较，以此判别器件功能是否正常。功能测试采用的技术是数字系统测试和数据域测试技术。功能测试需要三大功能模块：测试向量生成、定时和格式化、输入/输出及其逻辑电平控制等。

测试向量（测试控制代码和测试图形）存储在向量存储器中，在测试系统的初始化阶段将编写好的测试向量写入向量存储器。开始测试时，将向量存储器中的向量数据输出到格式化器，然后按照设定的调制方式，在可编程时钟信号的触发下，转换成对应的已调制波形的基本数字信号。除了必须选定测试周期外，还需要设定激励信号在一个测试周期内的延迟时间和保持时间，及输出响应的采样时刻。引脚电路可以根据被测器件引脚的需要，灵活地把引脚设置为输入或输出或双向，给待测器件的输入引脚提供电平可程控的信号；同时接收待测器件的输出信号，进行输出电平的电压比较，得到测试结果；还提供可编程的电流负载。

3. 模拟集成电路测试

模拟集成电路测试是规范驱动的。模拟集成电路包括运算放大器、稳压器、比较器、滤波器及各种专用模拟电路等。模拟直流参数测量仪应满足下列要求：①能在宽范围、高精度下进行电压和电流的测量；②能测试多引脚IC，并有较强的通用性和扩展性；③测试速度快。对模拟器件的 AC 测试仪的要求除了以上3点外，还要求宽的频率范围。模拟集成电路的直流参数测试采用静态测试和稳态测试（施加正弦信号）技术，交流参数测试采用频域测试和时域测试技术。

以典型模拟器件——集成运算放大器为例，讲述了采用辅助运放法，测量运放的主要直流参数：输入失调电压、偏置电流、失调电流、共模抑制比（CMRR）和开环差模电压放大倍数。还讲述了集成运放的主要交流参数：开环宽带 BW、单位增益带宽 GB、转换速率 S_R、建立时间 t_{set}、响应时间 t_r、t_f 等的测量方法。

4. 精密测量单元 PMU

PMU 在集成电路测试中的作用极其重要，它将激励信号源和测量仪的功能有机结合在一起，提供了一个可程控的精密电压/电流的施加/测量的专用集成电路测试模块。PMU 具有电压/电流四象限施加/测量能力，主要有以下4种工作模式：①加电压/测电流（FVMI）；②加电压/测电压（FVMV）；③加电流/测电压（FIMV）；④加电流/测电流（FIMI）。

在 PMU 内部还设计了程控输出电压/电流钳位电路、过载和过量程检测及保护电路，PMU 的各项工作参数均可程控设定，也能作为电压表、电流表、欧姆表使用。

本章给出了 PMU 的原理组成框图，以 FVMI 模式为例讲述了 PMU 的工作原理，并且讨论了一个具体的数字集成电路使用 PMU 进行直流参数测试的实例。

5. 混合集成电路测试

对混合集成电路测试的要求：①具备数字测试系统所具备的能力；②需要具备适度的模拟测试能力；③具有高准确度任意波形产生能力；④具有对模拟信号波形的高速采样、捕获和多种数字信号处理能力；⑤数字与模拟信号的精确同步与控制。

本节对典型的混合集成电路——DAC 器件的测试技术进行简要讲述，包括测试系统组成、测试参数和测试原理。

思考与练习

11-1 集成电路测试的基本原理和基本模型是什么？

11-2 集成电路寿命全过程中的分类测试有哪些？

11-3 简述测试仪和分选机进行集成电路自动测试和分类的工作过程。

11-4 简述数字集成电路常用直流参数的定义和测试方法。

11-5 从互联网查找 74LS138 和 74HC138 的器件手册，分别得到它们的直流参数和交流参数，并比较参数值的主要异同。

（注：不同公司生产的同一型号的器件，功能相同，但某些参数可能会有一些不同。这些不同多数情况不影响使用，但在某些应用时会出现器件逻辑功能出错的情况，原因可能是输出驱动能力不够、建立时间过长等。同学们不妨多查找几家公司的器件，进行比较。）

11-6 根据 74LS138 的真值表，设计对其进行功能测试的测试图形（包括矢量和对应的正确响应）。

11-7 根据 74LS164 的真值表，设计对其进行功能测试的测试图形（包括矢量和对应的正确响应）。

11-8 某上升沿触发的 D 触发器的工作频率 =20MHz，时钟信号占空比为 40%，输入数据建立时间为 10ns，输入数据保持时间为 5ns，输出传输最大延时为 8ns。测试仪延时时间的分辨率为 5ns，对其进行动态功能测试，输入数据 D 引脚采用 NRZ 信号格式，时钟信号采用 RZ 编码，试确定下列测试仪需设定的测试参数，并说明理由，画出示意图。

（1）动态功能测试的测试周期。

（2）时钟信号 RZ 编码的上升沿延迟时间和下降沿延迟时间（均相对测试周期的起始时刻）。

（3）采样时刻（相对测试周期的起始时刻）的可选取范围。

11-9 根据第 5 题查找的 74LS138 器件手册中的直流参数测试条件、参数取值或范围，采用本章 11.4 节中表 11-5 给出的 PMU 电压/电流量程划分及精度，需测试 74LS138 的几个直流参数：电源电流 I_{CC}、输入高电平电流 I_{IH}、输入低电平电流 I_{IL}、输出高电平 U_{OH} 和输出低电平 U_{OL}。请选择测试各个参数时 PMU 对应的模式、施加和测量量程、施加值和限定值。

11-10 集成运算放大器的直流参数有哪些，如何测试？

11-11 集成运算放大器的交流参数有哪些，如何测试？

11-12 从互联网查找集成运算放大器 OP07 和 LM741 的器件手册，分别得到它们的直流参数和交流参数，并比较参数值的异同。若需要设计高精度的测量放大电路，从二者中应选择哪个器件？

11-13 某型号的集成运算放大器采用图 11-39 所示的电路，测量共模抑制比 $CMRR$。当正弦信号 $U_S=1V$ 时，测得输出电压 $U_2=0.01V$，计算该器件的 $CMRR$ 为多少 dB？

11-14 混合集成电路测试系统的主要要求有哪些？与数字集成电路测试系统和模拟集成电路测试系统的主要区别是什么？

11-15 测试一个 4 位的单极性 DAC 器件，参考电压为 2V。输入数据和 DAC 的实际输出电压见表 11-9。要求计算出该 DAC 器件的最低有效位量值（单位为 V）、输出范围、失调误差（V）、增益误差（%FSR 或 LSB）、差分非线性（LSB）和积分非线性（LSB）。

表 11-9 题 11-15 表

输入数据	0	1	2	3	4	5	6	7	8	9	10	11	12	13	14	15
实际输出 U_{OUT}/V	0.056	0.178	0.205	0.318	0.535	0.689	0.735	0.900	0.998	1.200	1.260	1.412	1.430	1.700	1.786	1.905

第 12 章 线性系统特性测量和网络分析

12.1 线性系统的频率特性测量

12.1.1 线性系统的频率特性测量概述

在电子科学技术领域,线性系统通常是指用以传输、处理信号的各种元器件、电路或网络,包括放大器、衰减器、滤波器、变换器等各类有源、无源的二端口和四端口网,以及测量仪器、通信机、雷达等各类设备。任一系统对信号进行传输和处理的质量取决于它的特性。了解和掌握线性系统的各种特性(如传输特性、反射特性和阻抗特性等),在科研、生产过程中至关重要。

线性系统的特性,既可在时域内进行测量、通过时间特性进行表征,也可在频域内进行分析、使用频率特性予以表征。通过时域测试,能够发现信号通过电路或系统后被放大、衰减或产生畸变等现象,可了解电路或系统对快速变化的动态信号的响应特性(如上升时间、下降时间、延迟和抖动等);通过频域测试,可以测定网络的幅频特性、相频特性,可推断电路工作于线性或非线性区,获知线性系统的工作频率范围、通带、非线性失真系数和调制度等指标。通过上述测试,可综合判定设备或系统工作是否正常、电路设计是否符合要求。

由线性系统频域分析发展起来的频域测量技术在线性系统测量中具有特殊意义。频域中有两个基本测量问题:信号的频谱分析、线性系统频率特性的测量。第 6 章已介绍了信号的频谱分析问题,本章将重点讲述线性系统的频率特性测量和实现。

频率特性是指线性网络对正弦输入信号的稳态响应,也称为频率响应。在线性电路与系统中,当加入正弦波激励信号后,其输出响应仍是正弦信号,但与输入正弦信号相比,其幅度和相位发生了变化。在一般情况下,输出响应的幅度和相位总能表示为频率的函数,即网络的频率特性通常都是复函数,它的绝对值代表着频率特性中的幅度随频率变化的规律,称为幅频特性;相角或相位表征了网络的相移随频率变化的规律,称为相频特性。线性网络的频率特性测量包括幅频特性测量和相频特性测量。

12.1.2 幅频特性测量

线性系统频率特性的基本测量方法取决于加到被测系统的测试信号。经典方法是以正弦波点频测量为基础,这种静态的测量方法费时且不完整,常常会漏掉频率特性的突变信息或一些细节。与之对应的是正弦波扫频测量,这是一种动态测量。此外,还有采用伪随机信号进行广谱快速测量,或者采用多频测量,即用具有素数关系的多个离散频率的正弦波集合作为测试信号的快速频率特性测量方法。不过,目前仍以正弦扫频测量为线性系统频率特性常见的经典测量方法。

1. 点频(静态)测量

为了测试各种无源器件,需要信号源对测量电路提供能源或激励。测试要求信号源的频率必须能够在一定范围内调谐或选择。早期的频率信号源主要靠机械方式实现频率调节，即通过改变振荡部分的谐振回路机械尺寸来调节。这种机械式频率调谐信号源都是按照"点频"方式工作的，也就是每次只能将频率度盘放置到某一位置，输出某一所需的单一频率连续波信号。对应的频率特性测量方法即为"点频测量"：测量元器件在一定频段内的特性曲线时，必须将信号源的频率依次设置调谐到各指定频点上，并分别测出各频点上的响应之后，才能将各点测量数据连成完整的曲线。

点频测量方法很简单，但它存在明显的缺陷。首先，点频测量所得的频率特性是静态的，无法反映信号的连续变化。当涉及的频带较宽、频点较多时，这种测量法显然极其繁琐、费时、工作效率低。同时，测量频点选择的疏密程度不同对测量结果有很大的影响，特别是对某些特性曲线的锐变部分以及个别失常点，可能会因为频点选择不当或不足而漏掉这些点的测量结果。

2. 扫频（动态）测量

为了提高点频测量的工作效率，我们希望频率源的输出频率能够在测量所需的范围内连续扫描，以便连续测出各点频率上的频率特性结果并立即显示特性曲线，这样的方式就是扫频测量。扫频测量法能够快速、直观地测量网络的频率特性。具体实现是用一个在一定频率范围内、随时间按照一定规律反复扫动的正弦为扫频信号，代替点频法中的固定频率信号对被测网络进行快速动态扫描测量。由于扫频信号的频率是连续变化的，因此扫频测量显示出的频率特性可反映在一定扫频速度条件下被测网络的实际频率特性，是动态频率特性；所得被测网络的频率特性曲线是完整的，不会出现漏掉细节的问题。

按照显示原理的不同，扫频测量结果有两种图示方法：光点扫描式和光栅增辉式。图 12-1 所示为测量动态幅频特性曲线的光点扫描式显示法。扫描电压发生器一方面为示波器的 X 轴提供扫描信号，另一方面控制扫频振荡器的频率，使之按扫描规律产生由低到高周期性变化的扫频信号输出。该扫频信号加到被测电路上，电路输出电压被峰值检波器检波，从而得到输出电压随频率变化的规律，即幅频特性。

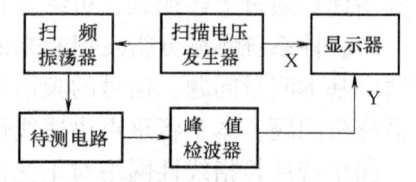

图 12-1 电路幅频特性的扫频测量法

当然，扫频测量也存在问题。任何系统对加到输入端的信号都需要一定的响应建立时间，如果输入的扫频信号频率变化太快以至于系统输出尚未得到完全响应，那么对每个频率的响应幅度就会出现不足，即扫频测量所得的幅度小于点频测量的幅度，扫速越快这种不足越明显。另外，由于电路中 LC 元件的惰性使幅度峰值有所偏差，产生了频率偏离。

3. 两种方法的特性比较

点频、扫频两种测量方法获得的频率特性分别为静态特性和动态特性，为了对两种特性做对比，假定用两种方法对同一个 LC 谐振放大器进行测量时，则两者获得结果如下：

1) 静态特性曲线呈对称状的钟形特性曲线，动态特性曲线则会出现不对称性，其钟形特性曲线产生畸变。相对于静态特性曲线而言，动态特性曲线的峰顶的水平（频率轴）位置，发生向频率变化的方向偏离。扫频速度越快，偏离越大。

2) 静态特性曲线较尖锐，动态特性曲线较平缓，动态特性曲线的峰值低于静态特性曲线。动态特性曲线的 3dB 带宽大于静态特性曲线的 3dB 带宽。且扫频速度越快，峰值下降越多，3dB 带宽越宽。

12.1.3 相频特性测量

所有的相位测量都是相对测量,所测物理量为相位差,即两个同频率信号初始相位的差。定义式为 $\Delta\varphi = (\omega t + \varphi_2) - (\omega t + \varphi_1) = \varphi_2 - \varphi_1$,其中 φ_1 为参考信号的初始相位,φ_2 为被测信号的初始相位。

测量线性系统的相频特性时,常以被测电路输入端的信号作为参考信号,而输出端信号作为被测信号,这样测出的输入、输出信号相位差就是电路的相频特性。相频特性曲线,主要是指被测网络的相位和时延特性,相频特性测量同样可采用点频测量或扫频测量。本节主要讨论用于对单一频点上的网络时延特性和相位差进行相频特性测量的仪器。常见的点频相位测量仪器如:低频段的模拟式相位计、数字式相位计、高频段的矢量电压表等。扫频测量是时延和相位的动态测量,包括群时延测量和微分相位测量。最具代表性的典型测量仪器是矢量网络分析仪,将在后面进行详细讨论。

1. 相位—电压式数字式相位计

数字式相位计有相位-时间变换型、相位-电压变换型两种。相位-时间变换型将两个信号的相位差转换成时间差,再用计数器测量该时间间隔;相位-电压变换型是将相位差转换成相应的电压值,然后用数字电压表完成测量。

相位-电压型相位计采用双稳态鉴相器的"过零时间法"实现相位差测量,即测量两个同频信号波形的同向过零点之间的时间间隔,并使之与被测信号周期相比,从而得到相位差值。图 12-2 所示为双稳态触发型鉴相器组成的相位-电压型相位计的原理图。

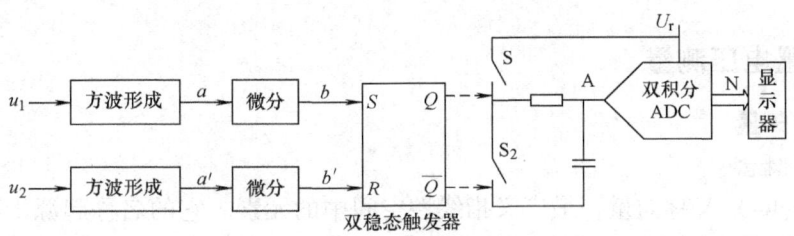

图 12-2 相位-电压型相位计原理

电路先将 u_1、u_2 信号整形成为方波,再对方波微分产生过零尖脉冲,两路尖脉冲之间的时间间隔 ΔT 反映了相位差。把这两个尖脉冲分别加到双稳态触发器的 R、S 端,不同 ΔT 将导致触发器 Q 端晶体管的导通与截止时间也不相同,因此可得到宽为 ΔT 的脉冲。用 Q 端控制开关 S_1、$\overline{Q}$ 端控制开关 S_2,则 A 端测输出的平均电压 $\overline{U}$,其大小与 ΔT、相位差 $\Delta\varphi$ 之间的关系为

$$\Delta\varphi = \frac{\Delta T}{T} \times 360° = \frac{\overline{U}}{U_r} \times 360° = \frac{N}{2^n} \times 360° \tag{12-1}$$

式中,T 为 u_1、u_2 信号的周期;$\overline{U}$ 为对应于 ΔT 时的平均电压值;U_r 为双积分 ADC 的参考电压值。由此可见,被测相位差与平均电压成正比。通过双积分式 ADC,得到变换的输出数字量 N 正比于 $\Delta\varphi$,就可以计算出相位差。

2. 相位-时间型数字式相位计

瞬时值型数字式相位计属于相位-时间变换型,它是在计数器测时的基础上实现相位差测量的。这种相位计的基本原理如图 12-3 所示:被比较的两个信号 u_1、u_2 加到两个输入通道,作为参考的信号 u_1 在通道 1 中,用作计数门的启动信号。u_1、u_2 之间的相位差首先被

处理成两个过零脉冲的时间间隔 ΔT，其中由 u_1 产生的过零脉冲启动主计数门，使时标信号 f_S 进入计数门；由 u_2 产生的过零脉冲则负责关闭计数门，停止计数过程。

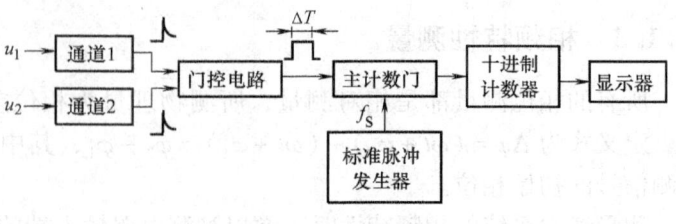

图 12-3　相位—时间型数字式相位计

假设计数器显示的计数值为 N，有 $N = \Delta T / T_S$，其中 T_S 为时标信号的周期（$T_S = 1/f_S$）。因此，相位差的计算式为

$$\Delta \varphi = \frac{\Delta T}{T_x} \times 360° = \frac{T_S}{T_x} \times N \times 360° = \frac{f_x}{f_S} \times N \times 360° \tag{12-2}$$

式中，f_x、T_x 分别是被测信号的频率和周期。由此可见，瞬时型数字式相位计的指示值与被测信号的频率 f_x 有关，而且测量结果是相位差的瞬时值。如果被测信号的频率不固定，需测出其频率值，测量时需要将两个通道的输入端并联，u_1 或 u_2 可以任意加到某个通道上。仍然使用 f_S 作为时标，不同的是此时计数器应测量 u_1、u_2 的频率或周期：$M = f_S/f_x = T_x/T_S$。相位差的计算式由此变为

$$\Delta \varphi = \frac{T_S}{T_x} \times N \times 360° = \frac{N}{M} \times 360° \tag{12-3}$$

由于被测信号在传输过程中的干扰会直接影响计数门的开启和关闭时间，瞬时值型相位计的测量结果较不稳定。根据随机误差的分布特性，可以采用多次测量求平均的办法以提高测量精度。

12.1.4　矢量电压测量

1. 标量与矢量

（1）基本概念

矢量（Vector）又称向量，最广义指线性空间中的元素。它的名称起源于物理学既有大小又有方向的物理量，通常绘成箭头形式，因此得名。如位移、速度、加速度、力、力矩、动量、冲量等，都是矢量。一般来说，在物理学中称作矢量，在数学中称作向量。

标量（Scalar）亦称"无向量"。有些物理量只具有数值大小，而没有方向，部分有正负之分。如质量、密度、温度、功、能量、体积、时间、电阻、功率、势能等物理量。

（2）相量及其表示法

在电子工程学中，用以表示正弦量大小和相位的矢量叫做相量，也叫向量。当频率一定时，相量唯一地表征了正弦量。

分析正弦稳态的有效方法是相量法。相量法的基础是用一个称为相量的向量或复数来表示正弦电压和电流。如图 12-4 所示，一个电压相量由正弦电压的振幅 U_m 和初相 φ 构成，复数的模表示电压的振幅（或幅度），其辐角表示电压的初相。

事实上，正弦稳态电路的电压、电流、功率、阻抗等均可用复数即相量来表示。

（3）矢量电压与标量电压

本书所提及的"矢量"与电工学中的"相量"具有相同的

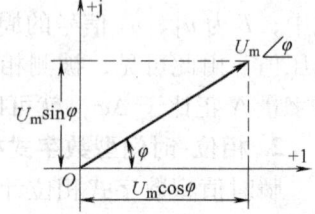

图 12-4　电压相量

意义,并借用相量的"相位"来表征矢量的方向,同时具有大小和相位信息的物理量即为矢量。

进一步地,"矢量电压"就是指在一定频率下,同时包含幅度信息和相位信息的电压。"标量电压"则是指在一定频率下只有幅度信息的电压。

2. 矢量电压表

矢量电压表是一种能够同时测量电压信号幅度和相位(矢量电压)的测量仪器,本质上属于矢量网络分析仪。利用它不仅可以测量输入、输出信号在有效频率范围内的幅度值,即幅频特性,还能测得在不同频率点上输入信号与输出信号之间的相位差,即相频特性。

图 12-5 所示为一种宽频带双通道矢量电压表的组成框图,它可被看作是一台标量电压检测计和一台相位计的组合。基本工作过程如下:高频信号 u_1、u_2 分别加到两个采样头 1、2 上,通过高频-中频转换变成固定的中频信号,同时保持了高频输入信号原有的波形、幅度及两路信号之间的相位关系。采样后的中频信号经带通滤波器送至电压表进行电压幅度的测量,同时送至整形电路中被整形为方波,然后进入双稳态触发型相位计中进行相位测量。将固定中频信号单独输出,还可用于信号的调幅度及波形失真等参数的测量。

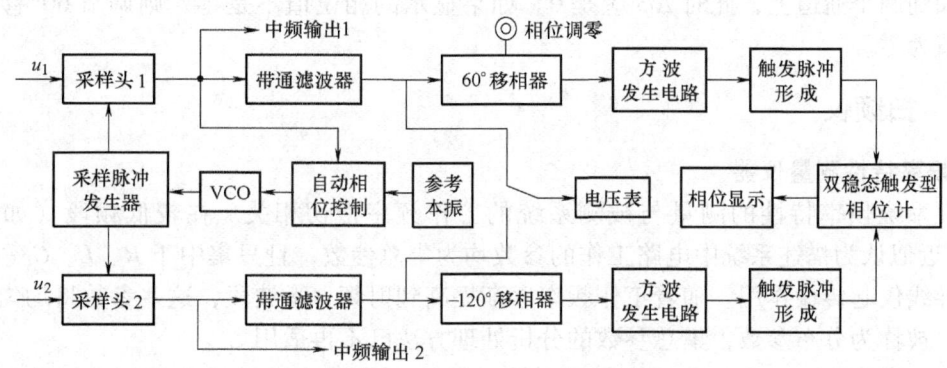

图 12-5 矢量电压表的构成

(1) 电压幅度检测

对电压信号进行幅度检测(标量电压检测)的最常见方法是峰值检波。峰值检波是一种能够使输出信号的幅度一直保持在输入信号幅度峰值的检波方式,如图 12-6 所示,在输入信号 U_i 上升时,检波电路中的电容充电,待 U_i 峰值到来时,输出端 U_o 跟随到达当前的峰值;当 U_i 下降时,U_o 保持该峰值不变,直至下一个峰值的上升过程到来。

传统的峰值检波为二极管检波方式,主要由二极管电路和电压跟随器组成。图 12-7 所

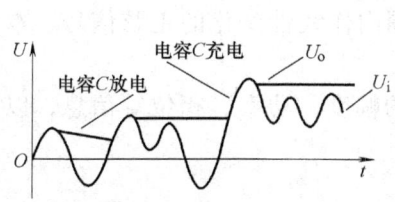

图 12-6 峰值检波示意图

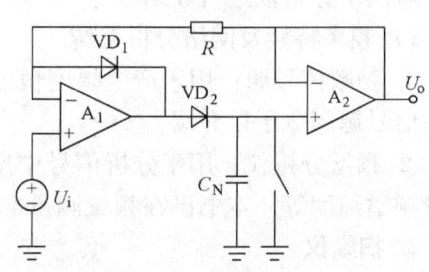

图 12-7 典型的峰值检波电路

示为一个典型的峰值检波电路，从功能上可分为 4 部分：电压存储器（电容 C_N，用于存储和保持最近的峰值）、单向电流开关（二极管 VD_2，用来进一步对电容充电）、电压跟随器（运算放大器 A_1，使电容电压跟踪输入电压 U_i）、清零开关（对输出周期性清零）。图中，后级运算放大器 A_2 的作用是对电容电压进行缓冲，以避免通过电阻 R 及任何负载所引入的放电。另外，VD_1 和 R 可防止 A_1 在检测到峰值后出现饱和，因而确保当新峰值出现在 U_i 时，可迅速跟随到输出 U_o。

(2) 相位检测

图 12-5 所示的矢量电压表采用脉冲触发的方式进行相位检测，可测的相位差范围为 $-180° \sim 180°$。

u_1、u_2 信号在进入相位计之前分别经过 $60°$ 和 $-120°$ 移相，原因有两方面：如果两路信号本来无相位差（或相差为零），移相 $180°$ 之后，相位计的双稳态触发器 Q 端晶体管导通和截止的时间相等，将产生对称方波。此时相位显示恰好指示为中心。当 $\Delta\varphi$ 变化时，显示的相位差数值可以向正、负两个方向变化，表明了 $\Delta\varphi$ 的符号。另一方面，$60°$ 相移用于在相位测量之前进行仪器内部调零，以此抵消固有相位差。调零的具体步骤为：先将 u_1 或 u_2 信号同时加到两个通道上，此时 $\Delta\varphi$ 应是 0。如果显示的相位值不是零，则调节 $60°$ 移相器直至显示值为零。

12.1.5 扫频仪

1. 频率特性测量仪器

线性系统频率特性的测量与被测系统的工作频率密切相关。在较低频段（如数十兆赫），可近似认为描述系统中电路工作的参数均为集总参数，且只集中于 R、L、C 等理想元件上，导线仅起传输作用。随着工作频率逐渐提高到射频、微波段，这些参数将均匀分布在导线上，被称为分布参数，集总参数的分析处理方法已不再适用。

鉴于上述原因，通常分为两个频段对线性系统的频率特性进行测量：$30 \sim 300MHz$ 段，主要使用扫频仪；$300MHz \sim 300GHz$ 段，主要使用网络分析仪。当然，这种划分并不是绝对的，有些扫频仪可能工作到更高频段，而网络分析仪可以从低频一直工作到微波。

一些常用的频率特性测量类仪器及系统包括：

1) 扫频仪：又称频率特性测量仪，用于测量较低频段上的电路和系统的频率特性，包括幅频特性、带宽、回路 Q 值等。

2) 网络分析仪：主要用于测量射频和微波频段上的电路和系统，通过测定各种有源、无源器件及网络的反射参数和传输参数，对表征网络特性的全部参数进行全面描述。本节稍后将对网络分析仪进行介绍。

3) 频率特性及网络分析系统

① 扫频信号源：用于产生幅度恒定、频率在限定范围内作线性变化的正弦信号。本书已在信号源部分予以介绍。

② 频谱分析仪：用于分析信号中所含的各频率分量的幅度、功率、相位等信息，以及测量频谱纯度等。本书已在频域测量部分予以介绍。

2. 扫频仪

作为工作在较低频段上的频率特性测量仪器，扫频仪在无线通信、广播电视、导航等领域中有着广泛应用，如测量放大器、滤波器等器件的幅频特性、相频特性和延迟特性，以及通带频响、增益、反射等参数。

（1）扫频仪的组成

扫频仪实质上是一种把扫频信号源、频标发生器、示波器结合起来的仪器，图 12-8 所示为其组成框图及工作波形。由图可见，扫频仪主要包括扫频信号源、扫描信号源、检波探头和频标形成电路等。

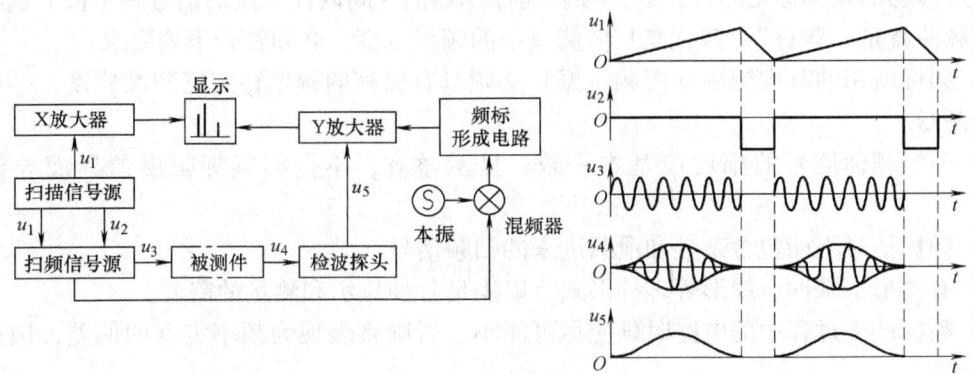

图 12-8 扫频仪的组成框图及工作波形

扫频信号源即频率受控振荡器，用于在扫描信号 u_1 和扫描启停控制信号 u_2 的控制下产生扫频信号 u_3，u_3 的频率将随着 u_1 的增大而升高。

扫描信号源用于产生扫描信号 u_1 和扫描控制信号 u_2。其中，u_1 除了用作显示器（示波器）的水平扫描信号外，同时也是扫频信号 u_3 的频率调制信号。u_2 用于在显示器的扫描正程时控制扫频信号源振荡，以在屏幕上显示幅频特性曲线；在扫频回程时使扫频信号源停止振荡，以在屏幕上显示一条用作零值的水平参考基线。

检波探头用于对被测件输出的信号包络进行峰值检波，从而得到被测件的幅频特性。

频标形成电路可产生一个用作频率标度的频标信号，以便读出幅频特性曲线上各点所对应的频率值。

（2）扫频仪的主要性能指标

有效频率范围：扫频信号源所能产生的载波频率范围。

扫频宽度：在扫频线性和振幅平稳性符合要求的前提下，单次扫频能够覆盖的最大频率范围。

扫频方式：由扫频电压的实现方式而决定的扫频工作模式，如自动扫频（扫描电压周期性自动变化）、手动扫频（通过面板旋钮手工调节扫描电压）、触发扫频（由触发脉冲启动扫描电压）、外扫频（由外部电压信号控制扫频信号源）等。

扫频非线性：扫频信号频率与扫频电压之间的线性相关程度，可用 f-u 曲线的斜率变化表示为

$$k = \frac{(\mathrm{d}f/\mathrm{d}u)_{\max}}{(\mathrm{d}f/\mathrm{d}u)_{\min}}$$

式中，$\mathrm{d}f$ 为频率的微小变化量；$\mathrm{d}u$ 为电压的微小变化量；k 为扫频非线性系数。在一定扫频范围内，k 越接近 1，说明 f-u 曲线越近似于直线，则扫频线性越好。

振幅平稳性：指扫频信号幅度的稳定性，或称平坦度。因幅度不稳定主要由寄生调幅引

起，寄生调幅越小，稳定性越好，故通常用扫频信号的寄生调幅系数来表示。

频标：一般有 1MHz、10MHz、50MHz 及外部等几种，常见类型有脉冲、线形、菱形等形状。

输出阻抗：扫频仪中，扫频信号源的输出阻抗一般是 75Ω。

3. 频标

为了帮助在显示输出的水平轴上有更精确的频率读数，通常在扫频信号中附带输出两个或多个可移动的频率标记脉冲，以便准确地标读扫描区间内任一点的信号频率值。这样的频率标记脉冲就是"频标"。频标是扫频测量中的频率定度，必须符合下列要求：

1）频标所用的基准频率（混频本振）必须具有较高的频率稳定度和准确度，一般采用晶体振荡器。

2）一组频标信号的幅度应基本一致、显示整齐，不会因频标幅度差异而导致读数误差。

3）频标信号不能包含杂频和泄漏进来的扫频信号。

4）有菱形、脉冲、线形等多种形式，以满足各种显示和测量的需要。

5）频标产生过程中的电路时延应尽可能小，否则将表现为频率定度的偏差，因而增加系统误差。

产生频标的基本方法是差频法，利用差频方式可以产生一个或多个频标。频标的数目取决于和扫频信号混频的基准频率的成分，基本原理如图 12-9 所示。

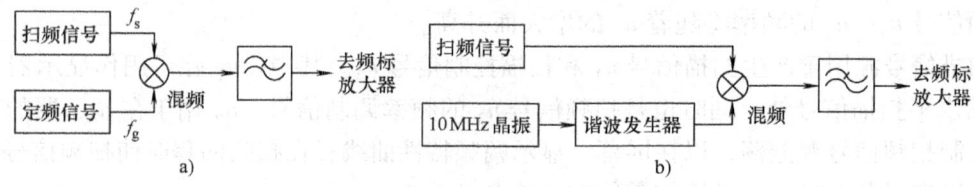

图 12-9 频标产生的基本原理
a) 产生单一频标 b) 产生多频标

常见的菱形频标是利用差频法得到的，如图 12-10 所示。标准信号发生器产生标准频率信号 f_0，谐波发生器产生 f_0 的基波及各次谐波 f_{01}、f_{02}、f_{03}、…、f_{0i}。范围在 $f_{min} \sim f_{max}$ 的扫频信号在某处的频率如果与谐波频率相同，将得到混频零拍点，即输出差频为零。以零拍点为中心，扫频信号越向两边变化，差频频率越高；将差频输出经过低通滤波器之后，差频中被滤去高频成分和零频附近的低频成分，只有以零拍点为

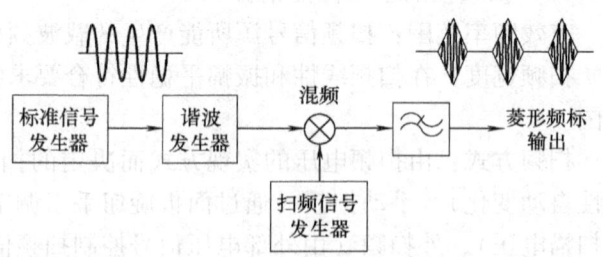

图 12-10 菱形频标产生的电路框图

对称点的差频信号才被保留下来。受滤波器带阻特性的影响，距零拍点较远的信号幅度被急剧衰减，于是形成状如菱形的频标。

如果改变基准频率，菱形频标将在频率轴上移动。由于菱形频标本身有一定的频率宽度，只有当其宽度与扫频范围相差甚远时，才能形成很细的标记。因此菱形频标适用于较高频段的频率特性测量。如果参加混频的都是固定频率信号，则混频之后也只能得到固定差频

信号，无法产生菱形频标。

脉冲频标是由菱形频标变换而来的。将经过混频、滤波的菱形频标信号送到单稳电路中，用每个频标去触发单稳电路产生输出，整形之后形成极窄的矩形脉冲信号，这就是脉冲频标，也叫针形频标。这种频标的宽度较菱形频标窄，它在测量低频电路时比菱形频标有更高的分辨力。

线形频标是光栅增辉式显示器所特有的频标形式。它的形状是一条条极细的垂直方向的亮线，可以和电平刻度线组成频率-电平坐标网格。

12.2 网络分析概述

网络分析是在感兴趣的频率范围内，通过激励-响应测试确定线性网络传输特性、阻抗特性的过程。网络分析仪就是通过正弦测试来获得线性网络的传输参数以及阻抗参数的仪器。可见，网络分析仪是研究线性系统的重要工具之一，它可以在很宽的频段上迅速、准确而完备地表征线性网络特性，即提供对线性网络的全面的频域描述。

12.2.1 网络分析的基本概念

1. 网络的定义

这里所说的"网络"，是指对实际物理电路和元件进行的数学抽象。系统中网络的作用可以通过它对激励信号的传输及反射特性来表征，即当网络输入、输出端电参量之间的相互关系已知时，网络的特性也就因此完全确定。网络分析主要研究网络的外部特性，即通过扫频测量精确获知网络的幅频特性和相频特性的方法，掌握网络的基本特性。

2. 线性网络与非线性网络

在现代网络理论中，网络的线性与非线性有两种定义：根据网络内部元件的特性而进行的定义和根据网络输入-输出关系而进行的定义。在无法获知网络内部组成情况时，只能根据外部端口上的输入-输出关系来判断网络的特性，即通过频域测试或者时域测试手段对网络外部端口上的物理量进行测量，从而获知网络的输入-输出关系。

从频域角度来理解网络的线性与非线性，可以认为：线性网络不会改变输入信号的频率成分，只可能改变输入信号的幅度和（或）相位；非线性网络则会改变原有的输入信号频率，或者产生新的频率成分。

从时域角度来理解网络的线性与非线性，可以从波形产生的失真来判断。比如，当放大器过载时，输出信号会因为饱和而被"削顶"，而且不再是纯正弦波。从时域考虑非线性引起的失真时，常常会发现纯粹的线性网络也可能导致信号波形的畸变。这是因为线性网络改变信号频谱分量的幅度和相位关系时，也可能使时域波形发生失真，但这和非线性失真是有区别的：线性网络或系统不会产生新的信号频率，而有源和无源非线性器件则会产生新的频率成分。如果通过网络传输的信号没有产生失真，被测件的幅频响应特性曲线应该是平坦的，相频响应曲线应在整个带宽内呈线性。

由此可见，判断系统的线性与非线性，有时用时域测量会比较困难，特别是失真不太严重时更是如此。而如果从频域来测量则比较容易。本章讨论网络分析是假定被分析电路或网络是线性的，因而可以基于扫频正弦测量方法进行频率特性的定量分析。

3. 网络分析的基本方法

网络分析的基本仪器是网络分析仪，其基本结构示意图如图 12-11 所示。网络分析仪主要由激励源、信号分离装置及 R、A、B 三路信号接收机和显示单元组成。

网络分析仪对被测设备（Device Under Test，DUT）进行网络分析的基本方法是，入射波通过参考信道 R 进行测量，反射波通过 A 信道进行测量，传输波则通过 B 信道进行测量。通过比值测量，可以获得相对反射与传输参数：反射参数由 A/R 得到，传输参数由 B/R 得到。入射、反射和传输波形都同时具有幅度和相位信息，因此可以对 DUT 的反射和传输特性进行定量分析。反射、传输参数可以表达为矢量（同时包含幅度和相位信息）、标量（仅包含幅度信息）或仅含有相位信息的形式。

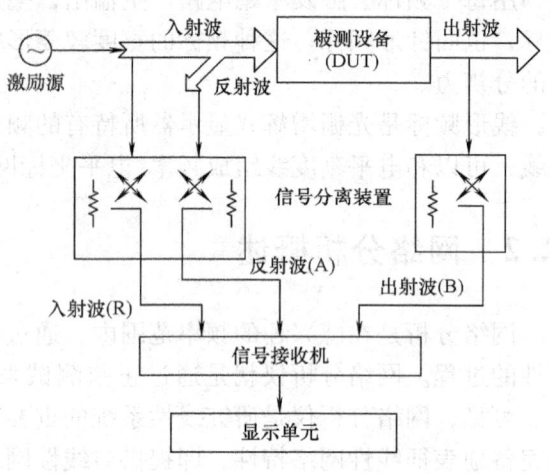

图 12-11　网络分析仪基本结构示意图

例如，回波损失是标量反射参数，而阻抗是矢量反射参数。

4. 常见网络分析参数的定义

（1）反射参数

最常用的反射参数是复反射系数 Γ，它被定义为反射波与入射波的电压比，其幅值用 ρ 表示：$|\Gamma|=\rho$（$0\leq\rho\leq1$）。对特征阻抗为 Z_0 的传输线，在终接匹配负载时没有反射，即 $\rho=0$；负载阻抗 $Z_L\neq Z_0$ 时，会因失配而引起反射，有 $\rho>0$；如果将开路或短路电路作为负载，则认为是发生了全反射，此时 $\rho=1$。

回波损耗（Return Loss，RL）是反射系数的对数表征形式，单位为 dB。它的取值范围是 0dB（开路或短路）到正无穷（匹配负载）。另一个常用的反射参数是电压驻波比（Voltage Standing Wave Ratio，VSWR），它定义为驻波包络线的波腹与波节的电压比，取值范围是 1（无反射）到正无穷（全反射）。

（2）传输参数

复传输系数定义为传输波与入射波的电压比。如果传输波的电压幅值大于入射波，就称该被测网络或电路是有增益的；反之，如果传输波的电压幅值小于入射波，则称该网络或电路有衰减或者有插入损耗。与反射参数类似，插入损耗（Insertion Loss）是传输系数的对数表征形式，通常简称为"插损"，单位为 dB。

群时延（Group Delay，GD）是通信工程中用以描述信号相位失真的参量，定义为网络的特征相移对频率变化曲线的斜率。从物理意义上说，某一频率的群时延表示在以该频率为中心的一个很窄的频带内，信号通过系统或网络的传输时间。群时延在数值上等于相频特性的一阶微分。

（3）常见的网络参数

表 12-1 列出了常用的网络分析参数，它们的量值大小可反映线性网络的频率特性。

表 12-1 网络参数及信号特性测量参数分类

	测量内容	测量参数
标量参数测量	标量反射参数：回波损耗、驻波比	$\|\Gamma\|$、$\|S_{11}\|$、$\|S_{22}\|$、$VSWR = (1+\|\Gamma\|)/(1-\|\Gamma\|)$ $\rho_{11} = (1+\|S_{11}\|)/(1-\|S_{11}\|)$ $\rho_{22} = (1+\|S_{22}\|)/(1-\|S_{22}\|)$ } 插入驻波比 $RL = -20\lg\|\Gamma\|$ 或 $-20\lg\|S_{11}\|$、$-20\lg\|S_{22}\|$
	标量传输参数：衰减	$A = -20\lg\|S_{21}\|$
矢量参数测量	复反射参数：阻抗 复网络参数：S 参数	Γ、S_{11}、S_{22}、S_{21}、S_{12} $Z = (1+\Gamma)/(1-\Gamma)$
	相位测量	$\psi_{21} = \arg S_{21}$ 群时延 $= \mathrm{d}\varphi/\mathrm{d}\omega$
Q 值测量	Q	

12.2.2 微波的 S 参数

1. 微波 S 参数的定义

在较低频率中，一般用阻抗 Z 参数或导纳 Y 参数来表述网络特性，这些参数的定义都是基于电压、电流的概念，测量时需要在特定的端口条件下（如开路、短路）测出对应的电压和电流，由此确定各个参数。而高频条件下的电压和电流参数很难测量，而且有时不允许人为地将网络端口开路或短路，因此上述测量方法并不适用于微波频率，必须应用不同的概念，采用不同的方法实现测量。

由于"波"的概念的引入，微波网络常用散射参数（Scattering Parameters，S 参数）表示：任何网络都可用多个 S 参数表征其端口特性，对 n 端口网络需要 n^2 个 S 参数。如单端口网络有 1 个 S 参数，双端口网络有 4 个 S 参数，三端口网络有 9 个 S 参数等。以图 12-12 所示的双端口网络为例，DUT 外部的带箭头线用来表示加在其端口上的信号及其流动情况。

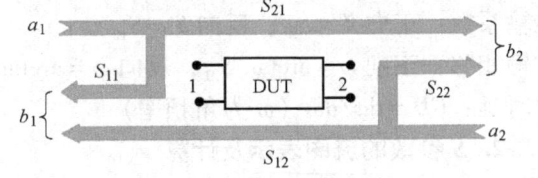

图 12-12 微波网络 S 参数

图中，当入射波 a_1 进入端口 1 时，其中一部分会因端口失配而反射回来，大小为 $S_{11}a_1$；a_1 其余部分经网络传输到端口 2 上成为出射波，大小为 $S_{21}a_1$。同样地，若有入射波 a_2 进入端口 2，其中一部分也会因失配反射回来，大小为 $S_{22}a_2$；a_2 其余部分经网络传输到端口 1 上成为出射波，大小为 $S_{12}a_2$。

用 b_1、b_2 分别表示端口 1 和端口 2 上的所有出射波，有

$$b_1 = S_{11}a_1 + S_{12}a_2$$
$$b_2 = S_{21}a_1 + S_{22}a_2 \tag{12-4}$$

式中，S_{11}、S_{21}、S_{12}、S_{22} 就是表示双端口网络的四个 S 参数，被称为散射参量，式（12-4）也由此被称为散射方程组。

四个 S 参数均有固定的物理意义。用一个匹配负载 Z_0 终接在端口 2 上，且当端口 2 上的入射波 $a_2 = 0$ 时，由式（12-4），有

$$S_{11} = \left.\frac{b_1}{a_1}\right|_{a_2=0}, \qquad S_{21} = \left.\frac{b_2}{a_1}\right|_{a_2=0} \tag{12-5}$$

同样地,在端口 1 终接上匹配负载 Z_0,且当端口 1 上的入射波 $a_1 = 0$ 时,有

$$S_{22} = \left.\frac{b_2}{a_2}\right|_{a_1=0}, \qquad S_{12} = \left.\frac{b_1}{a_2}\right|_{a_1=0} \tag{12-6}$$

可见,在 S 参数的两个数字下标中,如果用第一个代表波出射的端口、第二个代表波入射的端口,则 S_{11} 是端口 2 匹配时端口 1 的反射系数;S_{22} 是端口 1 匹配时端口 2 的反射系数;S_{21} 是端口 2 匹配时的正向传输系数;S_{12} 是端口 1 匹配时的反向传输系数。所有 S 参数都是同时包含幅度、相位两种信息的复数值。一般来说,$|S_{11}|$ 和 $|S_{22}|$ 均小于 1;对有衰减的器件,$|S_{21}|$ 和 $|S_{12}|$ 均小于 1;对有增益的器件,$|S_{21}|$ 和 $|S_{12}|$ 均大于 1。

由 S 参数可以推导出其他网络参数,如电压驻波比、反射系数、阻抗、回波损失等反射参数,以及增益、衰减、传输系数、相移、时延等传输参数。各表达式如下:

(1) 反射参数

电压驻波比(二式均可):$VSWR = \dfrac{1+|S_{11}|}{1-|S_{11}|}$,$VSWR = \dfrac{1+|S_{22}|}{1-|S_{22}|}$

反射系数:端口 1 上 $\Gamma = S_{11}$;端口 2 上 $\Gamma = S_{22}$

阻抗:端口 1 上 $Z = R + \mathrm{j}X = Z_0\dfrac{1+S_{11}}{1-S_{11}}$;端口 2 上 $Z = Z_0\dfrac{1+S_{22}}{1-S_{22}}$

回波损失:端口 1 上 $RL = 20\lg\dfrac{1}{|S_{11}|}$;端口 2 上 $RL = 20\lg\dfrac{1}{|S_{22}|}$

(2) 传输参数

增益:$G = 20\lg|S_{21}|$

衰减:$A = -20\lg|S_{21}|$

传输系数:正向 $T = S_{21}$;反向 $T = S_{12}$

传输相移:正向 $\varphi = \arctan S_{21}$;反向 $\varphi = \arctan S_{12}$

群时延:$GD = \mathrm{d}\varphi/\mathrm{d}\omega$($\omega$ 为角频率)

2. S 参数的流图表示及计算

为了简洁而完备地描述网络的全部特征,可以借用信号流图(信流图)的方式。信流图用节点代表信号,用支路和箭头代表信号及其流动的方向,并用支路旁标代表支路的传递函数即信号大小。图 12-12 所示的双端口网络因此可用信流图表示为图 12-13。

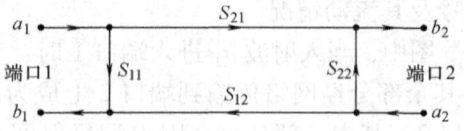

图 12-13 用信流图表示的双端口网络

类似地,一个三端口网络(如定向耦合器)也可以用信流图表示,如图 12-14 所示。经由定向耦合器传输的信号通常以端口 1 到端口 2 的通路为正向传输通道,端口 3 为耦合口,与信号的出射口 2 之间应有隔离。在图 12-14 所示的 9 个 S 参数中,S_{21}、S_{12} 分别是端口 1 和端口 2 之间的正、反向传输系数,S_{31}、S_{13} 是端口 1 和端口 3 之间的耦合系数,S_{23}、S_{32} 是端口 2 和端口 3 之间的隔离系数,S_{11}、S_{22}、S_{33} 分别是三个端口上的反射系数。

定向耦合器的一项重要指标是等效方向性(Directivity),定义为 $D = S_{32}/S_{31}$,表示正向、反向传输时在耦合端口 3 上的信号差别。理想的定向耦合器应满足下列各式:$S_{11} = S_{22} = S_{33} = 0$,

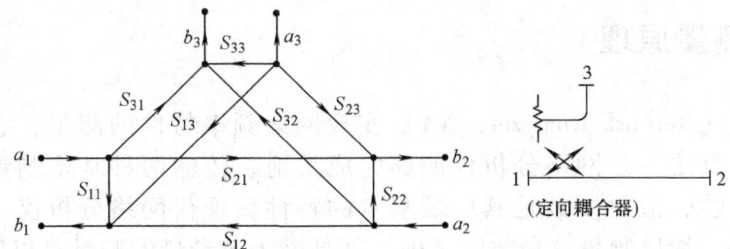

图 12-14 用信流图表示三端口网络

$S_{32} = S_{23} = 0$，$S_{31} = S_{13} = $ 常数，$D = 0$。但在实际应用中，不一定全部满足。

将信流图简单、直观的表示方法与梅森（Mason，或译作梅逊）法则相结合，会使它在分析和计算组合网络特性时更加方便。Mason 不接触环路法则可用下式表述

$$T = \frac{\sum_{k=1}^{n} T_k \Delta_k}{\Delta} \tag{12-7}$$

式中，T 表示信流图所代表的网络的增益或传输函数；T_k 是从输入到输出的第 k 条路径上所有支路旁标（系数）的乘积；Δ 是信流图的行列式，即信流图所代表的网络的联立方程组的行列式，计算式为 $\Delta = 1 - \sum L_k^1 + \sum L_k^2 - \sum L_k^3 + \cdots$（$\sum L_k^1$ 表示信流图中全部环路的增益之和；$\sum L_k^2$ 表示所有两两不接触环路的增益乘积之和；而 $\sum L_k^3$ 则表示所有可能的三个互不接触环路的增益乘积之和……依次类推）；Δ_k 是与第 k 条开路不接触的子信流图的行列式。

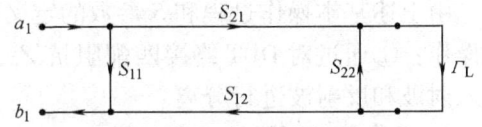

图 12-15 终接负载的双端口网络信流图

Mason 不接触环路法则的应用举例如下：在双端口网络的端口 2 上终接一个反射系数为 Γ_L 的负载，网络信流图如图 12-15 所示。应用 Mason 法则，有

$\Delta = 1 - S_{22}\Gamma_L$　　（全图只有一个环路）

$T_1 = S_{11}$，$\Delta_1 = 1 - S_{22}\Gamma_L$　　（从 a_1 输入到 b_1 输出的第一条路径）

$T_2 = S_{21}S_{12}\Gamma_L$，$\Delta_2 = 1$　　（从 a_1 输入到 b_1 输出的第二条路径）

故有　　$\Gamma = \dfrac{S_{11}(1 - S_{22}\Gamma_L) + S_{21}S_{12}\Gamma_L}{1 - S_{22}\Gamma_L} = S_{11} + \dfrac{S_{21}S_{12}\Gamma_L}{1 - S_{22}\Gamma_L}$

归纳起来，在微波频率段应用 S 参数具有以下优点：

1）微波网络一般有明确的特性阻抗，S 参数特别适于分析特性阻抗为 50Ω 的微波网络或系统。

2）S 参数在微波网络中有明确的物理意义且便于使用。传输参数代表复数的插入损耗或插入增益，反射参数代表网络与源或负载之间的失配情况。

3）S 参数便于实际测量。当信号源内阻和负载阻抗均为理想的 50Ω 特性阻抗时（达到匹配条件），通过反射和传输测量即可获得网络的 S 参数。即便出现源失配和负载失配，现代矢量网络分析仪也可以通过误差修正将失配的影响降低到可以忽略的程度。

4）S 参数便于电路设计和计算分析，而且采用 S 参数表征网络特性最适于用信流图来解决复杂的微波网络问题。

12.3 网络测量原理

网络分析仪（Network Analyzer，NA）实现网络频率特性的测量，它是电路与系统设计最重要的工具之一。网络分析仪能够完成反射、传输两种基本测量，从而确定几乎所有的网络特性，散射参数是其中最基本的特性。现代网络分析仪，尤其是高频或微波网络分析仪，均以测量 S 参数为基础，这是因为 S 参量的测量是以网络的特性阻抗 Z_0 为参考的，较易获取宽带标准负载，所以在高频段上 S 参量比其他参数更易于测量；而且由于所有参量都包含有关网络的相同信息，故任何一组参量总可以利用已测得的 S 参量计算出来。

12.3.1 网络分析仪的基本原理

1. S 参数的测量

网络分析仪最基本的功能是进行双端口网络的散射参数（S 矩阵）测量，如图 12-16 所示。网络分析仪通过频率源在端口 1 上对被测件 DUT 进行激励（入射波为 a_1），然后测量反射波 b_1 及传输波 b_2，由测得结果可以计算出 S_{11} 和 S_{21}。反过来，将 DUT 的端口 2 作为激励输入端（入射波为 a_2），同样测量反射波 b_2 及传输波 b_1，由此可计算出 S_{22} 和 S_{12}。

由上述基本操作过程和 S 参数的定义可知，使用网络分析仪进行 S 参数测量需要两个基本操作：①通过对 DUT 终接匹配阻抗 Z_0，分别测量双端口的出射波；②通过定向耦合器，对入射波和反射波进行分离。

2. 反射参数测量的实现

在四个双端口网络参数中，S_{11}、S_{22} 是描述反射特性的参数，对它们进行测量应使用如图 12-17 所示的反射参数测量系统。

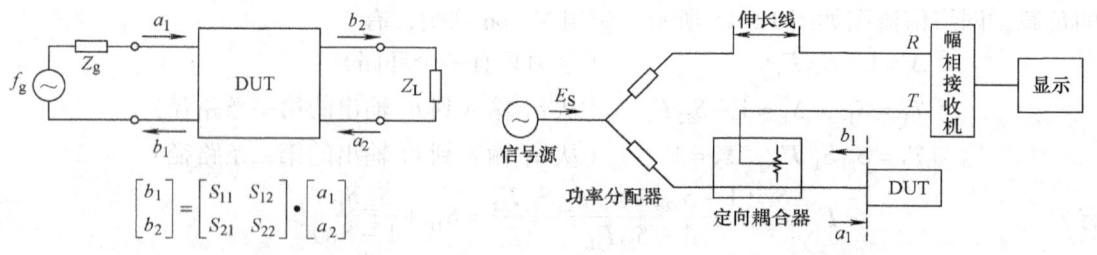

图 12-16　散射参数的测量　　　　　图 12-17　反射参数的测量

图中，电阻式功率分配器和定向耦合器是两个重要的微波部件，功率分配器用于把信号源的输出分成两路；定向耦合器用于将测试信号加到 DUT 的测试端口，并取出反射信号。参考通道上的"伸长线"实质是一段长度可变的传输线，用于补偿两个通道的传输路径差，可在系统校准时起到相位补偿作用。信号源的输出经功率分配器分为两路：一路作为参考信号 R，另一路通过定向耦合器的主传输信道加到待测件 DUT 上。从 DUT 反射回来的信号再经耦合器的耦合端口输出，作为测试信号 T。

设信号源的出射波为 E_S，功率分配器的分配系数分别是 c_1、c_2，DUT 的入射波为 a_1、反射系数为 S_{11}，参考信道的信号为 R。定向耦合器将 DUT 的反射波 b_1 耦合到测试通道，信

号为 T，耦合系数为 c_3。于是有

$$R = c_1 E_S, \quad a_1 = c_2 E_S, \quad b_1 = S_{11} a_1, \quad T = c_3 b_1$$

所以
$$T/R = \frac{c_3 b_1}{c_1 E_S} = \frac{c_2 c_3}{c_1} S_{11}$$

由于 $c_2 c_3 / c_1$ 是常数，可以通过诸如校准等方法消除，因此只要能够测得 T/R，就可以求出 DUT 的反射系数 S_{11}。

T/R 比值的测量使用图 12-17 中的幅相接收机实现。该设备先对 T、R 两路输入信号混频，然后在低频上进行幅度、相位的检测和比较。R 信号直接进入幅相接收机，而 T 信号经过了 DUT 的端口反射，所以它的幅度、相位信息均与 DUT 的反射特性有关；T 与 R 的幅度和相位比较结果也由此反映了 DUT 的反射特性。

3. 传输参数测量的实现

表征双端口网络传输特性的 S 参数是 S_{21}、S_{12}，对它们的测量应使用如图 12-18 所示的传输参数测量系统。传输测量与反射测量的原理基本相同，不同之处是 DUT 必须串接在测试信号通路中，这是传输特性测量的要求。

设信号源的出射波仍为 E_S，功率分配器的分配系数分别是 c_1、c_2，DUT 的入射波为 a_1、传输系数为 S_{21}，参考信道的信号为 R。DUT 的传输波 b_2 加到测试通道，信号为 T。于是有

$$R = c_1 E_S, \quad a_1 = c_2 E_S, \quad b_2 = S_{21} a_1 = c_2 E_S S_{21} = T$$

所以
$$\frac{T}{R} = \frac{c_2}{c_1} S_{21}$$

类似地，只要通过幅相接收机测出比值 T/R，就可以求出传输系数 S_{21}。

4. 网络分析仪概述

网络分析仪是将被测对象等效为单端口或多端口网络，并在单端口或多端口网络参数的基础上建立被测对象的数学模型，然后对数学模型进行定量分析和计算的系统。网络分析仪以双端口网络分析为基础。一个典型的网络分析仪主要由信号源、S 参量测量装置及矢量电压表组成。一个基本的网络分析仪简化框图如图 12-19 所示。

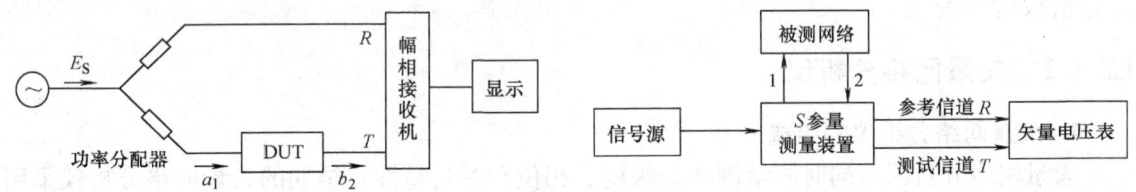

图 12-18　传输参数的测量　　　　　　图 12-19　网络分析仪简化框图

图中，信号源用于向被测网络提供入射信号或激励。S 参量测量装置实际上是反射测量电路与传输测量电路的组合，它首先把入射信号、反射信号以及传输信号分离开来，然后通过转换开关实现对它们的分别测量。矢量电压表用来测量入射、反射和传输信号的幅度值及它们之间的相位差，这一部分的功能也可以用幅相接收机实现。

网络分析仪一般分为标量网络分析仪（Scalar Network Analyzer，SNA）和矢量网络分析仪（Vector Network Analyzer，VNA）。标量网络分析仪只测量线性系统的幅度特性，矢量网络分析仪可同时测量幅度传输特性和相位特性。这些网络分析仪大多是先利用某种变频方式转移至较低频率上，然后由两路幅相接收机进行幅相测量（矢量网络分析仪），或者只测量

反射和传输参数的幅值（标量网络分析仪）。

标量网络分析仪与矢量网络分析仪的简单比较见表12-2。

表12-2 标量/矢量网络分析仪的比较

比 较 项	标量网络分析仪	矢量网络分析仪
主要测量装置	反射传输	S参数或反射传输
信号分离器件	标量电桥、定向耦合器	定向耦合器
检测方式	二极管检波	锁相接收
激励源	扫频信号源	合成扫频信号源
测量参数	标量幅度	幅度、相位；群时延特性
系统成本	低	高
测量精度	低	高

无论何种网络分析仪，都是通过测定网络的反射参数和传输参数，从而实现对网络中元器件特性的全部参数进行全面的测量。初期对这类问题的解决方案如：利用开槽线测出被测网络终接不同负载时的复反射系数，由此计算求解网络参数；终接可移短路活塞的多点图解法等。这些方法不能满足大量、快速及宽带测量的需要。到20世纪60年代中期，出现了能在很宽频段内进行扫频测量并显示全部S参数幅相数值的网络分析仪；其后进一步发展为由微处理器控制、在一系列步进频点上自动测量网络参数并能够自动实现误差修正和数据处理的自动网络分析仪。

由于计算机技术的不断成熟以及测量仪器和计算机越来越紧密的结合，现代矢量网络分析仪不但具备自动扫频测试能力，而且具备了自动完成误差校准测量、实现高速修正计算的强大的计算能力，在准确度、速度和灵活性上均达到非常高的水平。随着微波测量技术的发展，矢量网络分析仪得到了越来越广泛的应用。本章主要对矢量网络分析仪进行介绍。

12.3.2 矢量网络分析仪

1. 矢量网络分析仪的组成

矢量网络分析仪可同时测量网络的幅度、相位和时延特性。早期的矢量网络分析仪采用分体式结构（也称积木式结构），根据测量频段、测试功能等方面的不同要求，选择不同的主机、信号源、S参数测试装置、校准件以及其他的控制机构，如搭积木一样搭建不同的矢量网络分析系统。分体式矢量网络分析仪的优点是配置灵活，但由于体积庞大、连接复杂，对操作者的技术要求高。新型矢量网络分析仪采用一体化结构，将激励信号源、S参数测试装置和高灵敏度幅相接收机集成在一个机箱内，通过外配校准件完成S参数的测试。

图12-20所示是一种外差式矢量网络分析仪组成框图。图中PFD为相频检波器(Phase Frequency Detector)，$H(s)$为环形滤波器(Loop filter)，BPF为带通滤波器(Band Pass Filter)。图的左下方构成一个混频式锁相环，LO(本振)为压控振荡器。参考信号源输出频率f_R是一个固定的中频，当环路锁定时，$f_{LO} - f_S = f_R$。本振输出频率$f_{LO} = f_S + f_R$，其中f_S为扫频源频率。参考信号即入射波，通过R通道进行测量；传输波、反射波所在的测试通道分别为A、

B；扫频源一方面为 DUT 提供激励，一方面可以作为单独的扫频源从通道 S 输出。

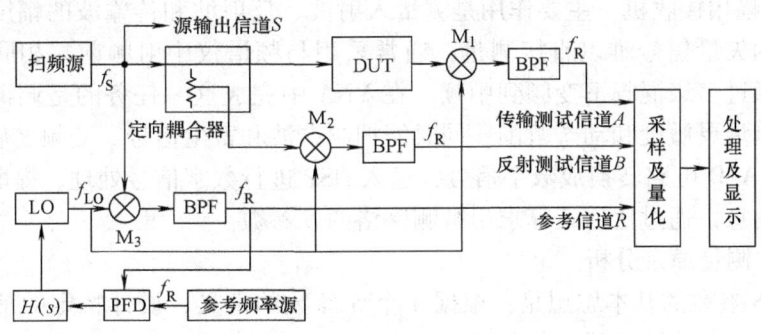

图 12-20　外差式矢量网络分析仪组成框图

要在毫米波段、微波段甚至即使在射频段直接进行信号的量化和矢量运算是非常困难的，或者几乎是不可能的。因此，图 12-20 所描述的 VNA 的基本结构实质上与外差式接收机非常类似：首先通过混频器 M_1、M_2、M_3 进行频率变换，将扫频源输出的射频和微波信号频率 f_S 下变频到中频 f_R，且信道 A、B、R 的信号频率均为中频 f_R。再对中频信号进行采样和量化，之后对数字信号进行各种运算，最终求得被测网络的 S 参数并显示。

矢量网络分析仪的数字电路以嵌入式计算机系统为核心，是一个包括数字信号处理器（DSP）、图形处理器（Graphic Signal Processor，GSP）、系统控制器等单元在内的多处理器系统，负责完成系统的测量控制、误差校准和修正、时-频域转换、信号分析与处理、多窗口显示等功能。仪器通常采用多总线结构，内总线通常为高速数据总线，是仪器内部各种测量控制信号和数字数据的高速数据通道；外总线多为 GPIB（General Purpose Interface Bus）、LXI（LAN eXtensions for Instrumentation）等仪用总线，现在的 VNA 还带有 USB（Universal Serial Bus）、LAN（Local Area Network）等通用总线接口。通过这些总线，VNA 能够方便地和其他外部仪器设备构成一个自动测试系统，完成更复杂的测试任务。

2. S 参数测量原理

VNA 的基本构成框图如图 12-21 所示，它包含一个内置的扫频激励信号发生器（合成信号源），一个可测量入射、反射和传输信号的多通道幅相接收机，以及信号分离装置等。

（1）各部分功能分析

1）信号源：向被测件 DUT 提供激励输入，同时也作为参考信号。由于 VNA 需要测试 DUT 的传输/反射特性以及工作频率和功率的关系，要求内置信号源需具备频率扫描和功率扫描功能，所以，现在的 VNA 内部几乎都采用合成信号源。

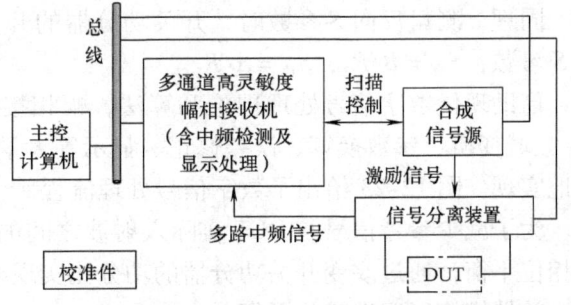

图 12-21　VNA 的基本构成框图

2）信号分离装置（也称 S 参数测试装置）：包含开关、功分器和定向耦合器，作用是将入射波、反射波和传输波信号分离开，这是实现网络参数测量的基础。在测量反射参数（单端口测量）时，激励信号加在 DUT 端口上，测量反射回来的信号幅度和相位；传输参数测量是双端口测量，激励信号被加到 DUT 的一个端口，通过对另一个端口的测量，可获得输出信号的幅度和相位。整个测量过程都需要对不同信号进行分离。

3）多通道幅相接收机：主要作用是测量入射波、反射波和传输波的幅度和相位。由于微波、射频段的矢量信号难以直接测量，通常采用与频谱仪中射频前端相同的做法，将微波、射频信号通过多级混频下变频到中频。在 VNA 中完成这一任务的是调谐接收机，它可以提供较好的测量灵敏度和动态范围，同时能抑制谐波和寄生信号。变频之后的中频信号通过采样/保持和 A-D 电路转换成数字信号，送入 DSP 进行数字信号处理，提取被测网络的幅度信息和相位信息，通过比值运算求出被测网络的 S 参数。

（2）S 参数测量原理分析

VNA 测量 S 参数的基本思想是：根据 4 个 S 参数的定义，设计特定的信号分离单元将入射波、反射波、传输波分开，在中频上用幅相接收机测量获得入射波、反射波、传输波的幅度和相位，再通过计算得到 4 个 S 参数。在上述过程中，信号分离装置是实现 S 参数测量自动转换的关键部件，如图 12-22 所示。

在双端口网络的 4 个 S 参数中，S_{11}、S_{21} 为正向参数，S_{22}、S_{12} 为反向参数。激励信号经开关功分器分成 4 路，其中两路作为参考信号，分别代表正向入射波信号 R_1 和反向入射波信号 R_2。另两路经过程控衰减器、定向耦合器施加到被测件 DUT 上，由定向耦

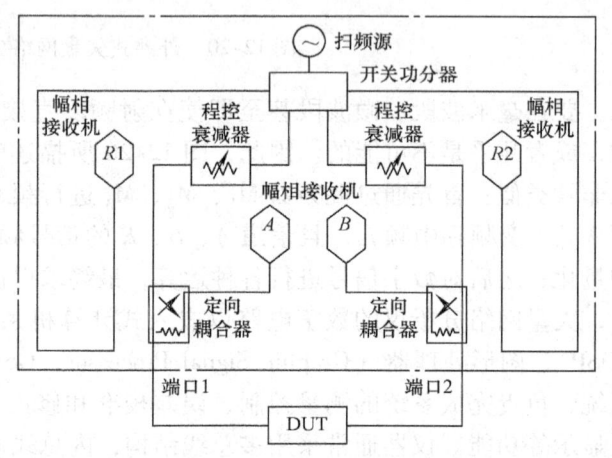

图 12-22　VNA 内部的信号分离装置原理框图

合器分离出 DUT 的反射波信号 A 和传输波信号 B。若要获取正向 S 参数，开关功分器中的开关必须位于端口 1 的激励位置，此时，功分后的 1 路激励信号通过程控衰减器和端口 1 定向耦合器的直通路加到测试端口 1 上，作为 DUT 的入射波，DUT 的反射波 A 由端口 1 定向耦合器的耦合端取出；DUT 的传输波 B 则通过 DUT，由端口 2 定向耦合器的耦合端取出。由此，DUT 的正向 S 参数可通过下式求得：$S_{11} = A/R_1$，$S_{21} = B/R_1$。

同理，测量反向 S 参数时，开关功分器的开关位于端口 2 激励位置，可获得 DUT 的反向 S 参数：$S_{22} = B/R_2$，$S_{12} = A/R_2$。

借助现代数字信号处理理论和算法，幅相接收机后端通道中的多路复数比值运算以及时-频域变换、参数换算、误差修正、显示等大量数据分析处理功能可通过嵌入式计算机方便地实现。图 12-23 给出了数字信号处理流程。

为了减少参考信号与 DUT 实际入射波之间的差异，必须实现参考通道和测试通道幅度和相位平衡，通过改变开关功分器的功分比实现幅度平衡，在参考通道中通过采用合适的电长度补偿措施以实现相位平衡。

12.3.3　网络分析仪的误差来源

在 S 参量的测量系统中，使用了功率分配器、定向耦合器等微波器件，这些器件的性能通常都不是理想的，比如它们的端口阻抗不是特征阻抗 50Ω，因而存在阻抗失配；它们对传输的信号有一定的衰减和相移，而且衰减、相移量不恒定，随频率变化而变

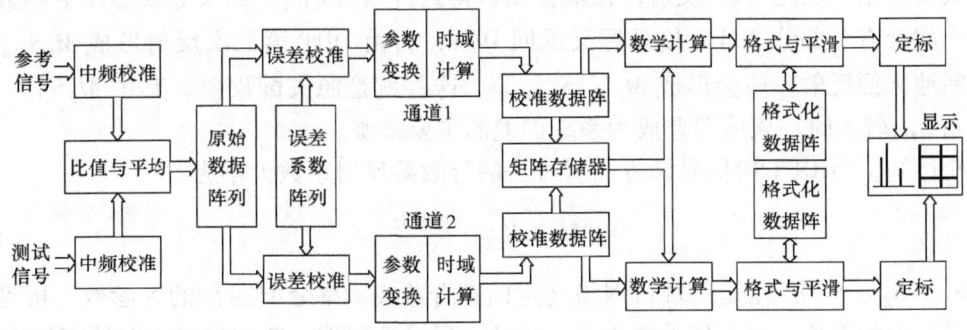

图 12-23　VNA 数字信号处理流程

化；定向耦合器的隔离度也不是理想的无限大。因此，用含有上述器件的系统进行反射和传输参数测量，将必然存在系统误差。这些误差来自系统本身的频响特性以及端口特性，分述如下。

1. 反射测量的误差

反射测量中的误差来源主要有以下三项。

（1）方向性误差 D（Directivity Error）

进行反射测量时，定向耦合器与待测件 DUT 之间的射频信号流向如图 12-24 所示。

反射系数 S_{11A} 是经 DUT 端口反射到定向耦合器的耦合端口上的有用信号。由于实际耦合器的特性并不理想，由等效方向性定义式可知其方向性 $D=S_{32}/S_{31}\neq 0$。因此，测量信号中的一小部分在经 DUT 反射之前便从耦合器的隔离端口泄漏到了耦合端口，使耦合端口的信号包含了额外的成分，即给 S_{11A} 的测量引入了误差。

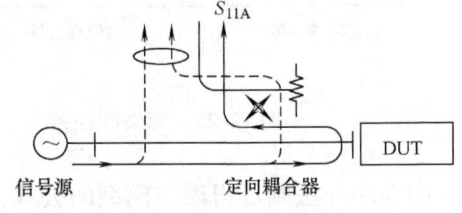

图 12-24　方向性误差

在实际的反射测量中，DUT 和定向耦合器通常使用不同类型的接头，如 DUT 使用 SMA 型接头、定向耦合器使用 APC-7 平接头，因此需要在不同类型的接头之间加转换接头。当然，转换接头也存在不完全匹配的问题，同样会对 S_{11A} 引起类似的测量误差。

如上所述，未经 DUT 反射而直接进入定向耦合器耦合端口的信号所引起的误差就是方向性误差，主要由定向耦合器的方向性或连接部件的失配造成。对一般的定向耦合器，该误差约为 -40dB，再加上转换接头的失配，总误差更大，有时甚至可达近 100%。

（2）反射频响误差 T_R（Frequency Response Error）

如果将反射测量系统中的 DUT 换成标准短路器，理论上应得到一条直线的系统频响轨迹，即测量结果为常数。但由于功率分配器、定向耦合器、转换接头及测试电缆等都存在因频率响应特性而造成的频响误差，实际上会看到一条有若干起伏或小毛刺的近似直线，这些起伏或毛刺就是频响误差，或称频率跟踪误差，它可看作频率的复函数。

（3）源失配误差 M_S（Source Match Error）

实际的测量系统并不是理想匹配的，反射参数测量时从 DUT 向信号源方向看过去的等效源反射系数也不会完全为零。被 DUT 反射的信号中有一部分将在 DUT 和源之间被来回反射，于是产生 S_{11A} 的测量误差，如图 12-25 所示。具体分析如下：

测试信号第一次经 DUT 反射,在耦合端口得到待测量 S_{11A}。如果等效源反射系数 M_S 不等于零,就会有一部分信号经信号源又返回 DUT,再由 DUT 第二次反射形成 $M_S S_{11A}^2$……。如此不断地来回反射,还会形成 $M_S^{n-1} S_{11A}^n$ 等。这些就是源失配误差,其中 $M_S S_{11A}^2$ 起主要作用。当 S_{11A} 较大时,该项误差成为系统误差的主要来源。

分析可知,由 DUT 向信号源方向看过去的等效源反射系数大小为

$$M_S = S_{22} - \frac{S_{21}S_{32}}{S_{31}} \tag{12-8}$$

式中,S_{22}、S_{21}、S_{32} 和 S_{31} 是三端口网络(定向耦合器或功率分配器)的 S 参数。可见 M_S 仅与网络的 S 参数有关,而与信号源无关。因此,尽量选用端口匹配好、方向性高的定向耦合器可以减小源失配误差。

综合以上误差来源,用信流图表示反射参数测量时的单端口误差模型如图 12-26 所示。图中,S_{11A} 为 DUT 的实际反射系数(近似真值),S_{11M} 为反射系数测量值,D、T_R、M_S 分别为方向性误差、频响误差和源失配误差。

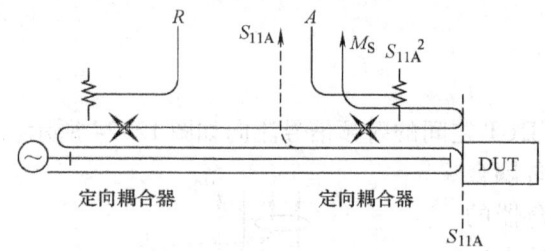

图 12-25 源失配误差

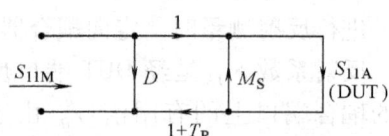

图 12-26 反射参数测量误差模型

由 Mason 法则可得误差模型的公式为

$$S_{11A} = \frac{S_{11M} - D}{1 + T_R + M_S(S_{11M} - D)} \tag{12-9}$$

因此,只要设法求出式(12-9)中的各项系统误差,根据测量值 S_{11M} 就可以求出真值 S_{11A}。

式(12-9)中,测量值 S_{11M} 与实际反射系数 S_{11A} 之差为

$$\begin{aligned} \Delta S &= S_{11M} - S_{11A} = D + \frac{S_{11A}(1 + T_R)}{1 - M_S S_{11A}} - S_{11A} \\ &= D + S_{11A}(1 + T_R)(1 + M_S S_{11A} + M_S^2 S_{11A}^2 + \cdots) - S_{11A} \\ &\approx D + T_R S_{11A} + M_S S_{11A}^2 \end{aligned}$$

可见当 DUT 的反射系数 S_{11A} 较小时,方向性误差的影响占主要地位;当 S_{11A} 较大时,源失配误差是影响反射测量精度的主要因素。

2. 传输测量的误差

传输测量中的误差来源主要有四项。

(1)传输泄漏误差 C(Leakage Error)

如果在 DUT 的两个端口上均接入匹配负载,理想情况下应该有 $S_{21} = S_{12} = 0$,即没有传输发生。但如果在接收机上仍然测到某一传输信号,说明该传输路径因为隔离不佳而产生了信号泄漏,由此引起的传输参数测量误差称为传输泄漏误差,也叫隔离误差。

(2) 传输频响误差 T_T（Frequency Response Error）

与反射频响误差 T_R 类似，如果将传输测量系统中的 DUT 换成标准短路器，因为微波部件的传输频响，会使测得的系统频响轨迹在水平轴上明显出现许多波纹，这就是传输频响误差或跟踪误差。它同样是频率的复函数。

(3) 源失配误差 M_S（Source Match Error）

M_S 是由双端口网络向信号源方向看过去的等效源反射参数，即源失配误差。

(4) 负载失配误差 M_L（Load Match Error）

M_L 是由双端口网络向负载方向看过去的负载反射系数，即负载失配误差。

综合以上误差来源，用信流图表示传输参数测量时的误差模型如图 12-27 所示。

图中，两条虚线之间的部分是代表 DUT 的待测双端口网络，S_{11A}、S_{21A}、S_{12A}、S_{22A} 是其 S 参数。M_S 为源失配误差；M_L 为负载失配误差；T_T 为信号传输频响误差；C 为泄漏误差。

根据 S 参数的定义，有 $S_{21M} = b_2/a_1$，其中 a_1、b_2 分别为 DUT 的入射波和出射波，S_{21M} 是传输系数测量值。应用 Mason 法则，可得

$$S_{21M} = C + \frac{S_{21A}(1+T_T)}{1 - M_S S_{11A} - M_L S_{22A} - M_S M_L S_{21A} S_{12A} + M_S M_L S_{11A} S_{22A}} \tag{12-10}$$

因此，只要设法求出各项系统误差，就可以根据测量值 S_{21M} 求出实际值 S_{21A}。

计算测量值 S_{21M} 与实际传输系数 S_{21A} 之差，并忽略高次项，可得

$$\Delta S_{21} = S_{21M} - S_{21A} \approx C + \frac{S_{21A}(1+T_T)}{1 - M_S S_{11A} - M_L S_{22A}} - S_{21A} \approx C + (T_T + M_S S_{11A} + M_L S_{22A}) S_{21A}$$

说明传输系数测量的误差不仅与 4 个系统误差有关，还与网络本身的特性参数有关，这一点和反射参数测量有所区别。

3. 双端口网络的 12 项误差模型

把反射参数测量系统与传输参数测量系统组合在一起，构成的反射、传输双向测量系统如图 12-28 所示。图中两个微波开关的不同位置组合可实现不同参数的测量，因而不必重新连接 DUT 就能测出双端口网络的全部 S 参数。微波开关 S_1、S_2 的位置组合与待测参数之间的对应关系如下：S_1、S_2 同时接 1 位——测 S_{11}；S_1 接 1 位、S_2 接 2 位——测 S_{21}；S_1 接 2 位、S_2 接 1 位——测 S_{12}；S_1、S_2 同时接 2 位——测 S_{22}。

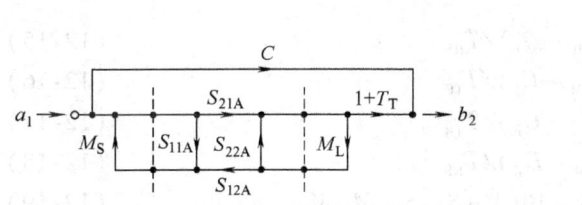

图 12-27 传输参数测量误差模型

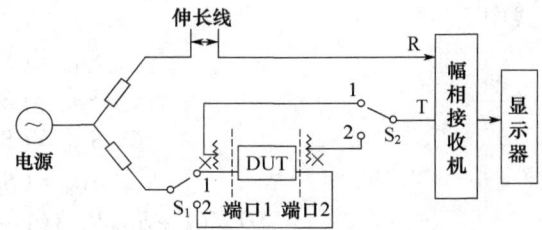

图 12-28 反射参数和传输参数测量

双端口网络的双向测量采用如图 12-29 所示的误差模型。图中两条虚线之间的部分是 DUT 所代表的待测双端口网络，S_{11A}、S_{21A}、S_{12A}、S_{22A} 是其 S 参数。图 12-29a 为正向测量 S_{11A}、S_{21A} 的误差模型，图 12-29b 为反向测量 S_{22A}、S_{12A} 的误差模型。所有下标中的字母 "F" 表示正向测量（Forward Measuring），正向测量共有 6 项误差来源：方向性误差 D_F、反

射频响误差 T_{RF}、源失配误差 M_{SF}、泄漏误差 C_F、传输频响误差 T_{TF}、负载失配误差 M_{LF}。所有下标中的"R"表示反向测量（Reverse Measuring），反向测量也有 6 项误差来源：传输频响误差 T_{TR}、负载失配误差 M_{LR}、方向性误差 D_R、反射频响误差 T_{RR}、源失配误差 M_{SR}、泄漏误差 C_R。因此，图 12-29 所示的误差模型也被称为 12 项误差模型。

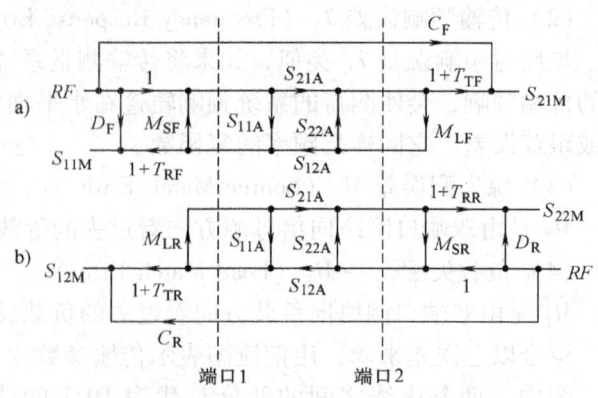

图 12-29 双端口网络反射/传输参数测量误差模型

应用 Mason 法则写出 4 个 S 参数测量值 S_{11M}、S_{22M}、S_{21M}、S_{12M} 的表达式如下

$$S_{11M} = D_F + \frac{T_{RF}[S_{11A}(1 - S_{22A}M_{LF}) + S_{21A}S_{12A}M_{LF}]}{D_1}$$

$$S_{22M} = D_R + \frac{T_{RR}[S_{11A}(1 - S_{22A}M_{LR}) + S_{21A}S_{12A}M_{LR}]}{D_2}$$

$$S_{21M} = C_F + \frac{T_{TF}S_{21A}}{D_1}$$

$$S_{12M} = C_R + \frac{T_{TR}S_{21A}}{D_2}$$

式中

$$D_1 = 1 - S_{11A}M_{SF} - S_{21A}S_{12A}M_{SF}M_{LF} - S_{22A}M_{LF} + S_{11A}S_{22A}M_{SF}M_{LF}$$
$$D_2 = 1 - S_{11A}M_{LR} - S_{21A}S_{12A}M_{SR}M_{LR} - S_{22A}M_{SR} + S_{11A}S_{22A}M_{SR}M_{LR}$$

由以上各式推导出的 12 项误差模型公式如下

$$S_{11A} = (S_{11B} + S_{11B}S_{22B}M_{SR} - S_{21B}S_{12B}M_{LF})/D \tag{12-11}$$

$$S_{21A} = (S_{21B} + S_{21B}S_{22B}M_{SR} - S_{21B}S_{12B}M_{LF})/D \tag{12-12}$$

$$S_{12A} = (S_{12B} + S_{11B}S_{12B}M_{SF} - S_{11B}S_{12B}M_{LR})/D \tag{12-13}$$

$$S_{22A} = (S_{22B} + S_{11B}S_{22B}M_{SF} - S_{21B}S_{12B}M_{LR})/D \tag{12-14}$$

式中

$$S_{11B} = (S_{11M} - D_F)/T_{RF} \tag{12-15}$$

$$S_{21B} = (S_{21M} - C_F)/T_{TF} \tag{12-16}$$

$$S_{12B} = (S_{12M} - C_R)/T_{TR} \tag{12-17}$$

$$S_{22B} = (S_{22M} - D_R)/T_{RR} \tag{12-18}$$

$$D = (1 + S_{11B}M_{SF})(1 + S_{22B}M_{SR}) - S_{21B}S_{12B}M_{LF}M_{LR} \tag{12-19}$$

通过校准测量获得 4 个 S 参数的测量值，再据此联立解出 12 项误差系数，就可以代入式（12-11）~式（12-19），计算得到被测网络的真实的 S 参数。

12.3.4 网络分析仪的误差校准和修正

1. 校准和修正的概念

很长时间以来，高精度的网络分析仪一直要求细致的设计和昂贵的硬件电路，以获得尽可能准确的测量结果。然而由于微处理器的应用，通过数学运算来修正测量中的系统误差已成为可能，提高仪器精度的任务由此从电路转移到了校准（Calibration）技术上，因为校准可以通过数学运算来弥补硬件上的局限。

误差修正及校准技术是现代网络分析仪的核心技术之一，它通过校准测量和误差修正，使仪器的测量精度主要取决于所使用的校准件的精度和校准方法。采用软件进行误差修正，最大限度地减小了测量中的系统误差，提高了测量精度，因此被称为"精度增强技术"。正如一些专家所言，"没有误差分析和修正理论，就没有新一代矢量网络分析仪的诞生"。

简单地说，误差"修正"（Correction）是根据测量值和误差模型，求出各项误差并将它们的影响从测量值中扣除。"校准"则是通过测量一系列 S 参数已知的器件，对包含有器件的真实 S 参数值和网络分析仪的实际 S 参数测量值的方程组联立求解，以获得系统误差的过程。校准所用的已知 S 参数的器件被称为"校准件"。在微波测量中，同轴系统一般选用开路器、短路器和匹配负载 Z_0 作为校准件，而微带线系统则选用开路器、短路器和偏离短路器作校准件。

误差修正及校准主要有4大步骤：①建立误差模型；②使用校准件作为 DUT 进行校准测量；③联立方程，提取误差模型中的误差参数；④用已知的误差参数对所有实测的 S 参数进行修正计算。

以反射参数测量的误差修正和校准为例，使用三个反射系数已知的校准件依次作为 DUT 进行反射参数测量，分别得到三个以误差为未知数的方程。联立方程组，求解 D、T_R、M_S 三项系统误差并储存。在对真实的 DUT 进行测量之后，将实测的反射参数代入误差模型公式中，利用已知系统误差进行修正计算。需要特别指出，传输参数的测量误差与其他网络参数有关，无法采用与反射参数误差处理方法相同的过程实现校准和修正，而必须将所有的 S 参数全部测出，然后对所有误差进行统一修正。

2. 误差校准和修正过程

（1）反射参数误差校准和修正

反射参数的误差模型中有三项误差，需要分别接入三种校准件进行测量，并联立方程组进行求解。常用开路-短路-负载（Open-Short-Load，OSL）方法进行校准。

第一步：接入开路校准件作为 DUT。开路器的反射系数为1，即此时 $S_{11A}=1$。记测量值为 S_{M1}，有

$$S_{M1} = D + \frac{1+T_R}{1-M_S}$$

第二步：接入短路校准件作为 DUT。短路器的反射系数为 -1，即此时 $S_{11A}=-1$。记测量值为 S_{M2}，有

$$S_{M2} = D - \frac{1+T_R}{1+M_S}$$

第三步：接入匹配负载校准件作为 DUT。匹配负载的反射系数为0，即此时 $S_{11A}=0$。记测量值为 S_{M3}，有 $S_{M3}=D$。

联立解得三项系统误差为

$$\begin{cases} D = S_{M3} \\ T_R = \dfrac{2(S_{M1}-S_{M3})(S_{M3}-S_{M2})-S_{M1}+S_{M2}}{S_{M1}-S_{M2}} \\ M_S = \dfrac{S_{M1}+S_{M2}-2S_{M3}}{S_{M1}-S_{M2}} \end{cases} \quad (12-20)$$

最后，将 DUT 重新接入测量，并将测量值与校准所得的误差代入前面的式（12-9），即为求出真实的反射参数的误差修正公式。经误差修正的反射参数已经扣除了系统误差的影响，其精度仅取决于校准件的精度。

（2）12 项误差的校准和修正

随着测量的需要和精度要求，各种校准方法层出不穷，目前较常见的校准方法主要有：短路-开路-负载-直通法（Short-Open-Load-Thru，SOLT）、短路-开路-负载-反射法（Short-Open-Load-Reflect，SOLR）等，大多数校准方法都基于 12 项误差模型。

通常认为同轴 SOLT 是标准方法，通过使用短路、开路-负载和直通 4 种校准件进行校准测量，如图 12-30 所示。

当两端口分别接开路、短路、端接匹配负载和直通时，网络分析仪两个端口之间相当于连接

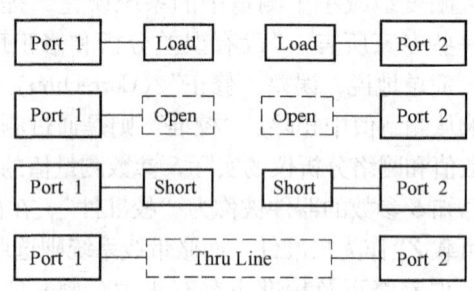

图 12-30　SOLT 校准测量示意图

了一个双端口网络，这些双端口网络的真实 S 参数分别为

$$S_{\text{open}} = \begin{bmatrix} \Gamma_0 & 0 \\ 0 & \Gamma_0 \end{bmatrix} \quad S_{\text{short}} = \begin{bmatrix} \Gamma_s & 0 \\ 0 & \Gamma_s \end{bmatrix} \quad S_{\text{load}} = \begin{bmatrix} \Gamma_L & 0 \\ 0 & \Gamma_L \end{bmatrix} \quad S_{\text{thru}} = \begin{bmatrix} 0 & e^{-\gamma l} \\ e^{-\gamma l} & 0 \end{bmatrix}$$

式中，Γ 表征反射系数；γ 是传输系数；l 为传输线校准件长度。如果校准件是理想的，且与频率无关，则有 $\Gamma_0 = 1 + j0$，$\Gamma_s = -1 + j0$，$\Gamma_L = 0$，$e^{-\gamma l} = 1$。

当校准件只有反射特性时，网络分析仪测得的双端口 S 参数为

$$S_{11M} = D_F + \frac{S_{11A} T_{RF}(1 - S_{22A} M_{LF})}{1 - M_{SF} S_{11A} - M_{LF} S_{22A} + M_{SF} S_{11A} M_{LF} S_{22A}}$$

$$S_{22M} = D_R + \frac{S_{22A} T_{RR}(1 - S_{11A} M_{LR})}{1 - M_{SR} S_{22A} - M_{LR} S_{11A} + M_{SR} S_{22A} M_{LR} S_{11A}}$$

分别接开路、短路和匹配负载校准件进行校准测量，根据上面两式可得 6 个方程，可求得 D_F、D_R、M_{SF}、M_{SR}、T_{RF} 及 T_{RR}；泄漏项 C_F、C_R 可通过下式求解匹配负载校准件的传输系数得到：$C_F = S_{21M}$、$C_R = S_{12M}$；连接直通校准件进行校准测量并求解方程，可求得余 4 项误差 M_{LF}、M_{LR}、T_{TF} 及 T_{TR}。由此得到全部 12 个误差项。

经过校准和修正所得的测量精度被大大提高，仅剩下由接口和开关的重复性、系统噪声、温度漂移以及校准件本身精度所引起的随机误差。

需要强调的是，S 参数是频率的复函数，意味着误差校准和修正工作必须针对频点进行才有意义。也就是说，一个双端口网络有 4 个 S 参数，它们所有 12 项误差的校准测量都应该在每个测量频点上依次进行，然后在每个点上进行大量的复数运算以实现修正。这项庞大复杂的工作一般由网络分析仪内含的微处理器完成，或借助计算机控制的自动测试系统。

12.4　网络测量新技术简介

12.4.1　调制矢量网络分析技术

传统的 VNA 采用正弦波作为激励信号进行扫频测量，但在广泛运用数字调制方式的移

动通信、卫星通信等领域中，单一频率的正弦信号与数字调制信号有相当差别，仅通过观察线性网络的正弦响应已无法满足测量需求。调制矢量网络分析仪（Modulated Vector Network Analyzer，MVNA）是新出现的一种综合性测量仪器，它直接采用数字调制载波作为激励，对采集到的数据信息使用希尔伯特变换（Hilbert Transform，HT）进行处理，所得结果包含的谐波分量数目取决于激励信号及接收装置的有效带宽。MVNA 的一次测量即可获得 S 参数、邻道功率比（ACPR）、误差矢量幅度（EVM）和功率等信息，由此大大简化测试过程，提高测试效率，节省测试成本。

1. 调制 S 参数

矢量网络分析使用窄带的正弦信号作为激励，用窄带接收机测量 a_1、b_1、a_2、b_2 信号，然后将它们相除以获得单一频点上的 S 参数。宽带通信系统的出现及广泛应用，使传统的正弦 S 参数已不足以描述一些在宽带调制信号作用下的器件性能。

对于复杂的调制信号激励，所得的响应为调制 S 参数。在此条件下，网络分析的基本原则仍然适用，可沿用与正弦激励相同的双端口网络模型，且比值 S_{11}、S_{21}、S_{12}、S_{22} 也具有相同的定义式［见式（12-5）、式（12-6）］；不过，相对于正弦 S 参数的窄带分析，调制 S 参数的处理带宽更宽，而不是仅限于单个载频 f_C，如图 12-31a 所示（图中仅以 S_{21} 为例）。

由图可知，计算调制 S 参数必须在信号能量集中的频段内，按照设定的分辨率带宽（RBW）进行逐段累积。显然，RBW 设置得越精细，所得计算结果越精确。另一方面，在测量调制 S 参数时如不考虑信道带宽，就会把邻道、噪声等能量全部计算在内，结果无法收敛。例如在 IS-95（CDMA 的 2G 移动通信标准）测试中，必须以 1.2288MHz 的信道带宽为限。图 12-31b 表明了调制 S 参数的有效计算区间。

需要说明的是，虽然 S 参数在较低频率下可能被定义为电压或电流之比，但在频率较高时很难测量电压、电流值，因此 S 参数本质上被定义为入射、反射和传输的能量之比。

一些测试实验表明，与通过传统 VNA 所得的正弦 S 参数测试结果相比，通过调制矢量网络分析方法获得的调制 S 参数更接近被测通信网络的实际情况，测量精度更优。

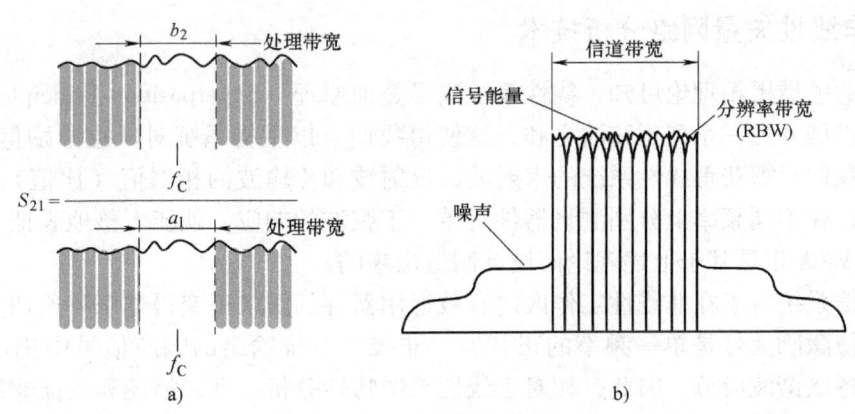

图 12-31　调制信号激励下的响应
a）调制 S 参数的处理带宽　b）调制 S 参数的计算域

2. 调制矢量网络分析仪

图 12-32 所示为一个调制矢量网络分析仪 MVNA 的简化框图。激励源产生的调制信号被送至 S 参数测量装置（信号分离装置）中，再经切换开关和定向耦合器送到 DUT 的端口

1 和 2，4 路不同的输出信号被分别接入 4 个独立的幅相接收机中。接收机经过两级混频，将调制信号由射频或微波下变频至中频 f_{IF2}。在中频上进行采样和 A-D 转换，并由 DSP 进行 HT 变换等数字信号处理。

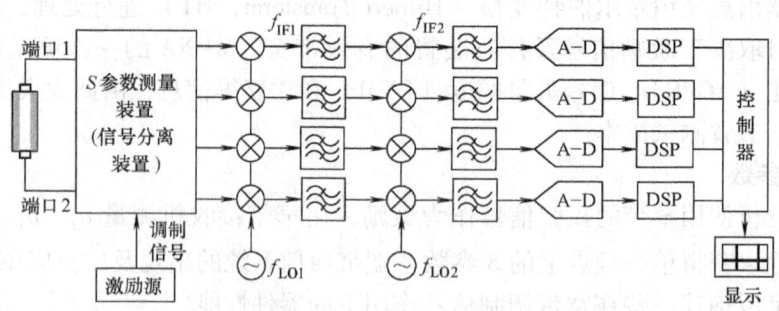

图 12-32　MVNA 的简化框图

MVNA 的工作流程本质上与 VNA 相同：根据网络分析原理，假定 DUT 及测量系统均是线性的。首先输入数字调制正弦波作为激励信号，该信号经过线性下变频成为采集波，再借助 HT 转换成频谱分量，求得 S_{11M}、S_{22M} 等参数，最后通过矢量误差修正求出 S_{11A}、S_{22A} 等参数。可见，MVNA 与 VNA 的主要区别在于激励波的不同。VNA 的正弦激励信号使得 VNA 的采集波是窄带中频，而在 MVNA 中，下变频所得的信号仍是宽带调制波，因而 MVNA 的采集波是宽带中频。正是由于调制波携带了大量信息，使得 MVNA 的测量结果会比 VNA 包含更多的特征参数。

MVNA 的典型功能包括调制 S 参数测量、频谱分析、交调失真测量、邻道功率比测量、功率测量等。由于 MVNA 具有一机多用的特点，可以为混合信号器件的测试同时提供矢量信号激励和射频网络特性测量手段，因此它经常作为批量测试高性能集成电路的低成本、高吞吐率的综合测试平台而出现。

12.4.2　非线性矢量网络分析技术

由著名的频域黑箱理论可知，线性系统满足叠加原理（Superposition Principle），所有激励信号都可以展开为一系列正弦波之和，这使得我们可以重构系统对任意激励信号的响应，也就是说，我们只需获得线性系统的入射波、反射波和传输波的相对值（比值），就能完全表征其特性；在不同频率上分别测量器件对单一正弦波的响应，就能完整地表征一个线性系统。传统的 VNA 正是基于上述理论而设计制造出来的。

现代通信系统对于在非线性工作区内有效运用器件的需求正变得越来越迫切。在非线性系统中，即使激励信号是单一频率的正弦波，非线性系统输出的响应信号中仍可能包含直流、基波和各次谐波成分。因此，相对于线性系统特性分析，准确描述和表征非线性系统的非线性性能是一项复杂的测量任务。非线性矢量网络分析仪（Non-linear Vector Network Analyzer，NVNA）把被测的射频微波网络放在真实的、大信号的工作条件下进行测试和分析，它所获得的测量值包括 DUT 端口的激励频率以及所有存在的其他频率成分的幅度和相位，因而能够测量 DUT 的全面性能。

1. 非线性网络的表征方法

在大信号网络分析中，人们总可以利用某一个物理量或其他量来了解和表征 DUT 的非线性性能。实际应用中，器件建模工程师往往热衷于端口电压 u 和端口电流 i 的组合，而系统设计师则喜欢选用电压行波入射波 a 和出射波 b 的组合。无论怎样选择，每一对物理量均包含了有关 DUT 性能的相同信息，且彼此之间有确定的换算关系，即

$$a = \frac{u + Z_c i}{2}, \quad b = \frac{u - Z_c i}{2} \tag{12-21}$$

$$u = a + b, \quad i = \frac{a - b}{Z_c} \tag{12-22}$$

式中，通常取 $Z_c = 50\Omega$。

现在考虑适宜的物理量表示域。一般而言，谐波和寄生分量在频域中比在时域中易于观察，而反射和削顶在时域中更易处理；电压和电流与器件的集总性能相关，在时域中表示；入射波和反射波与系统的分布性能相关，在频域中表示；一旦包含了调制，则可能需要将频域、时域结合起来。而在大信号分析应用中，还涉及包络域（Envelope Domain）表示法。

作为大信号分析法的一个重要概念，包络域是指能够同时表征载波基波和载波各次谐波的包络的一种方法，它充分而形象地表征了系统的非线性特性。研究表明，调制信号包络的变化程度取决于器件的非线性特性，因此可借由研究射频已调信号的包络变化来推断非线性程度。实际上，任何已调波通过非线性系统的响应都可以表示为包络域形式，包络形状越复杂，非线性越强烈。

以下给出连续波信号和调制信号分别在时域、频域及包络域中的表示式。连续波在时域、频域中可通过下式表示，二者可相互转换，即

$$x(t) = \mathrm{Re}\left(\sum_{h=0}^{H} X_h \mathrm{e}^{\mathrm{j}2\pi hft}\right) \Leftrightarrow X_h = \frac{2}{T}\int_0^T x(t) \mathrm{e}^{-\mathrm{j}2\pi hft} \mathrm{d}t \tag{12-23}$$

式（12-23）仅为描述傅里叶变换 FT 和傅里叶逆变换 IFT 的方法之一，其中 f 为基波频率，h 为谐波次数。

调制信号可以在时域、频域或者包络域中表示。时域和频域表示式为

$$x(t) = \mathrm{Re}\left(\sum_{h=0}^{H}\sum_{m=-M}^{M} X_{hm} \mathrm{e}^{\mathrm{j}2\pi(hf_C + mf_M)t}\right) \Leftrightarrow X_{hm} = \lim_{T\to\infty}\frac{1}{T}\int_{-T}^{T} x(t) \mathrm{e}^{-\mathrm{j}2\pi(hf_C + mf_M)t} \mathrm{d}t \tag{12-24}$$

调制信号的包络域表示式为

$$x(t) = \mathrm{Re}\left(\sum_{h=0}^{H} X_h(t) \mathrm{e}^{\mathrm{j}2\pi hf_C t}\right) \Leftrightarrow X_h(t) = \sum_{m=-M}^{M} X_{hm} \mathrm{e}^{\mathrm{j}2\pi mf_M t} \tag{12-25}$$

式（12-24）和式（12-25）中，f_C 为载波频率；f_M 为调制频率；h 为谐波次数；m 为调制系数。

2. NVNA 的组成

从硬件角度来看，NVNA 的构成与普通 VNA 的结构很相似，包括内置的扫频激励信号源、信号分离装置、采样变频装置、多通道幅相接收机等几部分，图 12-33 为 NVNA 的组成框图。

NVNA 与 VNA 的主要区别在于：首先，NVNA 中信号分离装置的主要功能除了分离 DUT 端口上的入射波和反射波之外，同时还具备偏置功能，可以通过内部偏置器向 DUT 端口施加直流偏置来模拟 DUT 的真实工作条件，从而满足大信号分析的需要。其次，NVNA 中的采样变频装置不止是一个外差式接收机前端，其核心部分是 4 个宽带采样变频器，内部

的可调步进衰减器能够保证仪器在大信号条件下仍处于线性工作区。宽带采样变频之后的 4 路中频信号被送至宽带四通道幅相接收机中，完成信号调理、模数转换、数据处理、误差修正、模型数据提取及数据显示等工作。最后，NVNA 中通常还配置有一些特殊功能的选件，如电压电流表、直流电源等，均可用于大信号分析，同时便于硬件升级。

利用 NVNA 可进行实时波形测量，以确定 DUT 在变化条件（如偏置、加载、压缩、互调、击穿、应力等）下的特性；可在各器件端口进行可跟踪的大信号电压、电流或波形测量，用于验证模型和改进；当然，还可以方便地进行 DUT 的非线性特性测试，例如压缩、谐波失真等。

12.4.3 多端口矢量网络分析技术

随着电子技术的不断发展，组成电子设备的各功能模块的集成度不断提高。这些高集成度的模块上通常集成有多个微波射频通路和端口，测试时通常要求作为一个整体进行测量。此外，随着无线通信领域的快速增长，功分器、环形器和耦合器等具有三个或四个端口的器件已经非常普遍。使用传统的双端口网络分析仪对这些复杂模块和多端口器件进行测量，不仅需要测量多次，测量时还需用高质量的匹配负载端接在器件的非测量端口，以减小反射误差。为了提高测试效率和测量精度，多端口矢量网络分析仪应运而生。

1. 多端口 S 参数

一个多端口网络示意图如图 12-34 所示。

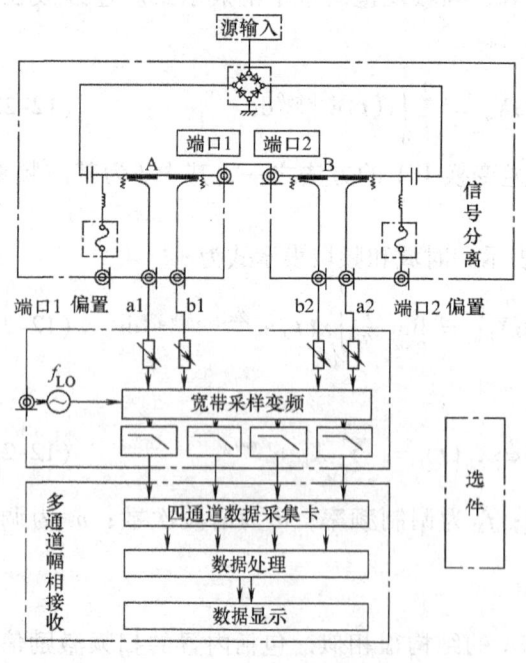

图 12-33 NVNA 的组成框图

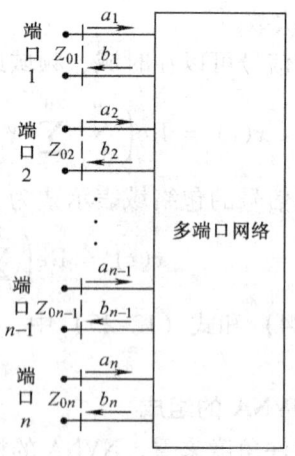

图 12-34 多端口网络示意图

定义多端口网络的归一化入射波 $a_i(i=1, 2, \cdots, n)$ 和归一化出射波 $b_i(i=1, 2, \cdots, n)$ 为

$$a_i = \frac{1}{2}\left[\frac{U_i}{\sqrt{Z_{0i}}} + \sqrt{Z_{0i}}I_i\right], i=1,2,\cdots,n$$

$$b_i = \frac{1}{2}\left[\frac{U_i}{\sqrt{Z_{0i}}} - \sqrt{Z_{0i}}I_i\right], i = 1, 2, \cdots, n$$

式中，U_i 为 i 端口电压；I_i 为 i 端口电流；Z_{0i} 为 i 端口阻抗。

根据归一化入射电压和归一化出射电压，定义多端口网络的 S 参数为

$$S_{ij} = \frac{b_i}{a_j}, \ a_{k=0} \cdots \forall k \neq j$$

此定义说明，S_{ij} 可通过在端口 j 上施加入射波 a_j 作为激励、在端口 i 上测量出射波 b_i 来求得，条件是除端口 j 外的所有其他端口上的入射波为零。这意味着所有其他端口应以匹配负载端接，以避免反射。

多端口散射参数有着明确的物理意义：S_{ii} 是当所有其他端口端接匹配负载时端口 i 上的反射系数，S_{ij} 是当所有其他端口端接匹配负载时从端口 j 至端口 i 的传输系数。可见，双端口网络其实仅是多端口网络的一个特例。

2. 多端口矢量网络分析仪

实现多端口矢量网络分析的方法大致有两种：一种是在双端口 VNA 的基础上，使用电子或机械开关进行端口扩展；另一种方法是采用多源模式实现真正的多端口网络测量。

图 12-35 所示为一种通过切换开关使双端口 VNA 具备多端口测试能力的多端口 VNA 结构框图。这种方法以较低成本实现了多端口网络参数测量，但在测量混频器等有源器件时，仍需增加外部信号源作为本振。

在图 12-36 所示的多源模式多端口 VNA 中，每一对端口都有自己的专用信号源，各信号源的输出频率、功率均可独立设置，但由公共时基进行同步，可以共用一套中频处理及数字电路，采用多端口矢量误差修正，以实现高精度测量。

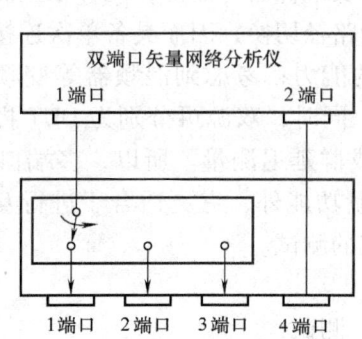

图 12-35　基于双端口 VNA 的多端口 VNA 示意图

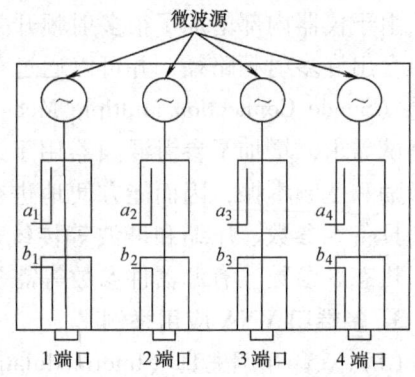

图 12-36　每个端口都具备独立信号源的多端口 VNA 示意图

与传统 VNA 相比，这种多源架构相当于将多个双端口 VNA 集成于一个机箱内，功能配置极其灵活。为了说明这一点，给出一个典型的多端口 VNA 内部的测量装置框图，如图 12-37 所示。图中，激励源 1、2 表示 2 个独立的信号源，$R_1 \sim R_4$ 表示 4 个参考接收机，A、B、C、D 表示 4 个测量接收机。

对数字①~⑥标识处的简单说明如下：

① 每个测试端口都对应于 1 套独立的测试装置和测试设备，包括测试信号通路和参考

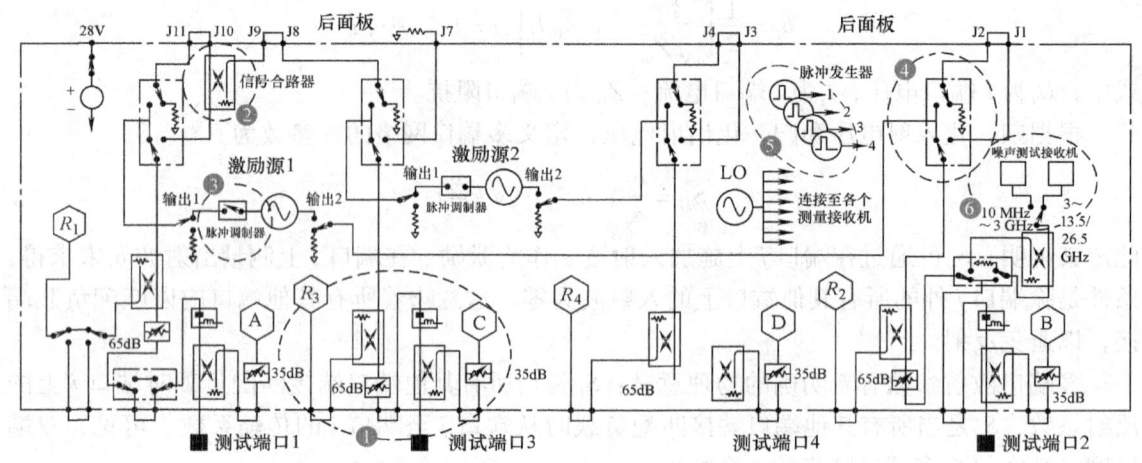

图 12-37 多端口 VNA 内部的测量装置框图

信号通路的耦合器、测试信号接收机和参考信号接收机、信号源衰减器和测量接收机衰减器、直流偏置部件。

② 内置信号合路器，可简化互调失真测试和非线性参数测试中仪器设置的复杂度。

③ 内置脉冲信号调制器，可取代外部调制器，使 VNA 能一体化地完成射频脉冲测量。

④ 后面板跳线接口，应用灵活，无需移动 DUT 电缆即可增加测试设备，或向测试路径中接入新的测试设备。

⑤ 内置脉冲发生器。

⑥ 通过内置低噪声测量接收机和适用的校准及测量算法，可实现精确的噪声系数测量。

由于仪器内部增加了很多射频开关、分路器、合路器及耦合器等器件，能够根据测试需要组合出许多射频路径，并可以通过菜单和程控命令进行路径切换，因而具备单次连接多次测量（Single Connection Multiple Measurement，SCMM）的能力；考虑到混频器等变频 DUT 的测试需求，增加了参考混频器用于进行频率匹配变换，同时，双源可分别为 DUT 提供测试激励和变频本振，因而能方便地进行变频器件的相位或群延迟测量。所以，多端口 VNA 除了具备 S 参数、压缩和谐波等传统单信号源的常规测量功能外，它更适合于进行互调失真、热态 S 参数、有源器件参数等需多个信号源才能完成的测试。

3. 多端口 VNA 应用举例

（1）双音互调失真（Intermodulation Distortion，IMD）测试

传统的 IMD 测量通常需要 2 个信号源、1 台频谱仪和外接的信号合路器。当需要进行频率扫描或功率扫描时，测量过程非常缓慢。另外，对这些仪器分别进行测量设置，很难权衡考虑信号源的谐波、交调、相位噪声与测量接收机的压缩、本底噪声等各方面因素，将导致测量结果的误差。

在多端口 VNA 中，上述不便之处可获得解决。利用多端口 VNA 的多个内置信号源和信号合路器，能够快速、方便地完成 IMD 的扫描测量，且仪器设置简便，测量速度快。图 12-38 所示为使用多端口 VNA 进行 IMD 测量的仪器内部配置情况。

图 12-39 给出了多端口 VNA 中可能的 IMD 测量显示结果。其中，右图显示的是左图中 IMD 扫描测量曲线上 Marker 所对应的频点处的互调频谱。

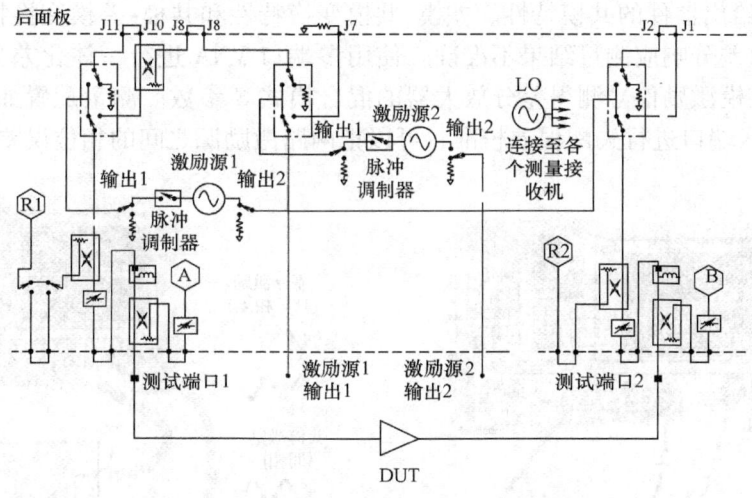

图 12-38 使用多端口 VNA 进行 IMD 测量

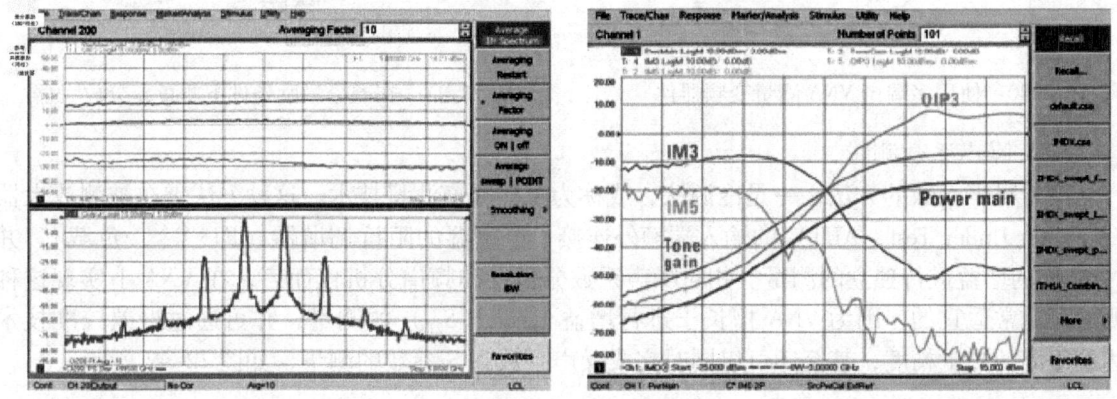

图 12-39 IMD 测量结果

(2) 混频器和变频器特性的精确表征

用传统的 VNA 测量混频器等变频器件的特性，面临一个根本性问题：VNA 进行频率特性分析的前提是 DUT 为线性器件或系统，而变频器件本来就是非线性的。为解决这个问题，传统的 VNA 测量需要外接一对频率特性相互"对称"的"标准混频器"，同时需要外接信号源，用以向被测混频器及"标准混频器"对提供变频本振。这种方法繁琐、测量速度慢，且无法得到 DUT 的相位或群时延信息。同时，为了处理因失配引起的纹波，经常需要在测试路径中额外加入衰减器，这将降低测量系统的动态范围，校准的稳定性也会受到影响。

如图 12-40 所示，多端口 VNA 特别适于测量变频器件。图中，多端口 VNA 内置的激励源 2 可用作本振；输入和输出的失配校准可减少纹波现象，因而在测量配置中省去了使用衰减器的麻烦。这种混频器/变频器测量技术能够保证相对精确的输入和输出匹配，获得更精确的变频损耗/增益测量结果，同时相位和绝对群时延测量结果中的噪声也很小。

(3) 使用差分激励测量差分放大器

传统 VNA 在测量差分放大器时使用巴仑（Balun，平衡-不平衡阻抗转换器，是一种带限器件），无法给出器件的共模特性、差模-共模变换特性和共模-差模变换特性。巴仑的相位误差还会导致差分响应测量结果不准确。使用多端口 VNA 进行一体化差分激励，能够用真正的差分和共模激励信号测得差分放大器的混合模式 S 参数。测量配置如图 12-41 所示。通过在 DUT 输入端口进行失配误差校准，可以把两路激励源之间的相位误差降低到最小。

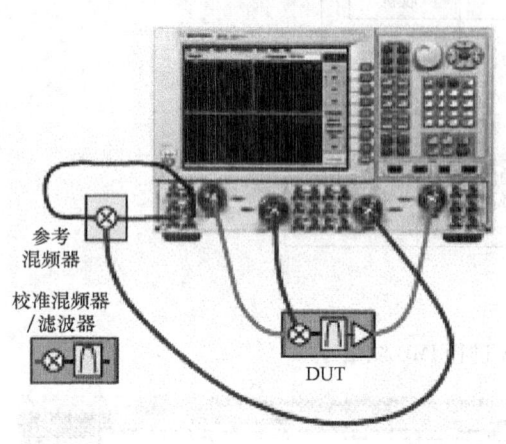

图 12-40　使用多端口 VNA 测量变频器件　　图 12-41　在差分激励条件下测量差分放大器

（4）噪声系数测量

测量噪声系数的方法之一是冷源法，或称为直接噪声测量技术。这种方法需在被测放大器（Amplifer Under Test，AUT）的输入端额外连接一个室温的阻抗调谐器（即"冷"负载），并对 AUT 的增益进行独立的测量。相对噪声系数分析仪和频谱分析仪而言，在 VNA 上实现这种测量是非常适宜的，因为 VNA 擅长于进行增益/衰减（S_{21}）的测量，并可通过误差校准技术达到很高的测量精度，甚至还可以同时完成噪声系数和 S 参数的测量，如图 12-42 所示。

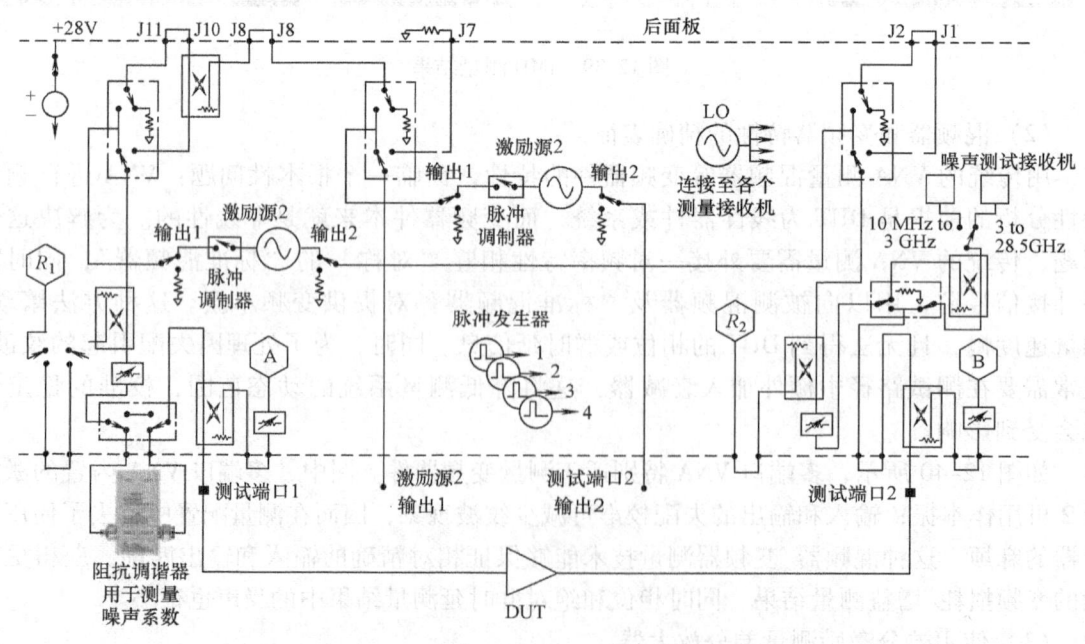

图 12-42　多端口 VNA 的噪声系数测量应用配置

图 12-43 为一种可能的噪声系数测量的双视窗显示结果,其中上图所示为测得的噪声系数曲线,下图所示为以标准差形式给出的噪声系数测量不确定度。

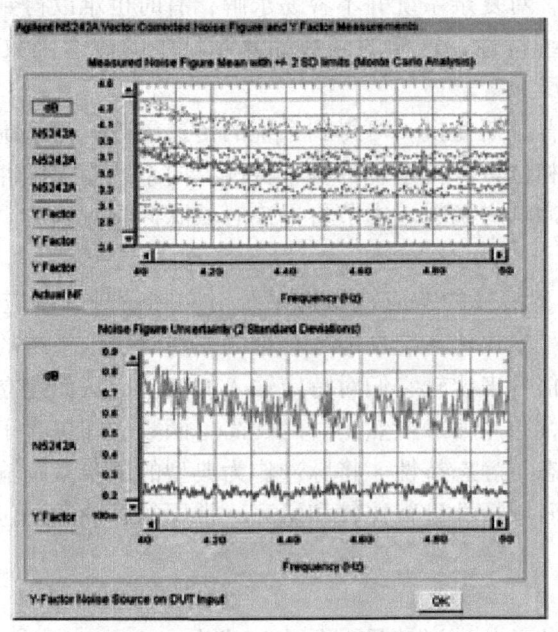

图 12-43 噪声系数测量结果显示

12.5 线性系统的时域特性测量

时域测量是时域测试结果的显示,或在时间范畴内进行的分析。时域测量结果的显示形式相对较直观,可以直接看到被测件或网络的特性——在二维图形(X-Y 曲线)上,X 轴要么表示时间,要么表示距离(电长度);Y 轴则表示幅度信息,通常代表着阻抗或电压。

时域测量功能非常有用。在测量传输线系统的宽带响应特性方面,时域测量把被测件特性的不连续性显示为时间或距离的函数,能够提供比其他测量技术更富含义的信息。例如,连接器和印制电路板等高速数字通信线路通常需要对传输线路的阻抗进行精确测量,以保证高速信号的完整性;在观察传输线上的失配情况时,时域响应可以给出阻抗不连续的位置和大小,以获得传输线特性的不连续性。另外,在调谐滤波器的过程中,由于耦合谐振器型滤波器的交互作用,使得在频域中极难分辨出各谐振器的响应,而时域测量则能区别滤波器中各谐振器的响应和耦合孔径,因此能够大大简化和加速滤波器的调谐过程。

本书在此将简要介绍有关线性系统时域特性的一些基本概念,并说明目前常见的时域特性测量技术。

12.5.1 线性系统时域特性概述

1. 基本概念

图 12-44 所示为线性时不变(Linear Time-Invariant,LTI)系统的简单示意图,系统的输入 $x(t)$ 与其输出 $y(t)$ 在时域中的关系可用 n 阶线性微分方程予以描述。

理论上，只要给定输入 $x(t)$ 和初始状态，即可通过求解微分方程得到输出 $y(t)$。但实际上，线性系统的输入信号仅在一些特殊的情况下是预先知道的，通常是随机的，很难用解析方法表示；另一方面，对复杂系统并不容易求解，有时也难以得到微分方程。因此，通常采用一些函数来表征系统特性，这样的函数如复频域中的传递函数、频域中的频率响应函数、时域中的脉冲响应函数等。

对微分方程进行拉普拉斯变换，可得到系统的传递函数；向系统输入正弦扫频信号，在频域中测量输出幅度和相位，可得系统的频率特性；向系统输入脉冲激励信号，在时域中测量相应的输出，可得脉冲响应函数。本节将讨论时域脉冲响应函数。

2. 脉冲响应分析

由于线性系统对典型信号的响应特性与系统对实际信号的响应特性之间存在一定的关系，因此，采用试验信号来评价系统性能是合理的。在对线性系统的特性进行分析时，可以通过对系统注入不同的信号来比较它们对特定输入的响应，从而建立评判和比较的依据。

在各种试验信号中，脉冲信号虽然是时间的简单函数，却包含了极快和极慢两种变化过程，能够检验系统的动态与静态特性。将脉冲作为典型的试验激励输入，可在一个统一的基础上对各种线性系统的时域特性进行比较和研究。常用的脉冲激励包括单位脉冲信号、单位阶跃信号。

（1）脉冲激励

单位脉冲信号（亦称单位冲激信号）的表达式为

$$\delta(t) = \begin{cases} \infty & t = 0 \\ 0 & t \neq 0 \end{cases} \quad 且 \quad \int_{-\infty}^{\infty} \delta(t) dt = 1$$

时域波形如图 12-45a 所示。

单位阶跃信号的表达式为

$$u(t) = \begin{cases} 1 & t \geq 0 \\ 0 & t < 0 \end{cases}$$

时域波形如图 12-45b 所示。

单位脉冲信号和单位阶跃信号之间存在以下关系，可由其中一个得到另一个。即

$$\frac{du(t)}{dt} = \delta(t), \quad \int_{-\infty}^{t} \delta(t) dt = u(t)$$

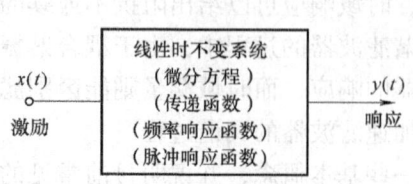

图 12-44 线性时不变系统示意图

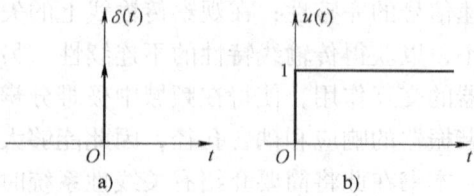

图 12-45 单位脉冲信号和单位阶跃信号
a) 单位脉冲信号 b) 单位阶跃信号

（2）脉冲响应

卷积定理描述了线性时不变系统的输入与输出之间的关系：对于 LTI，系统的输出 $y(t)$ 等于输入 $x(t)$ 与系统脉冲响应 $h(t)$ 的卷积，即有

$$y(t) = x(t) * h(t) = \int_{-\infty}^{\infty} x(t-\tau)h(\tau)\mathrm{d}\tau = \int_{-\infty}^{\infty} x(\tau)h(t-\tau)\mathrm{d}\tau$$

当系统的输入信号 $x(t)$ 为单位脉冲信号 $\delta(t)$ 时,对应的系统输出响应即为脉冲响应(或称冲激响应),即

$$y(t) = \delta(t) * h(t) = \int_{-\infty}^{\infty} h(\tau)\delta(t-\tau)\mathrm{d}\tau = h(t)$$

当系统的输入信号 $x(t)$ 为单位阶跃信号 $u(t)$ 时,对应的系统输出响应即为阶跃响应,即

$$y(t) = u(t) * h(t) = \int_{-\infty}^{\infty} h(\tau)u(t-\tau)\mathrm{d}\tau = \int_{-\infty}^{t} h(\tau)\mathrm{d}\tau$$

可见,脉冲响应的积分为阶跃响应;反过来,阶跃响应的微分是脉冲响应:$h(t) = \mathrm{d}(y(t))/\mathrm{d}t$。

事实上,理想的单位脉冲信号是不存在的,只能根据实际情况把具有幅度足够大、宽度足够窄的窄脉冲信号近似为单位脉冲信号。同样,单位阶跃信号也由在原点处具有足够陡峭的上升沿的实际信号来近似取代。在工程实现中,获得近似的单位阶跃信号的难度相对比单位脉冲信号容易一些。

(3)脉冲响应的直接测量

由前述讨论可知,对脉冲响应进行直接测量的思路是:以单位脉冲信号作为测试激励送入被测的线性系统,然后使用示波器等设备,观测被测系统产生的时域响应。考虑到工程实现问题,也可使用单位阶跃信号作为测试激励,但此时的时域响应为阶跃响应,还需增设一个微分环节,才能得到所需的脉冲响应。线性系统脉冲响应的直接测量方法如图 12-46 所示。

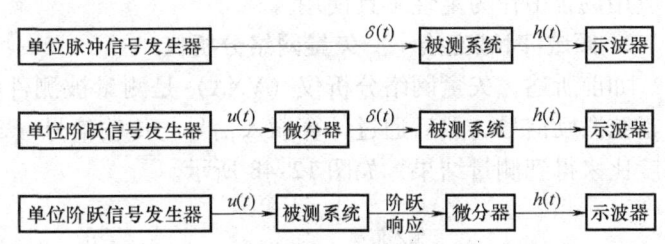

图 12-46　线性系统脉冲响应的直接测量方法

再次强调,图中的测试激励 $\delta(t)$、$u(t)$ 均是近似的,且示波器也仅具有有限带宽,因此实际上只能测得近似的脉冲响应。

12.5.2　时域特性测量的实现

前面从理论上分析了在时域中对线性系统进行脉冲响应(冲激响应)分析的一般通用方法。在工程中,常用的线性系统时域特性测量手段有两种:基于时域反射计(Time Domain Reflectometry,TDR)的专用仪器测量方法和基于矢量网络分析仪(VNA)的频域-时域变换测量方法。

1. 专用仪器——时域反射计

线性系统的特性可以通过时域反射计的方法在时域中进行描述和分析。时域反射测量指利用快速阶跃信号发生器和宽带示波器(或宽带接收机)来进行传输或反射的测量,TDR 是对具有这种测试能力的仪器的通称。

早在 20 世纪 60 年代初就出现了 TDR 技术。最简单的 TDR 由一台宽带示波器及内置的阶跃脉冲发生器构成,如图 12-47 所示。它采用类似于雷达的工作原理:把阶跃脉冲信号发生器产生的一个具有陡峭上升沿的阶跃信号送入被测件、被测电缆或设备中,该激励信号入

射至被测端面称为入射波。入射波在被测件上传输并被示波器采样,当到达某个故障点时,一部分或全部入射信号会被反射回来,再经示波器采样。入射电压幅度与反射电压幅度之比定义为电压反射系数,它描述了被测件的时域响应相对于时间的变化。

在时域分析中,被测量是时间的函数,对于均匀介质,时间轴等效于距离轴,这就使电长度测试和电缆故障定位成为可能。使用宽带示波器分别测量入射波和反

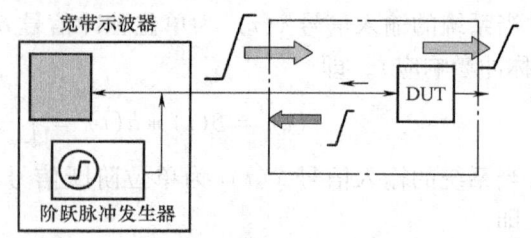

图 12-47 时域反射计原理框图

射波,可由此计算出故障点处的阻抗值;作为时间函数的阻抗不连续位置,可通过信号传播速度计算而得;阻抗不连续性的性质(容性或感性)则可根据信号的响应特征加以识别。

TDR 简单易用,但传统 TDR 存在一些影响测试精度和实用性的限制因素:①时域反射测量在空间上的分辨率取决于阶跃信号上升时间的快慢,而 TDR 输出的阶跃信号上升时间有限;②示波器的宽带接收机结构导致信噪比较差;③存在采样示波器的同步抖动问题;④过大的阶跃电压可能会损坏有源器件;⑤不具备类于网络分析仪的误差校准和修正功能。此外,TDR 仅有时域测试能力,而无频域测试能力。因此,传统 TDR 仅在快速、简单的测量应用场合中作为定性工具使用。

2. 频域-时域变换——矢量网络分析仪

如前所述,矢量网络分析仪(VNA)是测量被测件频率响应的仪器。它向 DUT 输入一个正弦激励信号,然后通过计算输入信号与传输信号(S_{21})或反射信号(S_{11})之间的矢量幅度比来得到测量结果,如图 12-48 所示。

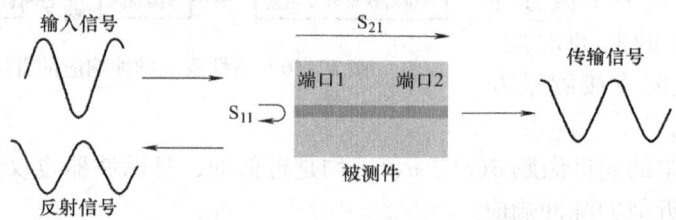

图 12-48 输入信号、反射信号和传输信号

在一定的频率范围内对输入信号进行扫描,可以获得被测件的频响特性,如图 12-49 所示。此前我们已经介绍了通过 VNA 对线性系统进行频域特性分析的方法,本节将从理论上给出使用 VNA 进行时域特性分析的方法。

众所周知,频域和时域之间的关系可以通过傅里叶理论来描述。被测件或网络的反射系数是频率的函数,经过傅里叶逆变换(Inverse Fourier Transform,IFT)可得到作为时间函数的反射系数,这样,就有可能先在频域内测量被测件的响应,然后用数学方法给出对应的时域响应。图 12-50 总结了时域和频域二者之间的对应关系,这是构成网络分析仪时域测量的理论基础。

基于 VNA 的时域特性测量方法的基本思路是:使用 VNA 获得被测件的反射和传输频率响应特性,然后进行傅里叶逆变换,获得时域内的冲激响应特性。再对冲激响应特性进行积分,即可得到时域内的阶跃响应特性。上述过程所得的时域阶跃响应特性,与在 TDR 上观察到的响应相同,如图 12-51 所示。

第 12 章　线性系统特性测量和网络分析

由于积分非常耗时，VNA 时域分析的实现采用一种称为线性调频-Z 快速傅里叶逆变换

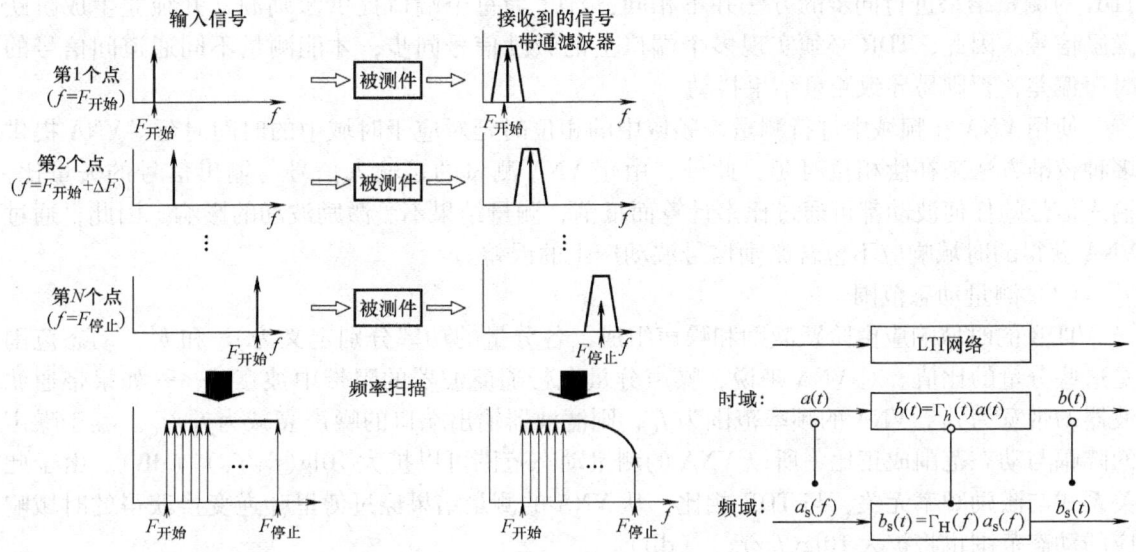

图 12-49　VNA 通过扫频测量获得 DUT 的频率响应　　图 12-50　时域和频域的对应关系

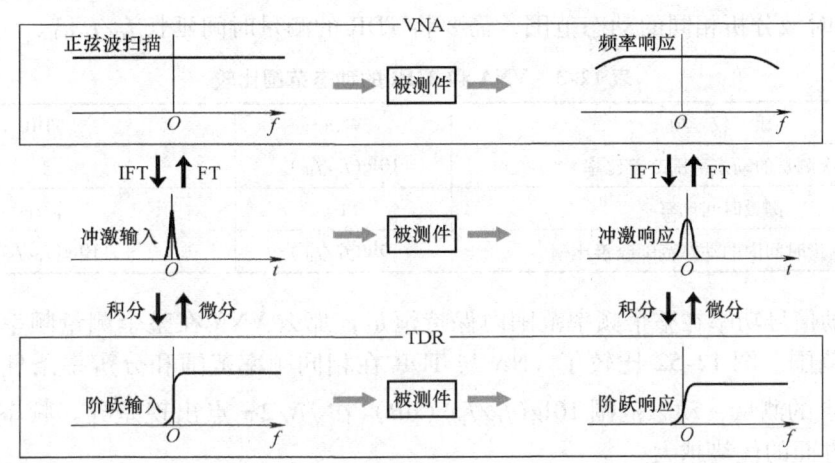

图 12-51　由 IFT 导出的阶跃响应特性与冲激响应特性之间的关系

（Chirp-z IFT）的算法——把输入信号的傅里叶变换和被测件的频率响应特性进行卷积，然后对卷积结果进行 IFT，从而得到器件的时域阶跃响应。

与 TDR 测量方法的不同之处在于，VNA 时域分析功能的实现不是直接测量，而是先测得 DUT 的频域响应，即 S 参数的幅度和相位，然后运用傅里叶逆变换将频域信息转化到时域。在反射模式下，VNA 在频域内测量反射系数，反射系数即联系入射电压与反射电压的传递函数，IFT 将反射系数变换为时间的函数；在传输模式下，VNA 在频域内测量传输函数，IFT 将传输函数变换为时域传输响应。

3. 两种测量方法的比较

相较而言，VNA 的时域分析功能比 TDR 的时域测量更有优势，具体体现在以下方面。

（1）信号同步

为了测量多个传输通道之间的信号时序偏差，需要同步各通道的测量结果。VNA 和 TDR 对测量结果进行同步的方法并不相同：TDR 为每个端口提供激励源，并独立生成阶跃激励信号。因此，TDR 必须实现多个端口上的激励信号同步，才能测量不同通道间信号的时序偏差，否则易导致测量结果抖动。

使用 VNA 在频域中进行测量，频域中的相位时延对应于时域中的时间时延。VNA 提供多种校准方法来补偿相位时延；此外，由于 VNA 测量的是输入信号与输出信号的矢量比，输入信号的任何波动都可通过比率计算而抵消，测量结果不受激励波动的影响。因此，通过 VNA 获得的时域响应不包含激励信号波动产生的误差。

（2）测量动态范围

TDR 的时域响应由阶跃激励和噪声组成，各分量的功率分别定义为 a^2 和 b^2，动态范围是这些分量的比值。对 VNA 来说，噪声分量在带通滤波器的阻带中被衰减——如果带通滤波器的带宽为 f_{IF}，VNA 的频率范围为 f_C，则滤波器输出端口的噪声衰减为 f_{IF}/f_C。鉴于噪声的降幅与动态范围成正比，所以 VNA 的测量动态范围可以扩大 $10\lg(f_C/f_{IF})$（dB）。由于此关系式与激励频率无关，与 TDR 相比，从 VNA 的测量结果经过傅里叶逆变换获得的时域响应的动态范围也将扩大 $10\lg(f_C/f_{IF})$（dB）。

一般而言，TDR 的物理采样频率 f_P 远低于 TDR 的截止频率 f_C，因此 VNA 的动态范围要比 TDR 的动态范围高出 $10\lg(f_P/f_{IF})$（dB）倍，见表 12-3。要通过取平均的方法在 TDR 上获得与 VNA 时域分析相同的动态范围，需要将 TDR 的测量时间延长 f_C/f_P 倍。

表 12-3 VNA 和 TDR 的动态范围比较

比 较 项	VNA	TDR
单次测量的动态范围改善比率	$10\lg(f_C/f_{IF})$	1
测量时间比率	1	f_P/f_{IF}
等效测量时间内的动态范围改善比率	$10\lg(f_C/f_{IF})$	$10\lg(f_P/f_{IF})$

假设激励信号功率在整个频率范围内保持恒定，那么 VNA 在整个测量频率范围内具有相同的动态范围。图 12-52 比较了 VNA 与 TDR 在相同频率范围和分辨率条件下的动态范围。对于 N 点的测量，动态范围 $10\lg(f_C/f_P)$（dB）在 $\sqrt{N}/2\pi$ 点出现差异。频率越高，VNA 在动态范围方面的优势越大。

（3）测量频率范围

由于一些技术原因限制，ADC 仅能工作在几吉赫的频率以下，亦即对于使用示波器进行采样的 TDR 来说，其物理采样频率 f_P 至多是几吉赫，能够实施有效测量的频率的上限更是有限。

VNA 的射频前端采用与频谱仪相同的外差式结构，ADC 只需工作在中频，这就使得 VNA 的工作频率范围不再受限于 A-D 器件，因而能覆盖更宽的频率范围，如几十吉赫甚至更高。

（4）仪器耐用性

由于结构原因，TDR 很难在内部增加静电放电（Electrostatic Discharge，ESD）保护电路，因此容易受静电放电影响而致损坏。

在图 12-53 所示的连接示意图中，为了最大限度地降低测量端口输入信号的损耗，采样器被直接连接到测试端口上。阶跃信号发生器通常采用隧道二极管，这是一种低阻抗器件，适于与负载连接。如果在图中 A 点的位置插入 ESD 保护电路，保护电路的杂散电容和 A 点的阻抗将形成一个低通滤波器，导致阶跃激励信号产生失真而出现测量误差。

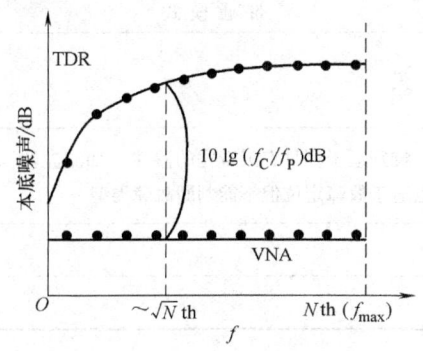

图 12-52　VNA 和 TDR 的频域动态范围比较

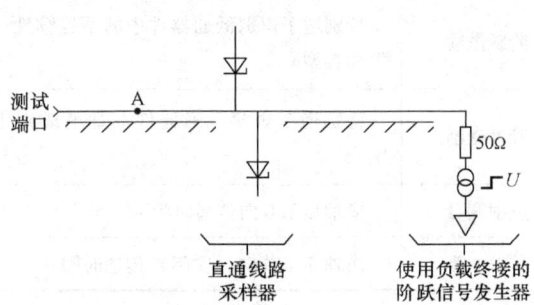

图 12-53　TDR 中激励发生器与采样器的连接示意图

在 VNA 中采用 ESD 保护电路是很容易的事。即使保护电路会导致部分损耗，VNA 在计算矢量比时也可以消除这些损耗，确保测量精度不受影响。

4. 通过 VNA 进行时域特性测量

对传输线、连接器、测试夹具等宽带低功耗设备及类似元器件进行分析，是 VNA 时域功能的典型应用之一。反射系数 S_{11} 是 DUT 阻抗与测试系统特性阻抗 Z_0 之间的差异程度的度量，当测量 DUT 的 S_{11} 时，反射信号的大小与 DUT 的输入阻抗成正比，而 DUT 输入阻抗又直接反映了其内部传输介质的分布情况。因此，一旦将频域 S_{11} 数据变换到时域，便可看到 DUT 各部分的实际阻抗。以下简单介绍 VNA 如何通过测量同轴传输线的反射系数（或回波损耗），来实现电缆的电长度测量和电缆故障定位。

(1) VNA 时域测量模式

VNA 的时域分析功能有低通和带通两种测量模式。

时域低通模式是对传统 TDR 测量方式的模拟，可同时提供阶跃信号和脉冲信号两种激励方式。在低通模式下，VNA 测量各离散的正频率点，把测试结果外推到直流分量，并假定负频率响应是正频率响应的共轭，亦即厄米特（Hermitian）式响应。低通模式所包含的信息在确定不连续性处的阻抗类型（电阻型、电容型或电感型）时非常有用。另外，低通模式下测得的阶跃响应比带通模式具有更好的时域分辨率。

时域带通模式是 VNA 时域测试的更通用的工作模式。在带通模式下，VNA 测量处于起始频率和终止频率之间的各离散频率点，因而适用于任意指定的测量频率范围，且操作较简单。不过，它仅对器件的脉冲响应特性进行测试。时域带通模式是对窄带 TDR 工作方式的模拟，有助于识别发生阻抗失配的位置，而无法识别失配类型（电容型、电感型或电阻型）。带通模式特别有利于测量带限器件和进行故障定位。

表 12-4　VNA 两种时域分析模式的比较

对 比 项	低 通 模 式	带 通 模 式
技术特点	传统 TDR 测试方式的模拟	与窄带 TDR 测试相同
	外推获得直流响应值	VNA 最通用的时域分析模式
	在全测量频率范围内，起始频率呈谐波相关	适用于任何频率范围
	时域分辨率为带通方式的 2 倍	

(续)

对 比 项	低 通 模 式	带 通 模 式
阶跃激励	特别适于识别低通器件中的不连续性（包括位置和类型）	无
脉冲激励	特别适于观察低通器件（如电缆）中的微弱响应	特别适于测量有限带宽的器件（如滤波器），也适于故障定位但不能判断故障类型
反射测量	横轴显示双向传播时间	
传输测量	横轴显示单向（实际）电播时间	

(2) 电长度

电磁波在传输线上传输，不同的填充介质材料会对传输产生不同程度的阻碍，使得实际传输速度慢于光速，此时，电磁波的实际传输距离不再是传输线的物理长度，而应使用电长度来表征。

电长度与物理长度、有效介电常数 ε_{eff} 的关系可表示为：电长度 = 物理长度 × $\sqrt{\varepsilon_{\text{eff}}}$。假设被测传输线为均匀介质，则时间量可相应变换为距离量。时间 t 到距离 s 的变化关系为 $s = tv_p$，其中 v_p 称为相速度，它与光速 c 的关系为 $v_p = c/\sqrt{\varepsilon_{\text{eff}}}$。

(3) 测量实现

电缆故障定位是 VNA 带通模式时域分析的一个非常好的应用实例。在这种模式下，图像显示界面的横坐标通常表示时间或距离，此时测得的距离为传输线的电长度；有的 VNA 允许用户输入传输线的有效介电常数，则横坐标可表示传输线的物理长度。因此，只需借助反射参数测量来确定故障点在传输线上的位置，即可实现电缆故障定位。

图 12-54 所示为使用某型 VNA 进行同相稳幅电缆时域测量的结果。图中，横轴表示时间，纵轴设置为显示测试端面 1 端口上的反射系数 S_{11}。

S_{11} 曲线上从左至右第 1 个峰值代表输入连接器（包括转接头）处的反射，即近端反射；第 2 个峰值为远端反射，即电缆输出连接器处的反射。两个峰值之间的曲线是因电缆制造公差而引起的分布反射。由第 1 个峰值处的 $t = 0s$ 和第 2 个峰值处的 $t = 7.435\text{ns}$，换算得到距离为 $ct = 2.23\text{m}$，则该被测电缆的电长度为 $ct/2 = 1.115\text{m}$。

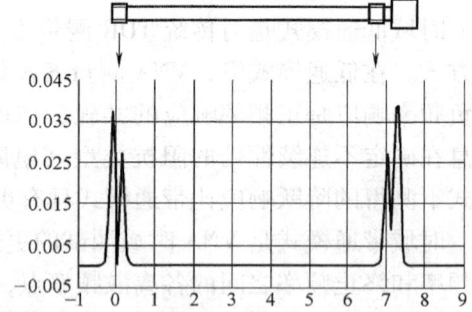

图 12-54 同轴稳幅电缆的 S_{11} 时域测量

图 12-55 所示为某故障电缆的时域测试结果，图中横轴表示时间，纵轴设置为以对数形式表示的测试端面 1 端口上的反射系数 S_{11}，亦即回波损耗（单位 dB）。

图中，Marker2（左侧第 1 个峰）指示电缆的被测端面，Marker1（右侧第 1 个峰）指示电缆开放端，中间分布反射段出现一个较大的峰 Marker4，表明电缆在该位置上存在故障点。若已知该电缆的有效介电常数 $\sqrt{\varepsilon_{\text{eff}}}$（如 $\sqrt{\varepsilon_{\text{eff}}} = 1.5$），通过 Marker4 的指示值（$t = 493\text{ps}$）进行简单计算，即可知故障点位于距测试端面物理距离为 $s = tc/(2\sqrt{\varepsilon_{\text{eff}}}) = 4.93\text{cm}$ 处。

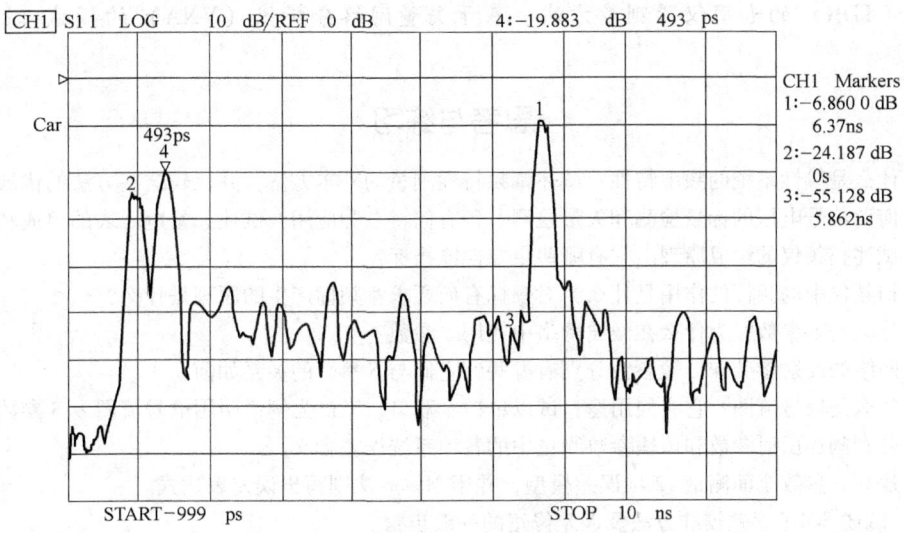

图 12-55 某故障电缆的回波损耗时域测量

本 章 小 结

线性网络的频率特性测量包括幅频特性测量和相频特性测量，经典的测量方法是正弦点频、扫频测量。静态的点频测量方法费时且不完整，常常会漏掉频率特性的突变点或细节；动态的扫频测量方法能快速、直观地测量线性网络的频率特性。

线性系统频率特性的测量与被测系统的工作频率密切相关。在较低频段可使用扫频仪，扫频仪主要用于测量电路特性，如测量放大器、滤波器等器件的幅频特性、相频特性和延迟特性，以及通带频响、增益、反射等参数。

网络分析是在感兴趣的频率范围内，通过线性激励-响应测试确定线性网络传输特性、阻抗特性的过程。任何网络都可以用 S 参数来描述其特性，并由此推导而得其他反射、传输网络参数。为了简洁而完备地描述网络的全部特征，可以借用信号流图和 Mason 法则简化网络分析。

网络分析仪是通过正弦测试来获得线性网络的全面频域描述的仪器，是研究线性系统的重要工具之一。网络分析仪有标量网络分析仪和矢量网络分析仪两种，均是以双端口网络分析为基础，通过测定反射参数和传输参数对网络进行全面描述。典型的网络分析仪主要由信号源、S 参量测量装置及矢量电压表组成。

使用矢量网络分析仪测量反射、传输参数，可以在已知系统误差来源并建立了误差模型的基础上，利用校准件进行校准测量和误差修正，由此提高测量精度。反射参数测量的误差来源主要是方向性误差 D、频响误差 T_R 和源失配误差 M_S；传输参数测量的误差来源主要是负载失配误差 M_L、信号传输路径的频响误差 T_T 和泄漏误差 C。在双向测量中，正向、反向各有 6 项误差来源。根据不同的误差模型和实际测量值，可求出误差并将它们的影响从测量值中扣除。

线性网络的时域特性测量在获知传输线系统宽带响应特性等方面非常有用，能提供比其他测量技术更富含义的信息。在工程中，常用的线性系统时域特性测量手段有两种：基于时域反射计（TDR）的专用仪器测量方法、基于矢量网络分析仪（VNA）的频域-时域变换测量方法。

思考与练习

12-1 什么是线性系统的频率特性？试述幅频特性测量的基本方法，并比较这些方法的优缺点。

12-2 何谓信号电压的标量检测和矢量检测？各有何特点和应用？试述矢量电压表的组成和原理。

12-3 试述扫频仪的组成原理。它有哪些主要性能指标？

12-4 扫频仪中的频标的作用是什么？对频标有何要求？频标产生的原理是什么？

12-5 什么是 S 参数？为什么在微波网络中使用 S 参数？

12-6 网络的反射参数和传输参数分别有哪些？它们与 S 参数的关系如何？

12-7 什么是信号流图？它有何用途？试以单口、双口、三口为例说明用信号流图表 S 参数的方法。

12-8 分别阐述反射参数和传输参数测量中的各项系统误差含义。

12-9 建立 S 参数全面测量 12 项误差模型，并用 Mason 法则写出误差表达式。

12-10 试述 SOLT 误差校准方法及误差修正的一般步骤。

12-11 试从国内外典型的网络分析仪产品应用中，分析和理解网络分析仪的测量原理及系统组成。

12-12 设一系统方程式组为

$$x_2 = x_1 - gx_6$$
$$x_3 = ax_2 - fx_5$$
$$x_4 = bx_3 - ex_6$$
$$x_5 = cx_4$$
$$x_6 = dx_5$$

（1）请绘制出上面线性方程组的信号流图；

（2）请用 Mason 公式计算系统从 x_1 到 x_6 的总传输。

12-13 在双端网络端口 2 上终接一个反射系数为 Γ_L 的负载后，求端口 1 的反射系数和驻波比，以及端口 1 向端口 2 的传输系数。

12-14 对线性系统进行时域分析的常见手段有哪些？各自适用于什么场合？

部分习题参考答案

第 8 章

8-4 （1）正确　（2）正确　（3）正确　（4）错误　（5）错误

8-5 端基直线为：$y=x$；平移端基线性度 $=\pm 0.074\%$。

8-6 （1）理论线性度：$\pm 1\%$；（2）端基拟合直线 $y=2.006x+0.014$，端基线性度 $=\pm 1.38\%$；（3）平移端基线性度 $=\pm 0.97\%$；（4）最小二乘拟合直线 $y=2.01057x-0.02866$，最小二乘线性度：$\pm 0.76\%$。

8-12 $y(2\tau)=7.707\text{MPa}, y(2s)=5.366\text{MPa}$。

8-13 时间常数 $=6.615s$。

8-14 可测频率范围：$0\leqslant\omega\leqslant 9.162\text{kHz}$。

8-15 测量周期 1s、2s 和 5s 的正弦信号，幅值衰减分别是 58.6%，32.7%，8.5%。

第 9 章

9-20 $f_o=f_i+f_1+f_2$。

9-21 （a）$f_o=\dfrac{f_r m}{n}$；（b）$f_o=\dfrac{f_r N_1}{P}+f_{rH}$。

9-23 （1）M 取 "$-$"；（2）N 的取值范围为：$330\sim 611$。

9-24 输出频率范围：$72.1\sim 100.11\text{MHz}$，步进频率 100Hz。

9-25 3 次除 5，7 次除 6。

9-26 输出频率：390.625kHz。

9-27 （1）：$f_{omax}=f_c/4=12.5\text{MHz}$，$f_{omin}=f_c/2^N=0.0116\text{Hz}$；

（2）可输出频率点数 $p=\dfrac{f_{omax}}{f_{omin}}=2^{30}$，最高频率分辨力 $\Delta f=f_{omin}=11.6\text{mHz}$；

（3）最高相位分辨力 $\Delta\varphi_m=\dfrac{360°}{2^M}=\dfrac{360°}{2^{10}}=0.352°$。

第 10 章

10-2 50Ω。

10-3 由平衡条件有 $\left(R_1+\dfrac{1}{j\omega C_1}\right)Z_3=\dfrac{1}{j\omega C_4}\left(R_2+\dfrac{1}{j\omega C_2}\right)$；

$$Z_3=\dfrac{C_1(R_2 j\omega C_2+1)}{j\omega C_2 C_4\times(R_1 j\omega C_1+1)}$$

$$=\dfrac{0.5\times 10^{-6}\times(1000j\times 100\times 1\times 10^{-6}+1)}{j100\times 1\times 10^{-6}\times 0.5\times 10^{-6}\times(2000j\times 100\times 0.5\times 10^{-6}+1)}=\dfrac{1}{j\omega\times 1\times 10^{-6}}；$$

所以得 $Z_3=C_3=1\mu F$。

10-4 正确的有 a) 和 c)，错误的有 b) 和 d)，因为相位不能平衡。

10-5 由平衡条件有：$\dfrac{1}{j\omega C_3}(R_x+j\omega L_x)=R_2\left(R_4+\dfrac{1}{j\omega C_4}\right)$

进一步整理 $\dfrac{R_x}{j\omega C_3}+\dfrac{L_x}{C_3}=R_2 R_4+\dfrac{R_2}{j\omega C_4}$

因为等式两边实部和虚部对应相等

所以有 $\dfrac{L_x}{C_3}=R_2 R_4$ 和 $\dfrac{R_x}{j\omega C_3}=\dfrac{R_2}{j\omega C_4}$

故 $L_x = R_2 R_4 C_3$，$R_x = \dfrac{C_3 R_2}{C_4}$。

10-6　不正确，4 根导线的屏蔽层未连接，不能形成等电位。

第 11 章

11-8　（1）50ns；（2）15ns，35ns；（3）25~45ns，使用时一般取可用范围的中间值。

11-13　$CMRR = 100\text{dB}$。

11-15　提示：先计算各点的理想输出电压，求出各点误差，再计算参数指标。可用 Excel 软件辅助计算。

结果：最低有效位量值为 0.125V，输出电压范围为 0~1.875V，失调误差为 0.056V，增益误差为 -1.39%FSR 或 -0.208LSB，差分非线性为 1.16LSB，积分非线性为 0.6LSB。

第 12 章

12-19　① 线性方程组的信号流图为

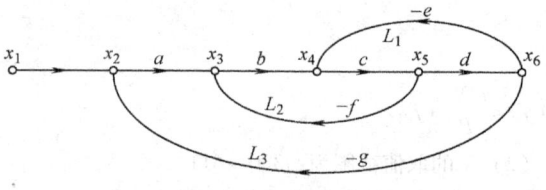

习题答案图 1

② 环路 L_1、L_2、L_3

$$L_1 = -cde$$
$$L_2 = -bcf$$
$$L_3 = -abcdg$$

L_1 与 L_2 和 L_3 都相邻，则 $\Delta = 1 - \sum L'_K = 1 - (L_1 + L_2 + L_3) = 1 + cde + bcf + abcdg$

$p_1 = abcd$，只有一条前向通路，$\Delta m = 1$（因为 L_1、L_2、L_3 都相邻）。

x_1 到 x_6 的总传输，即 $x_6 = Tx_1$，其传输系数 T 为

$$T = \dfrac{\sum_m p_m \Delta_m}{\Delta} = \dfrac{p_1 \times 1}{\Delta} = \dfrac{abcd}{1 + cde + bcf + abcdg}$$

12-20　信号流图为

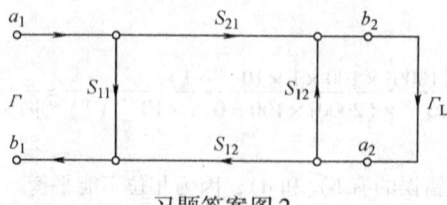

习题答案图 2

由梅森法则，反射系数 $\Gamma = \dfrac{S_{11}(1 - S_{22}\Gamma_L) + S_{21}S_{12}\Gamma_L}{1 - S_{22}\Gamma_L} = S_{11} + \dfrac{S_{21}S_{12}\Gamma_L}{1 - S_{22}\Gamma_L}$

驻波比 $U_{SWR} = \dfrac{1+|\Gamma|}{1-|\Gamma|} = \dfrac{1 + \left| S_{11} + \dfrac{S_{21}S_{12}\Gamma_L}{1 - S_{22}\Gamma_L} \right|}{1 - \left| S_{11} + \dfrac{S_{21}S_{12}\Gamma_L}{1 - S_{22}\Gamma_L} \right|}$　　传输系数 $T = \dfrac{S_{21}}{1 - S_{22}\Gamma_L}$

参 考 文 献

[1] 田书林，王厚军，叶芃，田雨，等. 电子测量技术 [M]. 北京：机械工业出版社，2012.
[2] 陈尚松，郭庆，雷加. 电子测量与仪器 [M]. 北京：电子工业出版社，2009.
[3] 蒋焕文，孙续. 电子测量 [M]. 2版. 北京：中国计量出版社，2007.
[4] 秦云. 电子测量技术 [M]. 西安：西安电子科技大学出版社，2008.
[5] 李希文，赵建. 电子测量技术 [M]. 西安：西安电子科技大学出版社，2008.
[6] 黄纪军，戴晴，李高升，朱畅. 电子测量技术 [M]. 北京：电子工业出版社，2009.
[7] 杨雷，张建奇. 电子测量与传感技术 [M]. 北京：北京大学出版社，2008.
[8] 杨吉祥，高礼忠，詹宏英，梅杓春. 电子测量技术基础 [M]. 南京：东南大学出版社，2004.
[9] 刘国林，殷贯西，等. 电子测量 [M]. 北京：机械工业出版社，2003.
[10] 李占江. 电子测量技术 [M]. 北京：电子工业出版社，2007.
[11] 陈杰美，古天祥. 电子仪器 [M]. 北京：国防工业出版社，1986.
[12] 邓斌. 电子测量仪器 [M]. 北京：国防工业出版社，2008.
[13] 赵茂泰. 智能仪器原理及应用 [M]. 北京：电子工业出版社，2009.
[14] P H 西灯汉姆. 测量科学手册 [M]. 北京：机械工业出版社，1990.
[15] 陆绮荣. 电子测量技术 [M]. 2版. 北京：电子工业出版社，2008.
[16] 杨龙麟. 电子测量技术 [M]. 3版. 北京：人民邮电出版社，2009.
[17] 赵微存，黄进良. 电子测量技术基础 [M]. 重庆：重庆大学出版社，2004.
[18] 吴政江. 电子测量仪器及其应用 [M]. 武汉：武汉理工大学出版社，2006.
[19] 宋悦孝. 电子测量与仪器 [M]. 2版. 北京：电子工业出版社，2009.
[20] 田华，袁振东，赵明忠，何云. 电子测量技术 [M]. 西安：西安电子科技大学出版社，2005.
[21] 秦斌. 电子测量技术 [M]. 北京：科学出版社，2009.
[22] 肖晓萍. 电子测量与仪器 [M]. 2版. 南京：东南大学出版社，2000.
[23] 乔石琼. 电子测量与计量 [M]. 北京：中国大百科全书出版社，1991.
[24] 王跃科，叶湘滨，黄芝平. 现代动态测试技术 [M]. 北京：国防工业出版社，2003.
[25] 郝晓剑，勒鸿. 动态测试技术及应用 [M]. 北京：电子工业出版社，2008.
[26] 刘君华. 现代检测技术与测试系统设计 [M]. 西安：西安交通大学出版社，1999.
[27] 王伯雄. 测试技术基础 [M]. 北京：清华大学出版社，2003.
[28] 孙圣和，等. 现代时域测量 [M]. 哈尔滨：哈尔滨工业大学出版社，1995.
[29] 樊尚春，周浩敏. 信号与测试技术 [M]. 北京：北京航空航天大学出版社，2002.
[30] 林德杰. 电气测试技术 [M]. 北京：机械工业出版社，2006.
[31] 孙传友，孙晓斌. 感测技术基础 [M]. 北京：电子工业出版社，2001.
[32] 吴道悌. 非电量电测技术 [M]. 2版. 西安：西安交通大学出版社，2001.
[33] Anton F P Van Putten. 电子测量系统——理论与实践 [M]. 张伦，译. 北京：中国计量出版社，2000.
[34] 王江. 现代计量测试技术 [M]. 北京：中国计量出版社，1990.
[35] Л И 多夫贝塔，B B 利亚奇涅夫，T H 西拉娅. 理论计量学基础 [M]. 李绍贵，译. 北京：中国计量出版社，2004.
[36] 中国计量科学研究院网站：http://www.nim.ac.cn.
[37] 费业泰. 误差理论与数据处理 [M]. 4版. 北京：机械工业出版社，2000.
[38] 肖明耀. 误差理论与不确定度（一）~（六）[J]. 计量技术，1996（7）~1996（12）.
[39] 倪育才. 实用测量不确定度评定 [M]. 北京：中国计量出版社，2004.

[40] 张迎新,等. 非电量测量技术基础 [M]. 北京：北京航空航天大学出版社, 2002.
[41] 李慎安. 测量不确定度表达百问 [M]. 北京：中国计量出版社, 2001.
[42] 刘智敏, 刘凤. 现代不确定度方法与应用 [M]. 北京：中国计量出版社, 1997.
[43] 吕洪国. 现代网络频谱测量技术 [M]. 北京：清华大学出版社, 2000.
[44] Analog Device Company：A Technical Tutorial on Digital Signal Synthesis, 2000.
[45] Agilent Company：Agilent 8360B Series Synthesized Swept Signal Generators User Manual, 2001.
[46] Agilent Technologies：ESA Spectrum Analyzers Documentation Set, 2003.
[47] Christoph Rauscher. Fundamentals of Spectrum Analysis, Rohde & Schwarz GmbH & Co. KG, 2003.
[48] http://www.fluke.com.
[49] http://www.agilent.com.
[50] http://www.ni.com.
[51] 杨小牛,等. 软件无线电原理与应用 [M]. 北京：电子工业出版社, 2001.
[52] 王敏建, 何世彪, 蒋健敏. 无线通信测量 [M]. 南京：东南大学出版社, 2001.
[53] 钟义信. 信息科学原理 [M]. 2版. 北京：北京邮电大学出版社, 2002.
[54] Witt R A. 频谱和网络测量 [M]. 上海：科学技术文献出版社, 1997.
[55] 董树义. 微波测量技术 [M]. 北京：北京理工大学出版社, 1990.
[56] 汤世贤. 微波测量 [M]. 北京：北京理工大学出版社, 1990.
[57] 范家庆,等. 扫频测量技术 [M]. 北京：电子工业出版社, 1985.
[58] 顾乃级, 孙绫. 逻辑分析仪原理与应用 [M]. 北京：人民邮电出版社, 1989.
[59] 高成, 张栋, 王香芬. 最新集成电路测试技术 [M]. 北京：国防工业出版社, 2009.
[60] 《现代集成电路测试技术》编写组. 现代集成电路测试技术 [M]. 北京：化学工业出版社, 2006.
[61] Niraj Jha, Sandeep Gupta. 数字系统测试 [M]. 王新安,等译. 北京：电子工业出版社, 2007.
[62] Burkhard Schiek. Principles of Network Analyzer Calibration, Bochum, 1996.
[63] 全国法制计量管理计量技术委员会. JJF 1059.1—2012 测量不确定度评定与表示 [S]. 北京：中国标准出版社.
[64] 全国法制计量管理计量技术委员会. JJF 1001—2011 通用计量术语及定义 [S]. 北京：中国标准出版社.
[65] 詹惠琴. 虚拟仪器设计 [M]. 北京：高等教育出版社, 2008.